印刷原理

刘　昕　著

科学出版社

北京

内 容 简 介

本书以理论与实践相结合的方法为主线，重点突出，难点分散，深入浅出，理论推导严密，全面系统地介绍印刷科学技术中的基本原理和方法。全书共 11 章，全面详细地介绍印刷工程问题的基本建模方法，表面活性与吸附原理，水墨平衡理论与润湿控制方法，油墨的流变与触变性，纸张在印刷过程中的流变学分析方法，输纸与张力控制，印刷压力的计算方法，图文变形原理，油墨转移方程及其应用，颜色复制基本理论，印刷品质量的监控及其评价方法。本书论述了把一般印刷工程的科学技术问题抽象为物理或数学模型的基本方法和原理，以便读者接受和掌握。

本书既可作为印刷包装行业的科研和新产品开发技术人员、高级操作人员的学习参考书，也适合用于印刷、包装和平面设计专业研究生和本科生的教材，也可作为印刷类高等院校及其相关专业的教学参考书。

图书在版编目(CIP)数据

印刷原理/刘昕著．—北京：科学出版社，2016.6

ISBN 978-7-03-048050-7

Ⅰ. ①印… Ⅱ. ①刘… Ⅲ. ①印刷-理论 Ⅳ. ①TS8

中国版本图书馆 CIP 数据核字(2016)第 079530 号

责任编辑：李 萍 罗 娟/责任校对：张怡君
责任印制：徐晓晨/封面设计：红叶图文

科 学 出 版 社 出版
北京东黄城根北街 16 号
邮政编码：100717
http://www.sciencep.com

北京教图印刷有限公司印刷
科学出版社发行 各地新华书店经销

*

2016 年 6 月第 一 版 开本：720×1000 B5
2016 年 6 月第一次印刷 印张：18 1/8
字数：364 000

定价：108.00 元
(如有印装质量问题，我社负责调换)

前　　言

随着科学技术、社会和经济的不断发展，印刷工业得到了飞速发展，印刷品在人们日常生活中起着非常重要的作用。印刷科学技术的发展离不开高等教育的支持，同时又给高等教育提出了全新的要求。近三十年来，我国印刷高等教育与印刷产业得到了长足发展，开设印刷包装专业的院校不断增多，培养的专业人才无论在数量上还是在质量上都有了很大提高。但印刷科学技术的发展，急需印刷包装专业教育培养出更多、更优秀的掌握印刷包装高新技术和适应国际市场规则的高层次专门人才。为了全面反映印刷工艺技术的高速发展，满足印刷行业广大读者的迫切需求，作者在总结三十余年从事印刷专业教学和科学研究成果的基础上，撰写了本书，以飨读者。

印刷是以颜色复制技术理论为中心，利用最新科学技术成果，采用工业大生产方式，对原稿进行复制的系统工程。在印刷工艺过程中，从对原稿的审查、工艺设计到制版和印刷的每道工序，都直接涉及对色彩信息的传递，以及对产品复制过程的心理评价和定量检测。本书全面叙述现代印刷的基本原理，及其印刷工艺过程控制的基本方法。突出把一般印刷工程科学技术问题抽象为物理或数学模型，以便在实践中把握印刷复制技术的基本规律，实现对原稿的忠实复制。全书共 11 章，介绍印刷工程问题的建模方法，润湿原理，表面活性与吸附理论，水墨平衡理论与润湿控制方法，印刷油墨的流变与触变性，印刷纸张在印刷过程中的流变学分析方法，输纸与张力控制原理，印刷压力的计算方法，图文变形原理，油墨转移方程及其应用，颜色复制基本原理，印刷品质量的监控及其评价方法。

本书既适合于从事印刷科学技术研究与实践的印刷工作者和新产品开发技术人员及高级操作人员参考，也可作为印刷工程专业、包装工程专业研究生和本科生的教材，还可作为印刷类高职院校及其相关专业的教学参考书。

在撰写本书过程中，得到了张二虎、陈梅、夏卫民、景翠宁、陈亚军等同仁的鼎力帮助，在此表示衷心的感谢。

由于作者学识有限，而本书内容涉及甚广，书中难免有不妥之处，恳请读者多加指正。

刘昕

2016 年 4 月于西安

目　　录

1 印刷工程的建模方法

随着科学技术的发展和社会的进步，数学在自然科学、社会科学、工程技术与现代化管理等方面获得了越来越广泛而深入的应用，人们逐渐认识到建立数学模型[1]的重要性。实际问题的解决往往包括以下四个方面：数学建模、模型求解、结果分析、具体应用。数学建模是解决实际问题的一个重要环节。

在日常生活和工作中，人们经常会遇到或用到各种模型，如飞机模型、水坝模型、火箭模型、人造卫星模型和大型水电站模型等实物模型；也有用文字、符号、图表、公式和框图等描述客观事物某些特征和内在联系的模型，如模拟模型、数学模型等。模型是客观事物的一种简化的表示和体现，它应具有如下的特点。

（1）模型是客观事物的一种模仿或抽象，它的一个重要作用就是加深人们对客观事物如何运行的理解。为了使模型成为帮助人们合理进行思考的一种工具，要用一种简化的方式来表现一个复杂的系统或现象。

（2）为了能协助人们解决问题，模型必须具备所研究系统的基本特征或要素。

（3）模型还应包括决定其原因和效果的各个要素之间的相互关系。

有了这样的一个模型，人们就可以在模型内实际处理一个系统的所有要素，并观察它们的效果。

模型可以分为实物模型和抽象模型，抽象模型又可以分为模拟模型和数学模型。

与上述各种各样的模型相对应的是它们在现实世界中的原型。所谓原型，是指人们研究或从事生产、管理的实际对象，也就是系统科学中所说的实际系统，如电力系统、生态系统、社会经济系统等。

模型是指为了某个特定目的，将原型进行适当简化、提炼而构造的一种原型替代物，它们不是原模型原封不动的复制品。原型有各个方面和各种层次的特征，模型则反映了与某种目的有关的那些方面和层次的特征。因此，对于同一个原型，为了不同的目的，可以建立多种不同的模型。例如，作为玩具的飞机模型，在外形上与飞机形似，但不会飞；而参加航模竞赛的模型飞机就必须能够飞行，对外观则不必苛求；对于供飞机设计、研制用的飞机数学模型，则主要是要反映飞机的飞行动态特征，而不涉及飞机的实体。

在实际问题的解决中，会遇到大量的数学问题。但是，它们往往并不是自然地以现成数学问题的形式出现。首先，需要对要解决的实际问题进行分析研究，经过简化和要素提炼，归结为一个能够求解的数学问题，即建立该问题的数学模型。这是运用数学的理论与方法解决实际问题关键的第一步。其次，才能用数学理论、方法进行分析和求解，进而为解决现实问题提供数量支持与指导，由此就显示出数学建模的重要性。现实世界的问题往往比较复杂，在集中抽象出数学问题的过程中，必须抓住主要因素，忽略一些次要因素，做出必要的简化，使抽象所得的数学问题能用适当的方法进行求解。

以解决某个现实问题为目的，经过分析简化，从中抽象、归结出来的数学问题就是该问题的数学模型。具体来说，数学模型就是指用字母、数字及其他数学符号组成的关系式、图表、框图等描述现实对象的数量特征及其内在联系的一种模型。这个抽象、归结的过程称为数学建模。

一般地，数学模型可以这样来描述：对于现实世界的一个特定对象，为了一个特定的目的，根据特有的内在规律，做出一些必要的简化假设，运用适当的数学工具得到一个数学结构。这里的特定对象，是指所要解决的某个具体问题；这里的特定目的，是指分析、预测、控制、决策等；这里的数学工具，是指数学各分支的理论和方法及数学的某些软件系统；这里的数学结构，包括各种数学方程、表格、图形等。

1.1　数　学　模　型

1.1.1　分类

数学模型的分类方法有多种，下面介绍常用的四种分类。

（1）按照建模所用的数学方法不同，可分为初等模型、运筹学模型、微分方程模型、概率统计模型和控制论模型等。

（2）按照数学模型应用领域的不同，可分为人口模型、交通模型、经济预测模型、印刷工程模型（纸张流变模型、油墨流变模型、油墨转移模型和张力控制系统模型）、金融模型、环境模型、生态模型、企业管理模型和城镇规划模型等。

（3）按照对建模机理了解程度的不同，模型可分为以下几类。

①白箱模型。主要指物理、力学等一些机理比较清楚的学科描述的现象以及相应的工程技术问题，这些方面的数学模型大多已经建立起来，还需深入研究的主要是针对具体问题的特定目的进行修正与完善，或者进行优化设计与控制等。

②灰箱模型。主要指生态、经济等领域中遇到的模型，人们对其机理虽有所了解，但还不很清楚，故称灰箱模型，在建立和改进模型方面还有不少工作要做。

③黑箱模型。主要指生命科学、社会科学等领域中遇到的模型，人们对其机

理知之甚少，甚至完全不清楚，故称为黑箱模型。

在工程技术（如印刷工程）和现代化管理中，有时会遇到这样一类问题：由于因素众多、关系复杂，且观测困难等，人们也常常将它作为灰箱或黑箱模型问题来处理。应该指出的是，这三者之间并没有严格的界限，而且随着科学技术的发展，关系也是不断变化的。

（4）按照模型的表现特性不同，可分为以下几类。

①确定性模型与随机性模型。前者不考虑随机因素的影响，后者考虑了随机因素的影响。

②静态模型与动态模型（如印刷水墨平衡模型、胶印模型等）。两者的区别在于是否考虑时间因素引起的变化。

③离散模型与连续模型。两者的区别在于描述系统状态的变量是离散的还是连续的。

1.1.2　建模原则

建立实际问题的数学模型，尤其是建立抽象程度较高的模型是一种创造性的劳动。不能期望找到一种一成不变的方法来建立各种实际问题的数学模型。现实世界中的实际问题是多种多样的，而且大多比较复杂，因此数学建模的方法也是多种多样的。但是，数学建模方法和过程也有一些共性的东西，掌握这些共同的规律，将有助于数学建模任务的完成。

因此，在建立数学模型时，应该遵照以下原则。

（1）要有足够的精确度。就是要把本质的性质和关系反映进去，把非本质的东西去掉，而又不影响反映现实本质的真实程度。

（2）模型既要精确，又要尽可能简单。因为太复杂的模型难以求解，而且如果一个简单的模型已经可以使某些实际问题得到满意的解决，那就没必要再建立一个复杂的模型。因为构造一个复杂的模型并求解它，往往要付出较高的代价。

（3）要尽量借鉴已有的标准形式的模型。

（4）构造模型的依据要充分。就是说要依据科学规律、经济规律来建立有关的公式和图表，并要注意使用这些规律的条件。

1.1.3　建模方法

数学建模的方法[2]按大类来分，大体上可分为机理分析法、测试分析法和综合分析法三类。印刷工程模型基本上属于后两种。

1）机理分析法

机理分析法就是根据人们对现实对象的了解和已有的知识、经验等，分析研究对象中各变量（因素）之间的因果关系，找出反映其内部机理规律的一类方法。使用这种方法的前提是对研究对象的机理有一定的了解。

2）测试分析法

当对研究对象的机理不清楚的时候，还可以把研究对象视为一个"黑箱"系统，对系统的输入输出进行观测，并以这些实测数据为基础进行统计分析来建立模型，这样的一类方法称为测试分析法。

3）综合分析法

对于某些实际问题，人们常将上述两种建模方法结合起来使用。例如，用机理分析法确定模型结构，再用测试分析法确定其中的参数，这类方法称为综合分析法。

1.2　建模步骤

1.2.1　建模准备

通常，当遇到某个实际问题时，在开始阶段对问题的理解往往不是很清楚，所以需要深入实际进行调查研究，收集与研究问题有关的信息、资料，与熟悉情况的有关人员进行讨论，查阅有关的文献资料，明确问题的背景和特征，由此初步确定它可能属于哪一类模型等。总之，要做好建模前的准备工作，明确所要研究解决的问题和建模要达到的主要目的。

1.2.2　分析简化

对所研究的问题和收集的信息资料进行分析，弄清哪一些因素是主要的、起主导作用的，哪一些因素是次要的，并根据建模的目的抓住主要因素，忽略次要因素，即对实际问题做一些必要的简化，用精确的语言做出必要的简化假设。应该说这是一个十分困难的问题，也是建模过程中十分关键的一步，往往不可能一次完成，需要经过多次反复试验才能完成。

1.2.3　模型建立

在前述工作的基础上，根据所做的假设，分析研究对象的因果关系，用数学语言加以刻画，就可得到所研究问题的数学描述，即构成所研究问题的数学模型。通常它是描述问题的主要因素变量之间的一个关系式或其他的数学结构。在初步构成数学模型之后，一般还要进行必要的分析和化简，使它达到便于求解的形式；并根据研究的目的，对它进行检查，主要看它能否代表研究的实际问题。

1.2.4　模型求解

当现有的数学方法还不能很好解决所归结的数学问题时，就需要针对数学模型的特点，对现有的方法进行改进或提出新的方法以适应需要。

1. 2. 5 模型的评价与改进

数学模型总是在不断地分析、检验和评价中，不断地进行改进和完善。数学模型是否便于求解也是评价模型优劣的一个重要标准。将模型分析结果与实际情形进行比较，以此来验证模型的准确性、合理性和适用性。如果模型与实际较吻合，则要对计算结果给出其实际含义，并进行解释；如果模型与实际吻合较差，则应该修改假设，再次重复建模过程。当然，建模的目的是为了解决实际问题，因此评价模型优劣最重要的标准是模型及其解能否反映现实问题，满足解决实际问题的需要。

1. 2. 6 模型应用

模型应用[3]就是把经过多次反复改进的模型及其解应用于实际系统，看能否达到预期的目的。若不够满意，则建模任务仍未完成，需要继续努力（图 1-1）。

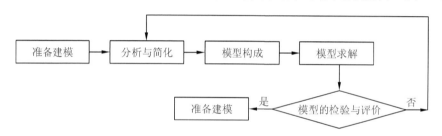

图 1-1　数学建模流程图

应当强调的是，并不是所有的数学建模过程都要按上述步骤进行。上述步骤只是数学建模过程的一个大致描述，实际建模时可以灵活应用。

《数学建模的应用》（*Advances in Applied Mathematics*）是一本关注应用数学领域最新进展的国际中文期刊，由汉斯出版社发行。主要刊登数学的各种计算方法研究，数学在统计学、计算机等方面应用的学术论文和成果评述。该刊支持思想创新和学术创新，倡导科学，繁荣学术，集学术性、思想性为一体，旨在给世界范围内的科学家、学者、科研人员提供一个传播、分享和讨论应用数学领域内不同方向问题与发展的交流平台。

2 表面活性与吸附原理

2.1 表面活性剂的分子结构与分类

通常情况下，能使溶液表面张力下降的物质称为表面活性物质[4]。在诸多的表面活性物质中，在很低浓度的情况下，能显著降低液体表面张力或两相间界面张力的物质称为表面活性剂（surface active agents）。

2.1.1 结构特征

表面活性剂的分子结构由两部分组成：分子结构中含有一个对溶剂吸引力强的亲液基团和一个对溶剂几乎不具吸引力的疏液基团。一般所用的溶剂为水，将易溶于水，具有亲水性质的极性基团称为亲水基；将不溶于水而易溶于油，具有亲油性质的非极性基团称为疏水基或亲油基。同时具有亲水和疏水基团的分子称为两亲分子（或称为双亲分子），因此表面活性剂分子都是两亲化合物。疏水基通常是由长链烃基构成非极性基团，可以是直链，或带支链的脂肪烃基（烷基、烯基）、芳香烃基（⬡，⬡⬡）或脂肪烃-芳香烃基（—⬡—C_nH_{2n-1}），有时是卤代或氯化烃基。而亲水基的种类繁多，差别较大。常见的亲水基有—COONa、—SO_3Na、—OSO_3Na、—$OPO(ONa)_2$、—OH、—NH_2、—CN、—SH、—$NHCONH_2$、—CH_2OCH_2—等极性基团。例如，人们日常生活中用的表面活性剂肥皂即是高级脂肪酸的钠盐，其分子式为 $C_{17}H_{35}COONa$，分子中—$C_{17}H_{35}$为疏水基的长链烃基（用一线段表示），—COONa为亲水基（用圆圈表示），表面活性剂通常可以表示为"———○"。

2.1.2 分类

表面活性剂的分类[5]方法很多，可按用途和化学结构进行分类，而最常用、最简便的分类方法是按其在水溶液中的离子特性来分类。当表面活性剂溶于水时，能够电离成离子的，称为离子型表面活性剂；而不能电离成离子，只能以分子状态存在的，称为非离子型表面活性剂。离子型表面活性剂还可按所生成具有表面活性作用的离子种类，分为阴离子表面活性剂、阳离子表面活性剂和两性离子型表面活性剂三种。

2.1.2.1 阴离子表面活性剂

阴离子表面活性剂（anionic surfactants/anionic surface active agents）是表面活性剂中应用历史最早、最久、种类最多、用途最广的表面活性剂，至今仍然是产量最高的一类表面活性剂。

　　阴离子表面活性剂的结构特点就是当它溶解于水中时,与疏水基相连起表面活性作用的亲水基团是阴离子。例如,肥皂是高级脂肪酸的钠盐,分子式为$CH_3-(CH_2)_{16}-COONa$,当其溶于水中时发生电离,即

$$CH_3-(CH_2)_{16}-COONa \longrightarrow CH_3-(CH_2)_{16}-COO^- + Na^+$$

亲水端的—COO^-带负电荷。

　　属于这一类的表面活性剂有以下几种:羧酸盐($RCOO^-Na^+$),如肥皂等;硫酸酯盐($ROSO_3^-Na^+$),如酰胺类和酯类的硫酸盐、烷基硫酸盐(脂肪醇硫酸酯)等;磺酸盐($RSO_3^-Na^+$),如烷基磺酸盐、烷基芳基磺酸盐、琥珀酸酯磺基衍生物等;磷酸酯盐($ROPO_3^{2-}Na_2^+$)。

　　国内常见的商品有肥皂、太古油(土耳其红油)、拉开粉、渗透剂 M、渗透剂 OT、扩散剂 NNO、胰加漂 T、209 洗涤剂、雷米邦 A、净洗剂 LS、601 洗涤剂、合成洗涤剂、烷基苯磺酸钠、脂肪醇硫酸钠等。其中,十二烷基苯磺酸钠是合成洗涤剂最主要的品种之一。

　　阴离子表面活性剂的作用,多为乳化作用、润湿及渗透作用、去污及净洗作用。因此,阴离子表面活性剂在麻的脱胶、绢纺原料的精炼、羊毛的洗涤、炭化工程以及经纱上浆工程中都有广泛的应用,不过在使用中应注意以下几点。

　　(1)阴离子表面活性剂对碱性染料有中和、沉淀作用,因为碱性染料具有阳电荷性,所以不能和碱性染料共用。

　　(2)阴离子表面活性剂对阳离子表面活性剂有中和、沉淀作用,因此不能和阳离子表面活性剂共用。

　　(3)阴离子表面活性剂对纤维素纤维的亲和力较小,但对蛋白质纤维在酸性介质中有较强的亲和力。

2.1.2.2　阳离子表面活性剂

　　阳离子表面活性剂(cationic surfactants/cationic surface active agents)的应用历史、应用范围及其种类都不及阴离子表面活性剂,但它所具有的特殊功能也是其他表面活性剂所不具备的,因此阳离子表面活性剂近年来发展较快。

　　阳离子表面活性剂的结构特点就是当其溶解于水时,发生电离,与疏水基相连的起表面活性作用的亲水基团是阳离子。阳离子表面活性剂主要有高级烷基胺盐型和季铵盐型,其中季铵盐型应用较广。

　　例如,烷基三甲基溴化铵,在水溶液中电离为

$$CH_3-(CH_2)_n-\overset{\overset{\displaystyle CH_3}{|}}{\underset{\underset{\displaystyle CH_3}{|}}{N^+}}-CH_3Br^- \longrightarrow CH_3-(CH_2)_n-\overset{\overset{\displaystyle CH_3}{|}}{\underset{\underset{\displaystyle CH_3}{|}}{N^+}}-CH_3 + Br^-$$

其亲水端的—N⁺(CH₃)₃带正电荷。

阳离子表面活性剂具有乳化作用、纤维柔软作用、抗静电作用和杀菌作用，可用于织物的特种整理和印刷的润湿液，作为织物防霉防蛀整理剂，防缩、防皱、抗菌卫生整理剂和抗静电剂等。例如，对锦纶、涤纶、腈纶等合成纤维有良好消除静电作用的抗静电剂十八烷基二甲基羟乙基铵硝酸盐（SN），即属于季铵盐型阳离子表面活性剂。在市场上常见的商品有 1631 表面活性剂、1227 表面活性剂、索罗明 A、萨帕明 A、抗静电剂 SN 和抗静电剂 TM 等。

在使用中应注意以下几点。

（1）阳离子表面活性剂对直接染料、酸性染料有沉淀作用，因为这两种染料均具有阴离子电荷，所以不能与这两类染料共用。但可作为固色剂，提高这两类染料的湿处理牢度。

（2）阳离子表面活性剂不能与阴离子表面活性剂共用，否则有沉淀作用，降低两者的表面活性。

（3）阳离子表面活性剂对纤维素纤维有较强的亲和力，在中性和碱性介质中对蛋白质纤维亦有较强的亲和力。

2.1.2.3　两性离子型表面活性剂

两性离子型表面活性剂（zwitterionic surfactants/amphoteric surface active agents）是指在一个分子结构中同时具有两种离子性质的表面活性剂。这两种离子的组合可能有下面三种情况。

（1）阴离子和阳离子组合，如 $R{-}N^+{-}CH_2COO^-$ 。

$$\overset{\displaystyle CH_3}{\underset{\displaystyle CH_3}{R{-}N^+{-}CH_2COO^-}}$$

（2）阴离子和非离子组合，如 $R{-}P(CH_2{-}CH_2{-}O)_nSO_3^-$ 。

（3）阳离子和非离子组合，如 $R{-}N^+{-}(CH_2{-}CH_2{-}O)_nH$ 。

$$\overset{\displaystyle (CH_2{-}CH_2{-}O)_nH}{\underset{\displaystyle CH_3}{R{-}N^+{-}(CH_2{-}CH_2{-}O)_nH}}$$

虽然酒精是一种特殊分子结构的两性离子型表面活性剂 $CH_3{-}CH_2{-}OH$，但烃基表现为非极性，羟基则表现为极性。在分类中把它分为非离子表面活性剂，在胶印印刷中作为润湿液的主剂，对印版表面具有很好的润湿作用。

实际上，通常所说的两性离子型表面活性剂是指亲水基团是由阴离子和阳离子结合在一起的表面活性剂。通常两性离子型表面活性剂中，阳离子部分是胺盐和季铵盐，阴离子部分是羧酸盐、磺酸盐和硫酸盐，其中羧酸盐阴离子和季铵盐阳离子构成的应用较广。例如，二甲基十二烷基甜菜碱可用作洗涤剂、缩绒剂、染色助剂、纤维柔软剂和抗静电剂等。

两性离子型表面活性剂与一般的阴离子型、阳离子型和非离子型表面活性剂不同之处就在于，两性离子型表面活性剂中两种离子的强度往往不同，在不同的介质条件下既可以表现为阴离子型特性，也可以表现为阳离子型特性。例如，当溶液处于酸性介质条件下时，两性离子型表面活性性剂中阴离子的数量多，表现为阴离子型表面活性剂。由于两性离子型表面活性剂的分子中各有两种电性相反的离子型基团，而在不同的介质条件下既可表现为阳离子性，也可表现为阴离子性，因此两性离子型表面活性剂与蛋白质一样，也具有等电点（isoelectric point）。当溶液处于等电点的介质条件下时，两性离子型表现为非离子型表面活性剂。不同结构类型的两性离子型表面活性剂的等电点如表 2-1 所示。利用两性离子型表面活性剂具有等电点的特性，可对羊毛实施等电洗涤，也可对绢纺原料进行等电精炼，还可对印刷使用的润湿液浓度进行调节，以利于充分发挥其润湿作用。

表 2-1 两性离子型表面活性剂的等电点

类型	分子结构	烷基（R）含碳数	等电点（pH）
氨基酸型	$\begin{array}{c} H \\ \| \\ R-N^+-COO^- \\ \| \\ CH_2 \end{array}$	C_{12} C_{18}	$6.6\sim7.2$ $8.6\sim7.5$
甜菜碱型（Ⅰ）	$\begin{array}{c} CH_3 \\ \| \\ R-N^+-CH_2COO^- \\ \| \\ CH_3 \end{array}$	C_{12} C_{18}	$5.1\sim6.1$ $4.8\sim6.8$
甜菜碱型（Ⅱ）	$\begin{array}{c} CH_2CH_2OH \\ \| \\ R-N^+-CH_2COO^- \\ \| \\ CH_2CH_2OH \end{array}$	C_{12} C_{18}	$4.7\sim7.5$ $4.6\sim7.6$

两性离子型表面活性剂有以下特性。

（1）能和任何类型的表面活性剂混合使用。在酸性、碱性溶液中均可分散溶解并呈现良好的表面活性。

（2）两性离子型表面活性剂除具有一般表面活性剂的润湿、乳化、洗涤等作用外，还具有良好的杀菌作用，且毒性极小，对皮肤的刺激性轻微，故可用于餐具杀菌、洗涤。

（3）耐硬水，即使在多价金属离子存在的情况下仍具有良好的洗涤性能。

2.1.2.4 非离子型表面活性剂

非离子型表面活性剂（nonionic surfactants/nonionic surface active agents）是使用范围仅次于阴离子型表面活性剂的一大类表面活性剂。非离子型表面活性剂的分子结构与离子型表面活性剂一样，也是由亲水基和疏水基两部分组成，但其亲水基是由水中不电离的羟基和醚键组成。属于这一类的表面活性剂主要有聚氧乙烯型和脂肪酸多元醇型两类。

在市场上常见的有：平平加 O、乳化剂 OP、乳化剂 EL、Tx‑10、柔软剂 SC、柔软剂 1014、渗透剂 JFC、尼凡丁 AN、净洗剂 JU、净洗剂 105，净洗剂 6501 以及斯盘（Span）、吐温（Tween）等。

非离子型表面活性剂的结构特点，就是在水溶液中不起电离作用，因此对各种纤维均无亲和力。所以，用其容易洗涤清洁印版，并且可与阴离子型或阳离子型表面活性剂混用，而不影响其表面活性。

非离子型表面活性剂通常具有乳化作用、渗透作用及洗涤作用，其特点如下。

（1）对各种纤维一般无亲和力。

（2）极易溶解于水，对酸、碱作用较稳定。

（3）可与各种类型的表面活性剂共用。

2.2　表面活性剂的基本性质

2.2.1　界面吸附、定向排列、胶束生成

表面活性剂是两亲分子，当两亲分子溶解于水时，分子被水所包围，其疏水基团一端被水分子排斥，亲水基团一端被水分子所吸引，且吸引力大于排斥力。表面活性剂分子能溶于水，就是因为其亲水基团对水的吸引力大于疏水基团对水的排斥力。表面活性剂在水中为了缓和其疏水基与水的排斥作用，它的分子就得不停地转动，通过两个途径以达到稳定状态，如图 2-1 所示。第一个途径是把亲水基留在水中，疏水基伸向空气。另一个途径是使分子间的疏水基相互靠在一起，尽可能地减少疏水基和水的接触面积。第一种途径使表面活性剂分子吸附于水面（或其他界面）而形成定向排列的单分子层；第二种途径就是在水中形成胶束。

在图 2-1 中只描述了两个表面活性分子在水中形成小型胶束的情况。如果增加水中表面活性剂的浓度，胶束就渐渐增加到几十个至几百个分子，最终形成正规的胶束。此时，疏水基完全被包在胶束内部，几乎和水脱离接触。由于只剩下亲水基方向朝外，可以把它看成只是由亲水基

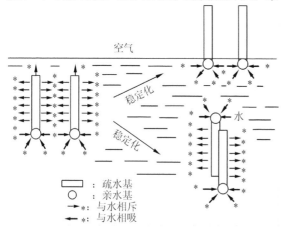

图 2-1　表面活性剂在溶液中的稳定途径

组成的球状高分子，它与水没有任何排斥作用，因此可以使表面活性剂稳定地溶于水中。这也说明表面活性剂分子的疏水基和亲水基是构成界面吸附层（其结果是降低界面张力）、分子定向排列（按一定方向排列）以及形成胶束等现象的原因。

2.2.2 临界胶束浓度

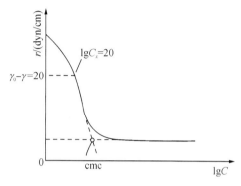

通过许多实验发现，不论哪种表面活性剂，其水溶液的表面张力都随其表面活性剂浓度逐渐增大而急剧下降。当超过某一定浓度后，表面张力则保持恒定不再下降，如图 2-2 所示。

图 2-2 表面张力与表面活性剂水溶液浓度的关系

图 2-2 是表面活性剂在水中的浓度与表面张力的变化情况。由图可见，在浓度较低时，随浓度的增加表面张力急剧下降，迅速降低溶液的表面张力；当浓度达到一定值时，表面张力不再随浓度的增加而增加，几乎不再变化。通常把这个浓度点称为最佳浓度点[6]，也称临界浓度（critical micelle concentration，cmc）。

图 2-3 是表示按图(a)～(d)的顺序逐渐增加表面活性剂浓度时，水溶液中表面活性剂分子的活动情况。

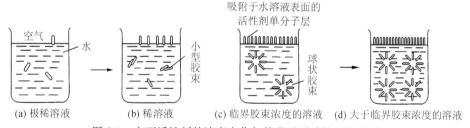

(a) 极稀溶液   (b) 稀溶液   (c) 临界胶束浓度的溶液   (d) 大于临界胶束浓度的溶液

图 2-3 表面活性剂的浓度变化与其分子活动情况的关系

图 2-3(a)是极稀溶液，它相当于纯水的表面张力，即刚开始表面张力要下降时的示意图。在浓度极低时，空气和水的界面上还没有聚集很多的表面活性剂，空气和水几乎还是直接接触的，水的表面张力下降不多，接近于纯水状态。

图 2-3(b)比图 2-3(a)的浓度稍有上升，相当于图 2-2 表面张力急剧下降部分。此时只要再稍微增加少许表面活性剂，它就会很快地聚集到水面，使空气和水的接触面减少，从而使表面张力按比例地急剧下降。与此同时，水中的表面活性剂分子也三三两两地聚集到一起，互相把疏水基靠在一起，开始形成胶束。

图 2-3(c)表示表面活性剂浓度逐渐升高，水溶液表面聚集了足够量的表面活性剂，并毫无间隙地密布于液面上形成所谓单分子膜，此时空气与水完全处于隔绝状态。此状态相当于图 2-2 中表面张力曲线停止下降的部分，即水平状态。如果再提高浓度，则水溶液中的表面活性剂分子就各自以几十、几百地聚集在一起，排列成疏水基向里、亲水基向外的胶束。

图 2-3(d)表示浓度已大于临界胶束浓度时的表面活性剂分子状态。此时，水溶液表面已形成了单分子膜，如果再增加表面活性剂，就只能增加胶束数量。胶束和单个分子相反，并不具有活性，仅作为与吸附层相平衡的一种包含有表面活性剂的聚集体。因此表面张力已不再下降，此状态相当于图 2-2 曲线上的水平部分。

胶束的形状有球状、棒状及层状，如图 2-4 所示。表面活性剂形成正规胶束的最低浓度称为**临界胶束浓度**（cmc）。

临界胶束浓度和表面活性剂其他一些性质的关系如图 2-5 所示，可以说明采用大于临界胶束浓度的重要性。

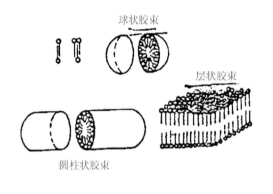

图 2-4　各种胶束形状实例

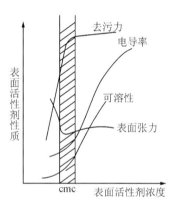

图 2-5　临界胶束浓度和表面活性剂各种性质的关系

临界胶束浓度是一个重要界限，在高于或低于此临界浓度时，其水溶液的表面张力或界面张力以及其他许多物理性质都有很大的差异。即表面活性剂的溶液，其浓度只有在稍高于临界胶束浓度时，才能充分显示其作用。由于表面活性剂溶液的一些物理性质，如电导率、渗透压、冰点下降、蒸气压、黏度、密度、增溶性、洗涤性、光散射，以及颜色变化等在临界胶束浓度时都有显著的变化，所以通过测定发生这些显著变化时的转变点，就可得知临界胶束浓度。用不同方法测得临界胶束浓度虽有一些并非异常，但大体上还是比较一致的。

2.2.3　表面活性剂的 HLB 值

2.2.3.1　基本概念

从表面活性剂的结构特点知道，表面活性剂具有一个对称的构造，一端亲油（疏水），一端亲水（疏油），由于构成亲油端和亲水端的基团可以有很多，因此这些基团对表面活性剂整体的亲油性或亲水性的影响各不相同。亲油端的亲油强度大，相对地，亲水端的亲水强度较小，则该表面活性剂表现出较强的亲油性；反之，则表现出较强的亲水性。因此，表面活性剂中的亲水基的亲水性与疏水基的亲油性的关系就决定了表面活性剂的性质和用途。

为了定量地反映表面活性剂中两端不同基团对表面活性剂亲油性或亲水性的综合影响程度，美国的格里芬（Griffin）提出了亲水亲油平衡值的概念，用HLB（hydrophile-lipophile-balance）值表示。

HLB 值是一个相对值，HLB 值的大小不仅影响表面活性剂的性能，也影响表面活性剂的用途。一般而论，表面活性剂的 HLB 值为 $0 \sim 20$。石蜡完全没有亲水基，故石蜡的 $HLB=0$，而月桂醇硫酸钠内含大量亲水基，完全溶解于水中，故其 $HLB=20$。HLB 值越大，其水溶性越好，油溶性越差；反之，HLB 值越小，其油溶性越好，水溶性越差。

表面活性剂的性能与 HLB 值的关系如图 2-6 所示。实用上，选用表面活性剂的 HLB 值一般均在 20 以下。HLB 值高者，表面活性剂的性能偏向增溶作用；HLB 值低者，表面活性剂的性能偏向消泡作用。对纺织工业中常用的乳化剂而言，选用乳化剂的 HLB 值都在 $8 \sim 18$。

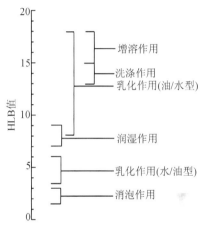

图 2-6　表面活性剂的性能与
HLB 值的关系

2.2.3.2　HLB 值的求算

从表面活性剂的结构上来看，表面活性剂分子一般总是由非极性的、亲油的碳氢链和亲水的基团共同构成，而且两部分分处两端，形成不对称的结构。因此，表面活性剂分子具有既亲油又亲水的两亲性质。表面活性剂分子中亲水基团的亲水性与疏水性的关系，对于决定表面活性剂的性质和用途是极为重要的，而HLB 值是衡量表面活性剂亲水性和亲油性的重要指标。

1）格里芬定律

根据格里芬[7]定律采用下列公式计算：

$$HLB = 20\left(1 - \frac{M_6}{M}\right) \tag{2-1}$$

式中，M_0 为疏水基分子量；M 为表面活性剂分子量。

例如，乙醇的分子结构简式为 $CH_3—CH_2—OH$，结构式为 $H—\overset{\displaystyle H}{\underset{\displaystyle H}{C}}—\overset{\displaystyle H}{\underset{\displaystyle H}{C}}—OH^-$。

由于结构简式和结构式具有不同区分亲水基的方法，如

① $CH_3—CH_2—OH$；　　　② $H—\overset{\displaystyle H}{\underset{\displaystyle H}{C}}—\overset{\displaystyle H}{\underset{\displaystyle H}{C}}—OH^-$。

故计算结果也不一样。

对于①，计算式如下：

$$HLB = 20\left(1 - \frac{M_6}{M}\right) = 20\left(1 - \frac{29}{46}\right) \approx 7.4$$

对于②，计算式如下：

$$HLB = 20\left(1 - \frac{M_6}{M}\right) = 20\left(1 - \frac{15}{46}\right) \approx 12.6$$

很显然，对于同种物质，由于区分亲水基和疏水基的位置不同，其计算结果也不同。所以，规定用于润湿印版表面活性剂的 HLB 值的取值范围为 7~9 或者 12~14。只要计算结果落在这两个数值区间，均可用作润湿印版的表面活性剂。

2）非离子表面活性剂

对非离子表面活性剂，可用以下几个公式计算。

（1）多元醇脂肪酸：

$$HLB = 20\left(1 - \frac{S}{A}\right) \tag{2-2}$$

式中，S 为脂的皂化值；A 为酸的酸值。

（2）对于皂化值不易测定表面活性剂，可采用下式：

$$HLB = (E + P)/5 \tag{2-3}$$

式中，E 为环氧乙烷质量百分数；P 为多元醇的质量百分数。

（3）只用—(C_2H_4O)—亲水基表面活性剂：

$$HLB = \frac{E}{5} \tag{2-4}$$

对于某些结构复杂，含其他元素（如氮、硫、磷等）的非离子表面活性剂，以上公式均不适用。根据表面活性剂在水中的溶解度，从实践经验中可得出 HLB 的近似值（表 2-2）。

表 2-2　HLB 值及其现象

HLB 值	加入水后性质
1~4	不分散
3~6	分散的不好
6~8	剧烈振荡后成乳色分散体
8~10	稳定乳色分散体
10~13	半透明至透明分散体
>13	透明溶液

戴维思提出将 HLB 值作为结构团的总和处理，把表面活性剂分解为一些基团，每一基团对 HLB 值均有影响（表 2-3）。

表 2-3　常见表面活性剂的亲水基团数与亲油基团数

亲水基团	亲水基因数	亲油基团	亲油基因数
—SO4Na	38.7	—CH	−0.475
—COOK	21.1	—CH$_2$	−0.475
—COONa	19.1	—CH$_3$	−0.475
—N（叔胺）	9.4	≡CH	−0.475
—N（叔胺）	9.4	衍生的基团	—
—COOH	2.1	—(CH$_2$−CH$_2$−O)—	0.33
—OH（自由）	1.9	—(CH$_2$−CH$_2$−CH−O)—	−0.15
—O—	1.8	—	—
酯（失水山梨醇环）	6.8	—	—

根据不同可区分亲水和亲油端的高分子，只要将分子结构式中的亲水基和亲油基找到，再查表 2-3，将对应数据代入式(2-5)就可以计算得到相应的 HLB 值。

$$HLB 值＝7＋\sum（亲水基团数）－\sum（亲油基团数） \tag{2-5}$$

HLB 值的计算虽较为复杂，有时对于一些结构复杂的表面活性剂计算也较为困难，但它与表面活性剂性质有着较为密切的联系。只有对 HLB 值这一概念有充分的了解，才能更好地掌握和运用表面活性剂，从而能正确地选择表面活性剂为印刷业服务。

2.2.3.3　HLB 值的用途

表 2-4 列出了表面活性剂 HLB 值的范围和用途，用它能判断某种表面活性剂的用途。许多较重要的非离子活性剂的 HLB 值从有关的手册中均可查到。有时为了迅速确定某种非离子表面活性剂的 HLB 值，可以参照表 2-4 和表 2-5，采用溶度实验法求得。

表 2-4　HLB 值及用途

HLB 值	应用范围
13 左右	PS 版揩版墨
<6	抗静电剂
12～14	胶印润湿液
>15	清洗剂

表 2-5　HLB 值与水的溶解性

加入水中后的性质	HLB 值范围
不分散	1～4
分散性不好	3～6
激烈振荡后成乳色分散体	6～8
稳定乳色分散体	8～10
半透明到透明分散体	10～13
透明溶液	13 以上

表 2-6　常用表面活性剂的 HLB 值

表面活性剂	HLB 值
TX-10	13.6
胰加漂 T	10
JFC	12～14
JU	12
聚醚 L63	11
匀 O	14.1～15.3

表 2-6 是目前胶印润湿液中所常用的几种表面活性剂的 HLB 值。

2.3　表面活性剂的作用原理

表面活性剂的基本性质，决定了它具有润湿、渗透、乳化、分散、增溶、发泡、消泡、匀染、抗静电、柔软和助磨等性能。下面分别介绍它们作用的原理[8]。

2.3.1　润湿和渗透作用

前已述及，如果接触角 $\theta=0°$，则为完全润湿；如果 $0°<\theta<90°$，则为部分润湿，液滴呈扁平状；如果 $90°<\theta<180°$，则为不润湿，液滴呈平底球状；如果 $\theta=180°$，则为完全不润湿，液滴倾向于形成完整的球体。润湿角与表面张力的关系为

$$\cos\theta=\frac{\gamma_{sg}-\gamma_{sl}}{\gamma_{lg}} \qquad (2-6)$$

式中，γ_{sg} 为固体的表面张力，与固体种类有关，当固体一定时，为一常数；γ_{lg} 和 γ_{sl} 分别为液体表面张力和液体与固液的界面张力。加入表面活性剂后，它们的数值变小，这样，式子右边的数值变大。为了保持等式两边相等，θ 必然变小。这就是表面活性剂能降低表面张力，使接触角变小，从而增加润湿作用的原因。

润湿和渗透作用比较相似，它们的区别在于前者是作用在物体表面，而后者是作用到物体内部。作润湿和渗透用的表面活性剂称为润湿剂和渗透剂，一般两者所用的表面活性剂基本相同。

2.3.2　乳化、分散和增溶作用

所谓乳化、分散和增溶作用，就是使非水溶性物质在水中均匀地乳化分散或被溶解成透明溶液。

2.3.2.1　乳化作用

两种互不相容的液体经过剧烈搅拌后，一种液体在另一种液体中分散成细小

液滴（1～2nm），这样的操作称为乳化，所产生的分散体系称为乳状液。但是乳状液非常不稳定，不久就会分成两层，因为当液体分散成细小液滴后，它的界面面积很大，界面能很大，处于不稳定状态，所以当液滴相互碰撞时，会自动聚集，降低界面能，使体系处于稳定状态。因此，乳状液分层是一个自动进行的过程，要使乳状液稳定，必须降低两相之间的界面张力，加入表面活性剂（乳化剂）就能使乳状液稳定。乳状液一般是由两种互不相溶的液体和乳化剂三者构成的体系。

当乳状液中加入乳化剂后，乳化剂的分子吸附在两相界面上形成吸附层，吸附层中乳化剂分子有一定的取向，极性基团（亲水基）朝水，非极性基团（亲油基）朝油，这样使油水界面张力下降。不仅如此，乳化剂分子还需在分散液滴周围形成坚固的保护膜，这种保护膜具有一定的机械强度。当分散液滴相碰撞时保护膜能够阻止液滴的聚集，使乳状液变得稳定。由此可知，降低表面张力和形成保护膜是使乳状液稳定的两个主要因素，其中以后者更为重要。

按不同的分散状态，乳状液可分为两类：一类是油分散在水中，简称为油在水中型（水包油型）乳状液，以O/W型表示；另一类为水分散在油中，简称为水在油中型（油包水型）乳状液，以W/O型表示。

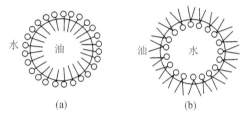

图 2-7 乳状液示意图

根据乳化剂种类的不同，可以配成不同类型的乳状液，如图 2-7 所示。亲水性强的乳化剂配成的乳状液是 O/W 型，亲油性强的乳化剂配成的乳状液是 W/O 型。

亲水基的强弱顺序如下：

—COONa > SO$_3$Na >—OSO$_3$Na >—OH >—O—>—NH$_2$ >—NH—>—CONH$_2$>—COOR$'$>—Cl。

疏水基的强弱序如下：

脂肪烃（石蜡烃）>脂肪烃（烯烃）>带脂肪族链的芳香族>芳香族>带弱亲水基的烃。

在印刷工业中，合成纤维纸张、薄膜的表面整理、印花糊精等都需用 O/W 型的乳化剂，因为这种乳状液可用水配成不同比例的乳状液，其稳定性较好，适用范围较广。上光油剂乳状液必须有尽可能大的分散性，液珠要尽可能一样大小，一般液珠的直径为 1～2nm，3nm 以上的液珠不超过 10%。这样才能达到上光油均匀，用量小的目的。

上光油剂乳状液的好坏，可通过其在玻璃杯上的成膜性来鉴别（表 2-7）。稳定性好的乳状液，在玻璃壁上能均匀地润湿，形成黄色的薄膜，没有黏壁的现象。最好是用显微镜来观察液珠的大小和均匀度。也可在室温下经 24～48h 后，用肉眼观察来确定乳状液的稳定性。

表 2-7　颗粒大小对乳状液外观的影响

颗粒大小	乳状液外观
大颗粒小球	二相可区别
大于 1 nm	乳白色
1～0.1 nm	蓝白色
0.1～0.03nm	灰色半透明
0.05nm 和更小	透明

2.3.2.2　分散作用

分散作用和乳化作用比较相似，只是在乳浊液中的分散相为液体粒子，而悬浊液中分散相为固体粒子。由于所用的表面活性剂几乎是相同的，因此实际应用中常称为乳化分散剂。

2.3.2.3　增溶作用

在水中难溶的化合物，如碳氢化物、高级醇、染料等，在表面活性剂的存在下能很好地溶于水中，这种现象称为增溶作用。

增溶可分为非极性增溶、极性增溶、吸附增溶三种情况。

（1）非极性增溶：对碳氢化合物这类非极性物质的增溶是溶解在胶束中心的，如图 2-8 所示。这类增溶现象可由 X 射线反射数据来证实。

（2）极性增溶（又称胶束栅层渗透型增溶）：醇类、胺类、脂肪酸类等极性化合物的增溶是嵌在表面活性剂的极性基之间的，如图 2-9 所示。这类增溶现象也可由 X 射线反射数据来证实。

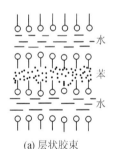

(a) 层状胶束　　　(b) 球状胶束

图 2-8　非极性增溶

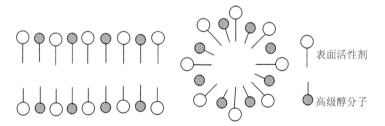

图 2-9　极性增溶

（3）吸附增溶：这类增溶是指被增溶的分子，在表面活性剂的胶束极性表面吸附，不渗透到胶束中去。因此，这种类型的增溶量最小。

三种类型增溶量大小顺序为：极性增溶＞非极性增溶＞吸附增溶。

也有人认为这三种情况的区分并不十分清楚，特别是极性增溶与吸附增溶。胶束浓度高，有机物少时，可以形成吸附增溶，但这种情况是不稳定的；有机物多时，可以转成稳定的其他两种增溶形式。也有人认为表面吸附增溶时也伴随着胶束的栅层渗透。

增溶能力大小与胶束有密切关系，即胶束越多，增溶能力越强；而且胶束越大，增溶能力也越强。增溶对洗涤具有一定意义。

2.3.3 起泡与消泡作用

泡沫是气体分散在液体中的分散体系。它和乳浊液相似，只是分散相为气体，即液体包围气体的分散体系。肥皂泡是一种常见的泡沫。

2.3.3.1 泡沫的生成

通常在水中通入空气可以形成泡沫，但这种泡沫不稳定，要使泡沫稳定，应满足下面几个条件。

（1）降低溶液的表面张力，与降低表面张力和在气泡周围形成坚固的保护膜，是泡沫稳定的重要条件。最好的起泡剂分子是长链的，因为链越长，其分子间引力也越大，膜的机械强度就高。蛋白质除分子间引力外，还在 $-\overset{\overset{\text{O}}{\|}}{\text{C}}-$ 与 $-$NH$-$基间有氢键，所生成的薄膜较坚固，泡沫就很稳定。

（2）适当的表面黏度。气泡间的液膜受到两种作用力，即重力和曲面压力，结果都促使气泡间液体流走，泡壁逐步变薄，导致气泡破裂。若液体有较大黏度，就不易流失，但黏度过大会使气体难以浮至表面。所以要求液体的黏度较小，而膜的黏度（表面黏度）较大。

凡是能增加表面黏度的物质均能生成稳定的泡沫，增加表面黏度相应于表面层更加紧密，这就减小了气体的渗透性，同时也增强了泡沫的稳定性。

（3）膜的动电电位。用离子型起泡剂得到的泡沫，其膜带有电荷，故能阻止气泡的聚集，泡沫的稳定性可用动电电位来衡量。

2.3.3.2 泡沫的破坏

在浆纱液和洗毛液中产生的泡沫不仅使浆液和洗毛液逸出造成浪费，而且造成上浆不均匀的现象。例如，在印花过程中，由于印花色浆中泡沫的存在，造成花布印出的轮廓不清，影响印花质量，因此消泡也是一个重要问题。

针对泡沫稳定的原因，即可采取破坏泡沫的方法，其方法有下面几种。

（1）机械法：如机械搅拌击破泡沫，或改变温度、压力，使气泡受一定张力而破裂。

（2）化学法：加入少量碳链不长的醇或醚（$C_5 \sim C_8$），因其表面活性大，能顶走原来的起泡剂。又因其本身链短，不能形成坚固的膜，从而使泡沫破裂。

另外，还有一种解释认为，消泡剂分子附着在泡沫的局部表面上，使泡沫局部的表面张力降低，泡沫因表面张力不均匀而破裂。常用的消泡剂有天然油脂类、聚醚类、磷酸酯类、醇类及硅树脂类等。

2.3.4　洗涤作用

洗涤作用是通过洗涤剂溶液的作用，借助一定的机械力，把脏物从织物表面上拉下来，使脏物稳定地留在洗涤剂的溶液中，从而达到洗涤的目的。洗涤作用应该与洗涤剂的结构性能、被洗涤物的表面性质以及油污的性质等因素有关。显然，洗涤是一项复杂过程，这个过程的机理可以用图解表示下列平衡关系：

$$被洗涤物 \cdot 油污 + 洗涤剂溶液 \underset{深沉}{\overset{清洁}{\rightleftharpoons}} 被洗涤物 + 洗涤剂溶液 \cdot 油污$$

从图 2-10 可以看出，洗涤过程经历以下步骤。

（1）洗涤剂分子或离子在油污-洗涤剂溶液界面上发生定向吸附。

（2）由于洗涤剂分子或离子的定向吸附，降低了界面张力，使油污润湿。

（3）油污从纤维上脱离，并使除去油污的纤维被洗涤剂润湿。

（4）由于洗涤剂分子的乳化分散作用，油污分散在溶液中，使分散体系稳定。

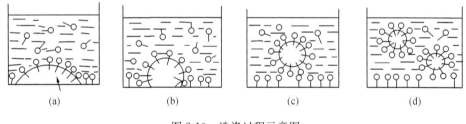

图 2-10　洗涤过程示意图

图 2-10(a) 表示洗涤过程步骤 （1）、（2），洗涤剂在织物及油污表面定向吸附，并使污表面润湿。图 2-10(b) 表示洗涤过程步骤 （3），即由于洗涤剂的润湿渗透作用，油污逐渐聚结成大小不同的半球形和球形聚集体，自由地留在织物表面上。当搅动洗涤液或用一定机械力搓洗时，油污就脱离织物表面进入洗涤溶液中。图 2-10(c) 和 （d） 表示洗涤过程步骤 （4），即洗涤剂使油污稳定地分散在溶液中。油污在水中的存在，常借助于洗涤剂的乳化作用和增溶作用，机械搅动和摩擦也有助于油污的分散。由于洗涤过程是一个可逆过程，因此油污被分散在溶液中后，也可能会重新沉淀到织物表面，发生重新玷污现象。这一现象与洗涤剂的性质及被洗涤物表面上的动电电位有关。总之洗涤作用可简单归纳如下：

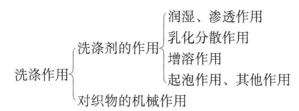

起泡作用虽然和洗涤作用本身没有太大的直接关系，但实际使用时常把它看成很重要的因素。例如，用手洗衣服时，如果不起肥皂泡沫，就会认为去污力很低；相反，工业上或用洗衣机洗涤时，就不希望有泡沫，否则造成洗液逸出。在生产中泡沫会影响工人运转操作，在废水处理中泡沫过多会造成所谓"泡沫公害"。洗涤时除洗涤剂的作用外，机械作用也是很重要的。如果洗涤剂的作用非常好，只要把被洗物浸到洗涤液中，就可以达到洗涤的目的。但现在还没有达到这样的效果，所以只有两种作用配合起来，才能得到理想的洗涤的效果。

此外，温度、时间、溶液 pH 等都会影响洗涤效果。

2.4　表面现象

在多相体系中，各相之间总是存在着界面，界面的类型取决于物质的聚集状态，一般有五种类型，即液-气、液-液、液-固、固-气和固-固。

在任何相中，表面分子与内部分子所受的作用力都是不相同的。表面化学就是研究这些相界面上因存在与体相不同的作用力产生的各种表面现象。确切地说：表面（surface）这一概念，是指物体对真空或本身蒸气相接触的面。而物体的表面与非本物体的另一个相表面接触时，应称为界面（interface），即两相的交界面。本节的主要内容是界面现象，一般通称为表面现象。但也可以对液-气相、固-气相的界面现象的研究称为表面化学。而对液-液相、液-固相、固-固相界面现象的研究称为界面化学。

表面现象在物理学、化学、生物学、气象学和地质学等学科及化工、石油、选矿、油漆、橡胶、塑料、纺织和医药等工业中有重要的意义及广泛的应用。

2.4.1　表面张力与表面能

把各类物质水溶液的表面张力与物质浓度之间关系归纳成图 2-11 所示的三种类型。第一类物质的 γ-C 曲线如图 2-11 中（a）所示，溶液的表面张力在物质浓度上升时，几乎没有变化，或略有增加，这类物质包括无机盐及无机酸、碱。第二类物质的 γ-C 曲线为图 2-11 中（b），溶液的表面张力随物质浓度的上升逐渐下降，如短碳链的醇类、短碳链的羧酸类等。第三类物质的 γ-C 曲线为图 2-11 中（c），溶液的表面张力随着物质浓度的升高，先是迅速下降，

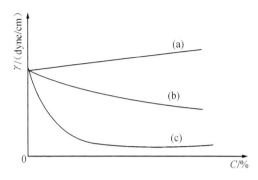

图 2-11　物质水溶液的表面张力与浓度关系

当浓度增至某一值时（此时的浓度仍然很低），溶液表面张力下降的速度骤然减慢，物质浓度若再增加，溶液的表面张力几乎不变。以油酸钠为例，当水中的油酸钠浓度为 0.1%（约 0.033mol/L）时，水的表面张力就从 72dyne/cm 降到 25dyne/cm（1dyne/cm＝10^{-3}N/m）。

在胶体化学中，把能使溶剂表面张力下降的性质称为表面活性；把能降低溶剂表面张力的物质称为表面活性物质。对水溶液来说，第一类物质是非表面活性物质或表面惰性物质，第二类和第三类物质都是表面活性物质。而具有 C 形曲线的表面活性物质称为表面活性剂。

在多相体系中，各相界面上，物质分子所处的状态与各相内部不同。各相内部分子受到其邻近分子的作用力，来自各个方向的力是一样的，故分子受力是平衡的。靠近表面层的分子则不同，一方面受到各相内部分子的作用力，另一方面又受到性质不同的另一相中分子的作用力。因此，表面层与内部的性质是不同的，如液体及其蒸气所组成的体系，如图 2-12 所示。

处于表面层内的分子，一方面受到液体内部分子的作用，另一方面受到液面外气体分子的作用。由于气体密度与液体密度相比小得多，一般可把气体分子的作用忽略不计，因此液体表面层的分子，都受到垂直于液面而且指向液体内部的拉力。在没有其他作用力存在时，所有的液体都有缩小其表面积呈球形的趋势，因

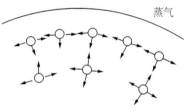

图 2-12　液-气相的表面现象

为各种形状的物体中，以球形的表面积与体积之比为最小。这就是水滴、汞滴呈球形的原因。液体内部分子在液体内部移动时，并不需要消耗功，如果要扩大液体表面，即把一个分子从液体内部移到表面上来，那就必须克服向内的拉力而做功，从而增加了这一分子的位能，故处于表面层的分子比液体内部分子的位能大，这种位能称为**表面能**（surface energy）。

在恒温恒压下，体系处于平衡状态时，总是试图降低其位能。因此，液体表面的分子具有尽量挤入液体内部的趋势，使其位能降低，导致液体表面缩小。液体表面就好像是拉紧了的弹性膜，沿着表面的方向存在收缩的作用。这种使液体表面积收缩到最小的力，称为**表面张力**（surface tension）。

2.4.1.1　表面张力

为了更形象地说明表面张力，可进行下述实验：如图 2-13 所示，*ABCD* 是

一个金属框，上有一根可以自由滑动的金属丝 MN。将金属框在肥皂水中浸后取出，在 MN 的两侧将形成皂膜。如将 MN 右侧的皂膜刺破，就能看到 MN 左侧的皂膜自动收缩，使金属丝 MN 向左滑动。这个现象证明有表面张力存在。

如要维持 MN 不动，必须沿着皂膜的表面对 MN 施一向右的拉力，来反抗液体收缩的力 F。此力的大小与皂膜的周长成正比。设 MN 长为 $\frac{1}{2}L$，由于皂膜有两个面，皂膜的周长就为 L，则

$$\begin{cases} F \propto L \\ F = \gamma L \\ \gamma = F/L \end{cases} \qquad (2\text{-}7)$$

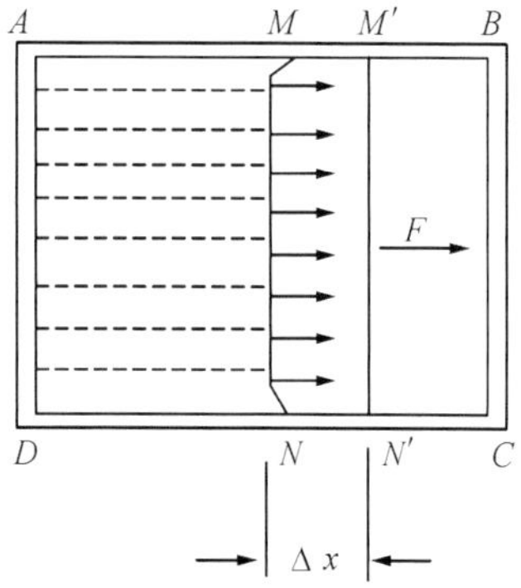

图 2-13　金属框上的肥皂膜

从式（2-7）可看出 γ 的物理意义：沿着液体表面任一分界面上，垂直作用在单位长度上的力定义为表面张力。习惯上就以 γ 表示物质的表面张力，单位为 N/m。

2.4.1.2　表面能

表面能是物质表面层分子所具有的位能。显然，一定量物质表面积越大，表面能也越大。在恒温恒压下，增大单位面积所做的功，称为**比表面能**。从图 2-13 分析可知，当 MN 在外力 F 的作用下，右移至 $M'N'$ 的位置时，使皂膜增大了 ΔA 的面积：

$$\Delta A = L \Delta x$$

外界做的功为

$$W = F \Delta x = \gamma L \Delta x = \gamma \Delta A \qquad (2\text{-}8)$$

$$\gamma = \frac{W}{\Delta A} \qquad (2\text{-}9)$$

式中，γ 的物理意义是增加单位表面积所做的功，也就是比表面能。单位为 J/m^2。

由此可见，表面张力也可以用增加单位面积所需要做的功，或增加单位表面积时表面位能的增量来定义。表面张力和比表面能从不同的角度反映了物质表面层分子受力不均衡的特性，单位经换算后相同，数值相等。习惯上常以表面张力表示比表面能。

以上虽然是以物体与其本身的蒸气相接触的气-液相表面为例分析的，实际上，任何两相的界面上，由于不同类分子相接触，受力也是不均衡的，因此普遍存在界面张力。表 2-8 和表 2-9 给出几种液体的表面张力及水与几种液体间的界面张力。

2.4.1.3　表面张力的方向及附加压力

在不同的条件下，液体可以有三种表面状态存在，如图 2-14 所示。

表 2-8	几种液体的表面张力			表 2-9	水与几种液体间的界面张力	
物质	T/℃	表面张力×10^3/(N/m)		物质	T/℃	表面张力×10^3/(N/m)
水	20	72.75		乙烷	20	51.0
水	25	72.0		四氯化碳	20	45.1
苯	20	28.9		苯	20	35.0
甲苯	20	28.4		乙醚	20	10.7
辛醇	20	24.5		辛醇	20	8.5
三氯甲烷	20	27.1				
乙醚	20	19.1				

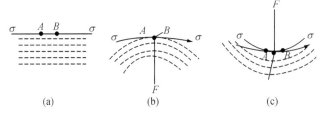

图 2-14　液面的表面张力

表面张力的方向与表面相切。例如，图 2-14(a) 中液面是水平的，表面张力也是水平的，且相互平衡，合力为零。这时，液体表面内外压力相等，且等于表面上的外压力。如果液面是弯曲的，如图 2-14(b) 和（c）所示，平衡时，表面张力将有一个合力 F，它指向液体的内部或外部，视曲面的凹凸而定。如果合力指向液体内部，则曲面好像紧压在液体上，使其受到一个额外的压力，此额外的压力称为**附加压力**，用符号 P 表示。当曲面保持平衡时，曲面内部的压力大于曲面外部的压力，曲面内外的压力差值为附加压力，此时，P 为正值。如果合力指向液体的外部，则曲面好像要被拉出液面一样，即当曲面保持平衡时，曲面内部的压力将小于外部的压力，此时 P 为负值。附加压力因液体的不同而不同。

2.4.1.4　影响表面张力的因素

表面张力是物质的特性，并与所处的温度、压力、组成以及共存的另一相性质有关。

（1）物质的结构影响。表面张力与分子间作用力有关，具有金属键的物质表面张力最大，离子键的物质表面张力次之，共价键结构的物质表面张力最小。而在共价键物质中，又以非极性共价键物质的表面张力较小。固体物内的表面张力比液体物质的表面张力大很多，而且较难直接测定，但可以间接推算。一般氧化物表面张力在 0.1～1N/m，金属表面张力在 1～2N/m。

（2）组成的影响。当液体中溶有杂质时，质点之间作用力发生了变化，表面张力也要变化。关于杂质对液体表面张力的影响，一般是这样解释的：如果杂质分子与液体分子间的作用力小于液体分子间的作用力，杂质将被排挤到液体表面层中，这时杂质在表面层的浓度大于在液体内部的浓度，从而使液体表面张力下降；反之，就会使液体表面张力上升。

（3）温度的影响。表面张力一般都是随着温度的升高而降低的。因为温度升高时，分子之间的距离增加，致使相内的分子对表面层分子的引力减弱，所以表面张力下降。

2.4.1.5　巨大表面体系的表面能

当物质粉碎成微粒后，其总表面积相应增大。将边长为 1cm 的立方体物质逐渐分割成边长为 10^{-7} cm（1nm）的小立方体时，表面积增加了 1 千万倍（6000m^2）。通常用比表面 A_σ 表示物质的分散程度，其定义为

$$A_\sigma = \frac{A}{V} \qquad (2-10)$$

式中，A 代表体积为 V 的物质所具有的总表面积，故比表面 A_σ 为单位体积的物质所具有的表面积，其数值随着分散粒子变小而迅速增加。

对于立方体，有

$$A_\sigma = \frac{\gamma l^2}{l^3} = \frac{\gamma}{l}$$

式中，l 为边长。此式表示分散度与 l 成反比，l 越小分散度越大。

由此可见，物质的分散度越大，比表面越大。其分散系显然是热力学不稳定的，必然引起体系物理性质和化学性质的变化。

2.4.2　固体表面上的吸附

固体表面上的分子与液体表面分子一样，也具有过剩表面自由焓。因固体不具有流动性，所以不能像液体那样用尽量减小表面积的方法来降低体系的表面自由焓。但是，固体表面分子的剩余力场能对碰到固体表面上来的气体分子产生引力，使气体分子在固体表面上发生相对的聚集，其结果能减少剩余力场，降低固体的表面自由焓。这种气体分子在固体表现上相对聚集的现象称为气体在固体表面上的吸附，称为气-固吸附。吸附气体的固体称为吸附剂，被吸附的气体称为吸附质。

气相中的分子可以被吸附到固体表面上，已被吸附的分子也可解吸而逸回气相，当吸附速度与解吸的速度相等时，达到吸附平衡状态。

吸附作用可分为物理吸附与化学吸附。两类吸附之间不能严格地划分，大致有以下区别。

（1）吸附作用力：化学吸附是由化学键力所引起，而物理吸附则由范德瓦尔斯力所引起。

（2）吸附层：化学吸附是单分子层，物理吸附可以是单分子层，也可以是多

分子层，但一般为多分子层。

（3）吸附的选择性：由于化学吸附是由化学键力所引起的化学反应，因此吸附剂只能吸附那种容易和它产生化学作用的气体，因而是有选择性的。物理吸附是由分子间引力所引起的物理现象，所以物理吸附没有选择性。

（4）吸附速度：化学吸附既然是一种化学反应，化学吸附就具有吸附活化能。物理吸附和气体的凝聚过程相类似，虽然也需要活化能，但和化学吸附相比，物理吸附的活化能是比较小的。由于活化能的差别，化学吸附的速度要小于物理吸附的速度。对于化学吸附，低温时，速度缓慢不易达到平衡，随着温度升高，化学吸附速度提高。物理吸附速度较快，容易达到平衡，并且不受温度影响或者受影响很小。

（5）吸附热：在吸附过程中所发生的热效应称为吸附热。所有吸附过程都是放热的，而且化学吸附热比物理吸附热要大得多。化学吸附热与化学反应热同一数量级，物理吸附热与凝聚热同一数量级。

物理吸附和化学吸附常常不能截然分开，往往相伴发生。一般在低温时，由于化学吸附速度缓慢，所以物理吸附占优势。在高温下，由于化学吸附随温度上升而速度增加，所以高温下化学吸附占优势。

2.4.3　固体在溶液中的吸附

在印刷生产过程中，承印物、印版吸附油墨或表面活性剂等现象均属固体在溶液中的吸附作用。固体在溶液中吸附现象比固-气界面上的吸附要复杂得多。这是由于溶液中的组分至少有两种以上，溶质和溶剂均能被固体表面吸附；溶质和溶剂之间又存在相互作用，这一切都使吸附变得复杂。

影响固液吸附的因素很多，研究影响因素必须同时考虑溶剂、溶质和吸附剂三方面的效应，有下列经验规律。

（1）使固-液界面自由焓降低最多的溶质被吸附得最多。

（2）极性的吸附剂易于吸附极性的溶质，非极性的吸附剂易于吸附非极性的溶质。

（3）溶解度越小的溶质越易被吸附。

（4）由于溶液中的吸附为放热过程，因此温度越高吸附量越低。

在溶液中吸附时，吸附剂除了吸附中性分子，还可以吸附离子。带正电的碱性染料容易被带负电的酸性吸附剂吸附；反之，带负电的酸性染料则容易被带正电的吸附剂所吸附，这种吸附称为极性吸附。例如，亚甲基蓝是碱性染料，极容易被带负电的硅凝胶所吸附。但是，其中只有带正电的有色离子进入硅凝胶，而其负离子则仍留在溶液中。同时，由于钠离子从硅凝胶中被置换出来而进入溶液，使溶液达到电性中和，这种吸附作用伴随有离子交换现象，故又称为离子交换吸附作用。例如，用铝硅酸盐，即人造沸石可以使硬水软化，用离子交换树脂可以使海水淡化和制得去离子水。但是在某些情况下，离子交换吸附作用不仅涉及吸附剂表面层的离子，还涉及吸附剂内层的离子。故严格地说，离子交换吸附作用已经不是单纯的吸附作用。

2.4.4 溶液表面的吸附

任何相界面都可以有吸附现象发生。溶液的表面也是一种相界面，自然也会有吸附现象发生。由实验得知，当某种液体里溶有其他物质时，它的表面张力即发生变化。例如，在水中溶入醇、醛、酮、酸和酯等许多可溶性有机物，可使水的表面张力降低；相反，加入无机盐类，却使水的表面张力稍微升高。进一步研究这种现象，发现溶质在液体中的分散是不均匀的，即溶质在液体表面层中的浓度和在内部是不同的。这就说明在溶液表面发生了吸附作用。

溶液表面产生吸附现象的原因可用表面自由焓自动减小的趋势来解释。纯液体在一定的温度下具有恒定的表面张力，只能用缩小表面积的方式来降低表面的自由焓。对于溶液，其表面积恒定，若要降低其表面的自由焓，必须通过减小表面张力的方式。溶液的表面张力和溶质的表面张力（γ_B）及溶剂的表面张力（γ_A）有关。

若 $\gamma_A < \gamma_B$，则溶质的加入，将使溶液的表面张力增加，这类物质称为表面惰性物质。对水来说，NaCl、Na_2SO_4、KNO_3、NH_4Cl 等以及不挥发性无机酸和碱，如 H_2SO_4、NaOH 及许多羟基有机物等都属于这类物质。根据体系的自由焓将趋于最小的原理，这类物质有离开溶液表面的倾向，但是扩散作用却阻止溶质离开表面，最后两者达到一定的平衡状态，结果使表面浓度小于溶液内部浓度，因此产生了负吸附作用。

若 $\gamma_A > \gamma_B$，则溶质加入后就能降低溶剂的表面张力，从而溶质就聚集在溶液表面而产生正吸附作用。凡发生正吸附作用并能剧烈降低溶剂表面张力的物质，就称为表面活性物质。对水来说，日用的肥皂、洗涤剂、脂肪酸等皆为表面活性物质。

必须指出，此处所说的表面活性只是对水而言的。从广义上讲，若甲物质能降低乙物质的表面张力，则对乙物质来说，甲物质就是表面活性物质。

2.4.5 铺展与润湿

2.4.5.1 铺展系数

当将液滴滴在固体表面上时，液滴有时会立即铺展开并遮盖整个固体表面，这种现象称为润湿现象。然而有时液滴会团聚成球状或凸透镜状，这种现象称为不润湿现象。液体是否能铺展取决于液体对固体和液体本身的相对吸引力，如果前者大于后者，将发生铺展。液体对固体的吸引力可以用液体对固体的黏附功 W_a 来衡量。黏附功是指将截面积为 $1cm^2$ 的固液连接处拉开所做的功，见式(2-11)。

$$W_a = (\gamma_{gs} + \gamma_{gl}) - \gamma_{ls} \tag{2-11}$$

此过程必定要减少 $1cm^2$ 的液-固界面，增加 $1cm^2$ 的气-固界面和 $1cm^2$ 的气-液界面，如图 2-15（a）所示。

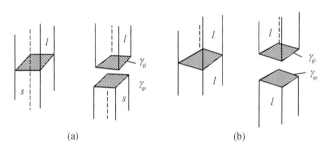

图 2-15　黏附功与凝聚功

液体本身的吸引力可以用液体的凝聚功 W_c 来衡量，凝聚功是将截面积为 $1cm^2$ 的纯液体柱拉开所做的功，见式（2-12）。

$$W_c = 2\gamma_{gl} \tag{2-12}$$

此过程必定增加两个 $1cm^2$ 的气-液界面，见图 2-15（b）。显然，只有液体对固体的黏附功 W_a 等于或大于液体本身的凝聚功 W_c 时，液体才能铺展在固体上。定义液体在固体上的铺展系数 S 为式（2-13）和式（2-14）。

$$S = W_a - W_c \tag{2-13}$$

$$S = (\gamma_{gs} - \gamma_{ls}) - \gamma_{gl} \tag{2-14}$$

式（2-13）和式（2-14）表明，S 如果为正值，$S>0$，将产生铺展；S 如果为负值，$S<0$，则液体将不能铺展在固体上，而团聚成凸透镜状，如图 2-16（b）所示。

铺展系数 S 也可以衡量两种液体界面上的铺展现象，此时将式（2-14）改为

$$S = (\gamma_{lbg} + \gamma_{lag} - \gamma_{lalb})$$

2.4.5.2　润湿方程

以上说明铺展和润湿的程度与表面张力有关。然而，固体的表面张力 γ_{gs} 与 γ_{ls} 是难以直接测定的，因此对液体在固体上的铺展和润湿程度需借助接触角 θ 的测量来衡量，如图 2-16 所示。

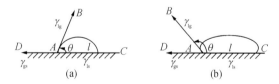

图 2-16　液体在固体上的铺展和润湿

接触角是指液体和固体的界面 AC 与液体表面的切线 AB 之间的夹角。由图 2-16 可知，图 2-16(a) 的润湿情况比图 2-16(b) 好。又从图 2-16 可知，在固体、液体和空气三相接触点 A 处，有 γ_{gs}、γ_{gl} 和 γ_{ls} 三个作用力。如果这三个力在 DAC 直线上的合力是指向 AD 方向的，则 A 点上的水分子被拉向左侧而液滴展开；如果合力指向 AC 主向，则液滴收缩，缩小固液接触面积；当液滴展开达到平衡时，三力之和为零，液滴保持一定形状。即 γ_{gs} 试图使液滴沿 AD 面铺开，而 γ_{gl} 和 γ_{ls} 则力图使液滴收缩。达到平衡时建立下列关系，称为杨氏（Young）方程，见式（2-15）。

$$\gamma_{gs} = \gamma_{ls} + \gamma_{gl} \cos\theta \tag{2-15}$$

或

$$\cos\theta = \frac{\gamma_{gs} - \gamma_{ls}}{\gamma_{gl}} \tag{2-16}$$

从式（2-16）可以得出下面的结论。

（1）若 $\gamma_{gs} < \gamma_{ls}$，则 $-1 < \cos\theta < 0$，$90° < \theta < 180°$。固体不为液体所润湿，如图 2-16(b) 所示。

（2）若 $\gamma_{gs} - \gamma_{ls} = -\gamma_{gl}$，则 $\cos\theta = -1$，$\theta = 180°$。表示完全不润湿，如荷叶上滚动的水珠。

（3）若 $\gamma_{gl} > (\gamma_{gs} - \gamma_{ls})$，则 $0 < \cos\theta < 1$，$0° < \theta < 90°$。固体能为液体所润湿，如图 2-16（a）所示。

（4）若 $\gamma_{gs} - \gamma_{ls} = \gamma_{gl}$，则 $\cos\theta = 1$，$\theta = 0°$。这是完全润湿的情况。

通常把 $\theta = 90°$ 作为分界线，把 $\theta < 90°$ 称为"润湿"，而把 $\theta \geqslant 90°$ 称为"不润湿"。

铺展系数 S 可以和接触角 θ 联系起来，将平衡时的式（2-15）代入式（2-14），便得

$$S = \gamma_{gl}(\cos\theta - 1) \tag{2-17}$$

由于式（2-17）中的 θ 和 γ_{gl} 都可由实验测定，因此可算出 S 值。

凡能被液体所润湿的固体，称为亲液体的固体；不能被液体所润湿者，则称为憎液体的固体。固体表面润湿性能与其结构有关。常见的液体是水，所以极性的固体皆呈现亲水性；而非极性固体大多呈疏水性。例如，毛纤维、丝纤维、棉纤维、麻纤维结构上含有亲水基团如氨基、羧基、羟基等，为亲水性的纤维；而合成纤维结构上无或含有少量的上述亲水基团，因此为疏水性纤维。

研究润湿作用有重要的实际意义，从式（2-16）可以看出，改变所研究体系中的三个作用力之一，就可以改变接触角 θ，即改变体系的润湿情况。选用合造的表面活性物质常能很好地达到此目的。

沾湿、浸湿和铺展三种情况发生的条件如下。

（1）沾湿：$W_a = \gamma_{gs} - \gamma_{ls} + \gamma_{gl} \geqslant 0$。

（2）浸湿：$W_i = \gamma_{gs} - \gamma_{ls} \geqslant 0$。

（3）铺展：$S = \gamma_{gs} - \gamma_{ls} - \gamma_{gl} \geqslant 0$。

以上三个条件称为润湿方程[9]。

2.5　吸　附　定　理

在水中加入少量的表面活性剂，水的表面张力就会显著下降。这是因为表面活性剂的分子总是由亲水的极性基团和亲油的非极性基团构成的。当它溶于水中以后，根据极性相似相溶的化学原理，活性剂分子的极性端倾向于留在水中，而非极性端倾向于翘出水面，或朝向非极性的有机溶剂中，每一个表面活性剂分子都有这种倾向，这就必然造成多数表面活性剂的分子倾向于分布在溶液的表面（或界面）上。所以，溶液表面张力下降的程度取决于溶液表面（或界面）吸附的表面活性剂的量，即取决于表面活性剂在表面层的浓度。

表面张力随表面活性剂在表面层的浓度变化规律，可以用如下吉布斯（Gibbs）吸附方程式[7]来表述。

$$\Gamma = \frac{C}{RT} \cdot \frac{d\gamma}{dC} \tag{2-18}$$

式中，Γ 为表面层吸附的表面活性剂的量（mol/cm²）；C 为溶液的物质的量浓度（mol/L）；R 为摩尔气体常量；T 为热力学温度；$\dfrac{d\gamma}{dC}$ 为表面张力 γ 随溶液浓度 C 的变化率。

2.5.1　表面过剩量

在实际体系中，两种不相混溶的液体界面或者某一液体的表面，并非界限分明的几何平面，而是一个界限不十分清楚的，有一定厚度（几个分子厚）的薄层，薄层中的组成和性质与处于它两侧的体相不同。因此，人们称它为界面相（或表面相）。图 2-17 就表示了这一薄层的模型。

图 2-17 中 $AA'B'B$ 所包围的区域，就代表界面相。α 和 β 分别为处于表面两侧的两个体相。如果在 $AA'B'B$ 中画出一个平面 SS'，并理想地把 SS' 视为两相的界面，以 σ 表示，此 σ 面把整个体系的体积分为两个部分，V^α 和 V^β。设 V^α 和 V^β 中的物质浓度皆是均匀的，则在整个体系中，组分 i 的物质的量为

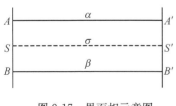

图 2-17　界面相示意图

$$n_i = C_i^\alpha V^\alpha + C_i^\beta V^\beta \tag{2-19}$$

式中，C_i^α 和 C_i^β 分别为体相 α 和体相 β 中 i 组分的物质的量浓度。至此，也许注意到，在求算体系中 i 组分物质的量时，所有的数据都采自 α 和 β 体相，而完全忽略了"表面薄层"的存在。因此，这样的"理想化"的计算同实际情况是有差别的。不妨用 n_i^s 来代表这个差别，并设实际体系中 i 组分的物质的量为 n_i^o，于是可以得到

$$n_i^s = n_i^o - n_i = n_i^o - (C_i^\alpha V_i^\alpha + C_i^\beta V_i^\beta) \tag{2-20}$$

式中，n_i^s 的意义得到了更加明了的说明。n_i^s 是考虑"界面薄层"存在的情况下，体系中 i 组分物质的量与理想体系中 i 组分物质的量之差。很明显，这部分 i 组分的分子被这一层面吸附了。把这个差数称为界面（或表面）过剩量[8]。如果 α 的面积为 A，则单位界面面积上的过剩量为

$$\Gamma_i = \frac{n_i^s}{A} \tag{2-21}$$

式中，Γ_i 单位是 mol/cm^2。

表面过剩量的概念表示，在一定条件下，体系中的某个组分会在界面层富集，其在界面层的浓度超过该组分在体系中的浓度。

这种对表面过剩量的处理方法是十分高明的。如果直接从表面层的厚度入手，将会碰到很多困难。首先就是不易精确地测出薄层的厚度，Gibbs 的这种处理方法没有考虑薄层的体积，视表面为一个二维平面，从根本上避免了这些困难。

2.5.2　Gibbs 公式的推导过程

掌握了表面过剩量的概念之后，就可以推导表面化学中的基本公式——Gibbs 公式，得出体系表面张力和溶质浓度与 Γ_i 之间的定量关系。

在一个有表面的体系中，对于一个极小的可逆变化，体系的内能变化 $\mathrm{d}u$ 可以写为

$$\mathrm{d}u = \mathrm{d}u^\alpha + \mathrm{d}u^\beta + \mathrm{d}u^s$$
$$= T\mathrm{d}S^\alpha + P\mathrm{d}V^\alpha + \sum \mu_i \mathrm{d}n_i^\alpha + T\mathrm{d}S^\beta + P\mathrm{d}V^\beta + \sum \mu_i \mathrm{d}n_i^\beta + T\mathrm{d}S^s + \sum \mu_i \mathrm{d}n_i^s + \gamma\, \mathrm{d}A \tag{2-22}$$

式中，上标 α、β、s 分别表示 α 组、β 组和 s 表面相。将表面相的内能变化拿出来单独讨论为

$$\mathrm{d}u^s = T\mathrm{d}S^s + \sum \mu_i \mathrm{d}n_i^s + \gamma \mathrm{d}A \tag{2-23}$$

在恒温、恒 γ 的情况下，对式（2-23）积分，就得到

$$u^s = TS^s + \sum \mu_i \mathrm{d}n_i^s + \gamma \mathrm{d}A \tag{2-24}$$

如果将（2-24）再进行微分，则得到

$$\mathrm{d}u^s = T\mathrm{d}S^s + \sum \mu_i \mathrm{d}n_i^s + \gamma \mathrm{d}A + S^s \mathrm{d}T + \sum \mu_i^s \mathrm{d}n_i^s + A\mathrm{d}\gamma \tag{2-25}$$

将式（2-23）与式（2-25）比较，就可以得到

$$TdS^s + \sum \mu_i^s dn_i^s + Ad\gamma = 0 \qquad (2\text{-}26)$$

如若取单位面积进行研究，式（2-26）就变成

$$d\gamma = - S^s dT - \sum \varGamma^s d\mu_i \qquad (2\text{-}27)$$

对于处在恒温条件下的两组分的体系（包括溶剂 1 和溶剂 2），式（2-27）可写为

$$d\gamma = - \varGamma_1 d\mu_1 - \varGamma_2 d\mu_2 \qquad (2\text{-}28)$$

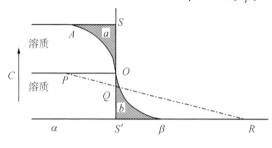

图 2-18　表面过剩量示意图

到此，再来看图 2-17 和式（2-20），当 σ 所处的位置不同时，$\varGamma_i$ 也不同，因此如果不固定 σ 面的位置，就不能确定 $\varGamma_i$。通常确定 σ 面的办法是：将分界面取在某一个组分的过剩量为 0 的位置上。具体到二组分体系中，把 σ 面取在溶剂的表面过剩量为 0，即 $\varGamma_i = 0$ 的位置上。如图 2-18 所示，让图中所示的面积 a 和面积 b 相等，也就是说，按 α 相体浓度 C_i^α 计算 α 相中溶剂组分的物质的量，所得到的结果 $C_i^\alpha V_i^\alpha$ 大于 α 相中溶剂的组分的实际物质的量，再按 β 相体浓度 C_i^β 计算溶剂组分的物质的量，所得结果 $C_i^\beta V_i^\beta$ 小于 β 相中的实际物质的量。但是 α 相中溶剂组分的多余量和 β 相中溶剂组分的欠缺量恰好相同，再用式（2-20）计算表面过剩量对所得溶剂表面过剩量 $n_i^s = 0$，于是就把 σ 面取在这个位置上。

在取定 σ 面之后，就可以很容易找出（或者说定义出）溶质的表面过剩量。图 2-18 中的三角形 $QS'R$ 和 QOP 就表示了溶质组分的过剩量。

通过以上方法选定 σ 面之后，就可以把式（2-28）写成

$$d\gamma = - \varGamma_2^{(1)} d\mu_2 \qquad (2\text{-}29)$$

式中，$\varGamma_2^{(1)}$ 表示溶剂组分 1 的界面过剩量为 0 时，每平方米界面上溶质 2 超过体相区中溶质 2 的物质的量。

由式（2-29）得

$$\varGamma_2^{(1)} = - \frac{d\gamma}{d\mu_2} = - \frac{C}{RT} \frac{d\gamma}{d\alpha} \qquad (2\text{-}30)$$

式中，C 是体系中溶质的浓度。对于非离子型表面活性剂，在浓度较低时，其表面吸附量为

$$\varGamma_2^{(1)} = - \frac{C}{RT} \frac{d\gamma}{dC} \qquad (2\text{-}31)$$

这就是著名的 Gibbs 吸附公式。由图 2-18 可以看出，溶剂的表面张力 γ 随

表面活性剂浓度的增加而下降，再结合式（2-31）可知，表面活性剂分子在体系的表面或界面处的吸附是不可忽视的。

对于离子型表面活性剂，也可应用以上概念，在合乎实际的假设条件下，得到相似的结果：

$$\Gamma_2^{(1)} = -\frac{C}{2RT}\frac{\mathrm{d}\gamma}{\mathrm{d}C} \tag{2-32}$$

Gibbs 吸附公式为计算表面活性剂分子（离子）的表面吸附量提供较为精确的定量计算公式，利用这个公式，可以探讨表面活性剂分子（离子）在溶液表面及溶液内部的存在形式，弄清表面活性剂使溶液表面张力降低的机理。但在使用 Gibbs 吸附公式时要注意，它只能适用于比较低的浓度范围。这一点，从式（2-31）的推导过程，就可以看出来。

2.5.3　吸附定理的应用

应用 Gibbs 吸附公式，计算出各浓度下的吸附量，可以绘制出等温状态下，表面活性剂吸附量对浓度的曲线（图 2-19）。

从曲线上可以看出，在溶液浓度不高的情况下，Γ 与 C 成正比，$\frac{\mathrm{d}\gamma}{\mathrm{d}C}$ 近似于一个常数。随着溶液浓度的增大，吸附量迅速增加，当溶液浓度增加到一定值时，吸附量增加甚小，最后达到一个极限 Γ_∞，曲线也渐变为一个水平曲线，$\frac{\mathrm{d}\gamma}{\mathrm{d}C} \rightarrow 0$。

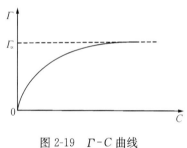

图 2-19　Γ-C 曲线

应用 Γ-C 曲线，还可以分析溶液表面膜的状态。

表面活性剂分子倾向于分布在溶液的表面上，并以非极性的碳氢链端突出水面，极性端留在水中而定向排列，形成表面膜。此时的表面已不再是原来纯水的表面，而是掺有亲油的碳氢化合物分子的表面。由于极性与非极性分子之间相互排斥，水溶液的表面张力便下降了。当溶液浓度较低时，溶液表面的表面活性剂分子较少，分子就采取平卧方式，见图 2-20（a），碳氢链与液面平行，表面膜分子密度小。随着溶液浓度的增加，表面张力呈直线降低，为 Γ-C 曲线的直线部分。当溶液的浓度继续增大时，溶液表面的表活性剂分子数目也随之增多，分子的自由运动受到限制，相互产生作用力，分子的碳氢链不能再处于平卧状态，而变成了斜向竖立状态，见图 2-20（b）。此时，表面张力的降低不再与溶液

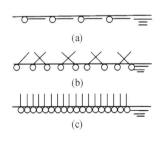

图 2-20　表面活性剂在液面状态

浓度呈直线关系，为 Γ-C 曲线的直线向平行线过渡的曲线部分。如果再增加浓度，溶液表面则完全由表面活性剂分子组成，成为密集的表面活性剂单分子层。每一个分子的碳氢链都呈直立状态，垂直于液面，见图 2-20(c)。表面膜的浓度已达饱和，完全变成了碳氢分子的表面。这种情况下，再增加溶液浓度时，单分子层中已没有表面活性剂分子的可容之地，表面活性剂分子间只好聚集成胶束，表面张力也不可能再下降，达到了极限值，为 Γ-C 曲线中的水平部分。

大量的实验结果表明：表面活性剂溶于水中以后，溶液的表面张力在低浓度时随溶液浓度的增加而急剧下降，下降到一定程度后，便下降得很慢或不再下降，见图 2-21(a)。把图 2-21(a) 中的横坐标定为 lgC，以 γ 对 lgC 作图，得到图 2-21(b) 所示的 γ-lgC 曲线。当 lgC 达到某一值时，表面张力达到最小值。图 2-21(b) 中的 E 点是溶液表面张力的转折点，E 点以后，溶液表面张力随 lgC 的变化很小或不变，继续增加表面活性剂的浓度，表面活性剂分子的碳氢链端朝向溶液内部，亲水极性端朝向溶液外，以保持最稳定的状态，相互缔合形成胶束。胶束开始出现时的浓度称为胶束临界浓度，溶液的表面张力恰好也达到极限值。图 2-21(b) 中，表面张力变化的转折点对应的浓度 C（不是 lgC）为胶束临界浓度 Cmc（或 cmc）。表面活性剂的 cmc 越小，表面活性越好，即用很少的量就可以显著降低溶液的表面张力。

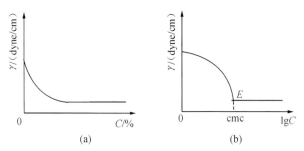

图 2-21　非离子表面活性剂浓度与表面张力

有了 γ 随 C 或 lgC 的变化关系后，就可以用 Gibbs 吸附公式求表面活性剂分子（离子）在溶液表面的吸附量。以非离子表面活性剂或 +1、-1 价离子表面活性剂为例，由式 (2-31) 可得到以下关系：

$$\Gamma_2^{(1)} = -\frac{1}{2.303}\left(\frac{\partial \gamma}{\partial \lg C}\right) \tag{2-33}$$

利用所求得的 $\Gamma_2^{(1)}$ 就可以将表面活性剂分子的数目求出来。表面活性剂分子的数目近似地等于表面溶质分子的数目。得到这个数据之后，就可以把每个表面分子所占的面积求出来：

$$A = \frac{10^{16}}{N_0 \Gamma} 2 \quad (\text{Å}^2)$$

式中，N_0 为阿伏加德罗常数。

现在以带电的表面活性剂——$C_{12}H_{25}SO_3Na$ 为例，从溶液的表面吸附分子面积数值来讨论吸附分子在表面的状态。表 2-10 所列是实验结果。

表 2-10　$C_{12}H_{25}SO_3Na$ 的表面吸附分子面积

浓度/(mol/L)	5.0×10^{-5}	1.26×10^{-5}	3.2×10^{-5}	5.0×10^{-5}	8.0×10^{-5}
分子面积/Å²	475	175	100	72	58
浓度/(mol/L)	2.0×10^{-4}	4.0×10^{-4}	6.0×10^{-4}	8.0×10^{-4}	—
分子面积/Å²	45	39	36.5	36	—

$C_{12}H_{25}SO_3Na$ 的阴离子 $C_{12}H_{25}SO_3^-$ 是棒状的（图 2-22），根据结构计算，其长度约为 21Å，最大宽度约为 5Å。当表面活性剂溶液的浓度接近 8.0×10^{-4} mol/L 时，分子所占的面积和按照分子"直立"的假设所计算出的分子面积（25Å²）差别不大。说明分子在表面

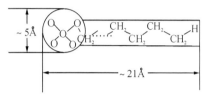

图 2-22　$C_{12}H_{25}SO_3^-$ 结构示意图

上的定量排列这一假设是正确的。当溶液浓度 $<3.2\times10^{-5}$ mol/L 时，分子可以在表面上"平铺"。根据以上实验分析，可以对表面活性剂分子表面吸附情况建立起一个概念。

2.6　乳状液的形成及其性质

如果两种不相混溶的液体（如植物油与水）放在一起搅拌或者振荡，其中一种液体就变成很小的液滴分散于另一相。分散液滴直径为 $10^{-5}\sim10^{-3}$ cm。一般把分散成液滴的相称为分散相，另一相称为连续相。

常见的乳状液体系一般有一相是水或者水溶液，这一相称为水相，另一相是与水不相溶的相，称为有机相或油相。

对于分散相是油相，连续相是水的乳状液体系，称为水包油型乳状液，记作 O/W。这类乳状液的典型例子就是牛奶。对于分散相为水相，连续相为油相的乳状液，称之为油包水型乳状液，记作 W/O。在平印生产中，由于润版液过多而造成的传墨辊上以及墨斗内的乳化，多属这种类型。

用肉眼是很难辨别乳状液类型的，因此，必须根据乳状液的性质利用一定的测试手段来鉴别其类型。

乳状液的一个重要性质就是电导性质。而电导性质又主要取决于乳状液的连续相。这是因为分散相液滴在连续相之中被彼此分离开，因此，测乳状液的电导，实际就是测其连续相的电导。水或水溶液的电导比一般有机物的电导要大许

多,所以如果发现某乳状液的电导极小(通电时,电导信号的指示灯都不亮)就可以判断此乳状液体系是油包水型的,反之就是水包油型的。

关于乳状液类型的鉴别方法还有很多种,如稀释法、染色法等,这些方法都很简便而且很实用。基础物理化学课中对这些方法都做过扼要介绍,本节不再一一赘述。

2.6.1　乳状液的稳定性

两种纯的互不混溶的液体,是不能形成稳定乳状液的。就拿水和煤油来讲,将它们放在一起、经过激烈的搅拌后,形成暂时的乳状液体系,但是很快就分成两相。四氯化碳、硝基苯等有机化合物与水混合后,也会马上分相,而不能形成稳定的乳状液。其中的主要原因是,分散相分散成小液滴,它和连续相和界面增大了成百甚至上千倍,体系的自由能 ΔG 也随 A 的增加而大大提高了:

$$\Delta G = \gamma_{ow}A - \gamma_{ow}A_0 = \gamma_{ow}(A - A_0) \approx \gamma_{ow}A$$

式中,γ_{ow} 是水油之间的界面张力;A_0 和 A 分别为分散相分散前后和连续相的接界面积。能量的提高使体系的不稳性提高,因此体系会自动地向外释放能量,回到原来的低能状态。

如果在这两相体系中加入少量表面活性剂,或者某些有表面活性的高分子物质,将两相的界面张力 γ_{ow} 降低,就使高能的分散体系变为低能的分散体系而稳定地存在。以水和煤油体系为例,没有加表面活性剂时,油水界面的单位界面能为 $40erg/cm^2$。在加入表面活性剂之后,界面张力可降至 $1erg/cm^2$ 以下。大大提高了乳状液体系的稳定性。

根据 Gibbs 吸附定理,表面活性剂会在乳状液体系的油水界面上发生吸附并定向排列,形成具有一定强度的界面膜,对分散相的水液滴起到保护作用。如果这层膜带电,那么乳状液的稳定性还可进一步提高。因此有些生产部门使用经过皂化的表面活性剂,以提高乳状液的稳定性。

根据以上所述,乳状液滴的模型便可清楚地呈现在读者的脑海中,它的结构图像留给读者来绘制。

在有些情况下,固体粉末也能充当乳化剂形成稳定的乳状液体系,如 $CaCO_3$ 粉末、炭黑、硫酸盐以及某些金属的氧化物等,都可充当乳化剂。当然,只有在固体粉末停留在油/水界面上时,才能够起到乳化作用,它们紧密地排列在分散相液滴的周围,形成一层有机械张度的固体层保护膜,阻止液滴相互碰撞集聚。

固体粉末是否能够在水油界面上存在,完全取决于固体粉末对油和水的润湿性能。如果固体粉末能完全被水所润湿而不能被油所润湿,它就不会吸附在油水界面上,而是悬浮于水中;如果固体粉末能完全被油润湿而不被水润湿,也只会悬浮于油中。只有当固体粉末既能被水所润湿,又能被油所润湿,它才会停留在界面上。在印刷所用的油墨中，颜料是以细小颗粒存在的，其中有不少颜料是被水润湿又能被油润湿的，如炭黑、硫酸钡等，因此很多颜料粒子都能充当水和油墨乳状液的乳化剂。

当固体粉末停留在界面上时，固体粉末和油、水之间的界面张力及接触角的关系是

$$\gamma_{so} - \gamma_{sw} = \gamma_{ow}\cos\theta \tag{2-34}$$

图 2-23 和式（2-34）中的 θ 定义为水相方面的接触角。当 $\theta < 90°$ 时，$\cos\theta > 0$，则 $\gamma_{so} > \gamma_{sw}$，固体粉末的大部分在水相中，易形成 O/W 型乳状液；当 $\theta > 90°$ 时，$\cos\theta < 0$，则 $\gamma_{sw} < \gamma_{so}$，固体粉末的大部分在油相中，易形成 W/O 型的乳状液；当 $\theta = 90°$ 时，$\cos\theta = 0$ 固体粉末恰好是一半在水中一半在油中，可能形成 W/O 型，也可能形成 O/W 型的乳状液。

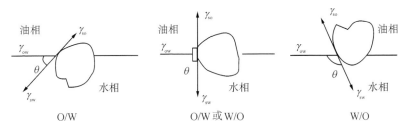

图 2-23　固体粉末在液-固界面上的吸附

根据上述原理，人们对水-煤油（或苯）体系做了研究。证明铁、铜、镍、锌、铝等金属的碱式硫酸盐，以及氢氧化铁、二氧化硅等粉末，易被水润湿，同时双能和油润湿能形成较稳定的 O/W 型乳状液。而炭黑、松香等粉末易被油所润湿，同时又能为水润湿能形成较稳定的 W/O 型乳状液体系。人们在大量的研究工作中发现，乳状液体系的实际形成结构和上述理论分析是相符的。

2.6.2　胶印水墨乳化的类型

分析水、墨在胶印机上的传递过程，了解到油墨的乳化是不可避免的，即有可能生成 O/W 型乳状液或 W/O 型乳状液[9]。O/W 型乳状液对胶印印刷品的质量及胶印生产的正常进行危害极大，它会使印刷品的空白部分全部起脏，发生水冲现象，并会使墨辊脱墨，油墨无法传递。近年来，胶印采用了树脂型油墨，抗水性能增加，油墨化水现象很少发现，O/W 型乳化油墨不容易生成，主要生成 W/O 型乳化油墨。轻微的 W/O 型乳化油墨有利于油墨向纸张上转移（以后提到的乳化油墨均指 W/O 型），但严重的 W/O 型乳化油墨黏度急剧下降，墨丝变短，油墨转移性能变差。同时，浸入油墨的润版液还会腐蚀金属墨辊，在墨辊表面形成亲水层，而排斥油墨，造成金属墨辊脱墨。

曾有人对胶印机的油墨含水量进行了测试，发现大数胶印机印版的油墨含水量至少要达到 15%。

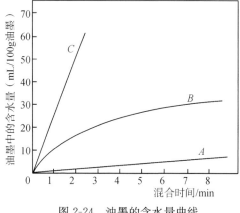

图 2-24　油墨的含水量曲线

图 2-24 是三种油墨的含水量曲线。曲线 A 所表示的油墨几乎是排水的，传墨性能很差，不能用来印刷；曲线 C 所表示的油墨含水量太高，乳化严重，油墨的丝头短，从印刷机的墨斗很难传出，也不适合印刷；只有曲线 B 的油墨能使印刷顺利进行。实验测得，当 B 油墨的含水量达到 21%（即 100g 油墨约含 26g 水）时，印刷质量最好。用高倍率的电子显微镜观察到分散在油墨中的水珠直径为 0.76μm，形成的是 W/O 型乳化油墨。

按照相体积理论，分散相液滴若是大小均匀的圆球，则可计算出最密堆积时，液滴的体积占总体积的 74.02%，其余的 25.98% 应为分散介质。若分散相体积大于 74.02%，乳状液就会发生破坏或变形。若水相体积占总体积的 26%～74%，O/W 型或 W/O 型乳状液均可形成；若小于 26%，则只能形成 W/O 型乳状液；若大于 74%，则只能形成 O/W 型乳状液。

3 水墨平衡理论与润湿控制方法

平版印刷（胶印）是利用水和油互不相溶的自然规律，在同一平面印版上构成图纹及空白部分，对印版既供墨又供水，通过版面图文部分有选择地吸油抗水，而空白部分吸水抗油来进行印刷。由于在印版和纸张之间增加了一个包着橡皮布的中间滚筒，间接地将印版滚筒表面的印迹印刷到压印滚筒上的纸张上，因此得名"胶印"。因为胶印印版的图文和空白部分处于同一平面上（只有 $5\sim8\mu m$ 的差别），所以印版的空白部分和图文部分对油的吸附必须有极强的选择性，才能保证着油墨的图文部分和着水的空白部分不互相侵犯。液体对固体表面的润湿作用是界面现象的一个重要方面，它主要研究液体对固体表面的亲和状况。在日常生活中常会碰到这样的现象，水能润湿干净的玻璃，但不能润湿石蜡，水银放在玻璃上，不会自动铺开，而是聚集成球状。就最普遍的意义而言，润湿过程就是相界面上一种流体被另一种流体所取代的过程。因此，润湿过程必然会涉及三相，而其中至少有两相是流体。一般的润湿是指固体表面上的气体被液体取代的现象。水或者水溶液是最常见的取代气体的液体。因此它也是讨论的主要对象。润湿作用和印刷生产有着紧密的关系，为了有效地控制生产过程，必须首先了解和掌握润湿作用的机理和控制方法。

下面就从印版的表面状况以及油水互斥的原理入手，对印版的水墨平衡[9]进行分析。

3.1 印版的表面状态

国内的各个印刷厂所使用的胶印印版，其版基大多是铝板和锌板，其他类型的版基应用较少。为了适应胶印的需要，在制成印版之前要对版基进行一系列物理化学处理，使其表面形成砂目和亲水盐层或氧化层。改善印版表面的物理化学性能和润湿性能，能为建立稳定的图文部分和空白部分打下良好的基础。本节着重讨论经过处理的锌版和铝版的表面状况。

常用的胶印印版有五种[9]，即 PS 版、锌版、多层金属版、纸基版和蛋白版。每种印版的表面都由亲油疏水和亲水疏油两部分组成，分别介绍如下。

3.1.1 PS 版

经过研磨或阳极氧化等化学处理之后的铝版，版面上有一层细细的砂目，这层砂目使得铝版的表面积增大了许多。同时由于砂目有一定的深度，故在毛细作用下，版面对附着于其表面的液体有着极大的，或者说是过于强烈的吸附力。相对减弱了版面对液体吸附的选择性，同时在进行后继加工之前要对版面进行封孔处理。一般用硅酸钠稀溶液，在加热情况下进行封孔。由于硅酸钠酸性很弱，在溶液中会发生强烈的水解，形成不溶于水的二硅酸式盐 $Na_2Si_2O_5 \cdot H_2O$，将版面的一部分微孔堵住。还有人认为多孔氧化铝的封闭是由于氧化。铝的水合作用，使膜层表面的 Al_2O_3 生成结晶 $Al_2O_3 \xrightarrow[80\sim90℃]{H_2O} Al_2O_3 \cdot nH_2O$，增大体积把微孔堵住。总之，封孔的作用是适当降低表面的孔隙率，降低表面能。

经过封孔之后的铝版表面，形成了一层质地坚硬，有一定亲水性的 Al_2O_3 和 $Al_2O_3 \cdot nH_2O$ 薄层。其表面能也得到了适当降低，更适合于后序加工的要求。

制好的印版的空白部分，就有这层有亲水性能的 Al_2O_3 和 $Al_2O_3 \cdot nH_2O$ 的薄层。它的机械强度很高，但是对酸和碱的耐受能力很差，因此润湿液的酸性或碱性都不宜过高。同时，制好的印版也不宜放在酸雾的车间内，以免亲水层的结构受到破坏。

PS 版是预涂感光版（pre-sensitized plate）的简称，是一种新型的胶印印版，国外已广为普及，国内也已成为胶印中的主要印版。

PS 版的基是 0.5mm、0.3mm 或 0.15mm 等厚度的铝板。铝板经过电解粗化、阳极氧化、封孔等处理，板面上形成一层氧化膜；然后涂布重氮感光胶，制成预涂版，晒版时，就不再涂布感光液，直接用原版晒版。

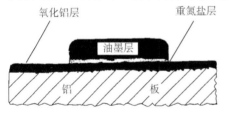

图 3-1　PS 版的表面结构示意图

PS 版分为"光聚合型"和"光分解型"两种。光聚合型用阴图原版晒版，图文部分的重氮感光膜见光硬化，留在版上，非图文部分的重氮感光膜见不到光也不硬化，被显影液溶解除去。光分解型用阳图原版晒版，非图文部分的重氮化合物见光分解，被显影液溶解除去，留在版上的仍然是见光的重氮化合物。PS 版的表面结构如图 3-1 所示。

PS 版的亲油部分是高出版基平面约 $3\mu m$ 的重氮感光树脂层，是良好的亲油疏水膜，油墨很容易在上面铺展。重氮感光树脂膜还有良好的耐磨性和耐酸性，若经 $230\sim240℃$ 的温度烘烤 $5\sim8min$，而使感光膜珐琅化，还可提高印版的硬度，印版的耐印率可达 20 万～30 万张。

PS 版的亲水部分是三氧化二铝的薄膜，高出版基平面 $0.2\sim1\mu m$，亲水性、耐磨性、化学稳定性都比较好，因而印版的耐印率也比较高。

PS 版的砂目细密，分辨率高，形成的网点光洁完整，故色调再现性好，图像清晰度高。PS 版的空白部分具有较高的含藏水分的能力，印刷时印版的耗水量小，水墨平衡容易控制。由于 PS 版具有上述许多优点，已成为目前胶印中理想的印版。

3.1.2 锌版

锌版（亦称平凹版）经过球磨之后，表面形成了细细的砂目，除去了原来附着在锌版表面的白色氧化层［$ZnCO_3 \cdot 3Zn(OH)_2$］，而且使得锌版的表面积增大了许多。由于锌是很活泼的两性金属，对酸和碱的耐受能力都很差，而且纯锌的表面润湿性不能适应平印的技术要求，所以仅仅经过球磨的锌板还不适合制作印版。因此，在制版的最后一道工序，要进行整版（后腐蚀），在锌版空白表面上建立一层亲水盐层，这层亲水盐的主要成分是磷酸锌［$Zn_3(PO_4)_2$］和氧化铬（Cr_2O_2）。这层金属盐层有一定的机械强度，能抵抗外来压力造成的磨损，而且$Zn_3(PO_4)_2$有亲水而不溶于水的性质，在弱酸性介质中有较高的稳定性，在印刷过程中，润湿液在这层亲水膜上较易铺展，形成抵抗油墨和清洗油污的很薄水层。在印版的图文部分，亲油基和锌版之间形成化学吸附，亲油基中的脂肪酸经过较长时间的渗透，到达了版面，和锌发生如下反应

$$Zn + 2C_{17}H_{35}COOH \longrightarrow Zn(C_{17}H_{35}COO)_2 + H_2 \uparrow$$

从而牢固地吸附在锌版上形成稳固的图文部分，由于图文部分的感脂层具有很强的亲油性，对水的润湿性能很差，阻止了水向图纹部分的扩展，为水和墨在同一版面上的平衡创造了必要的条件。锌版的版基是锌板，先把锌板的表面研磨成细密的砂目，再经硝酸、硝酸铝钾溶液的敏化处理，以提高版面的吸附性，最后涂布聚乙烯醇、重铬酸铵等物质组成的感光液，形成感光薄膜。

锌版用阳图原版晒版，未感光硬化的胶膜被显影溶液除去，露出图文部分的金属，用腐蚀液对金属略加腐蚀后涂上亲油的基漆。亲油疏水的图文部分便形成了。

锌版的图文部分形成后，除去硬化的感光膜，并用磷酸溶液加以处理，再涂布亲水的阿拉伯胶，亲水疏油的空白部分也便形成了。

锌版的表面结构如图 3-2 所示。

锌版的亲油部分是多种有机化合物配制的基漆，俗称蜡克。基漆的配方中包括酚醛树脂、硝基清漆、虫胶、乙醇、异丙醇，以及各种脂类和醛类的化合物。基漆是非极性很强的流水物质。

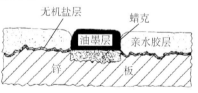

图 3-2　锌版的表面结构示意图

锌版的亲水部分是磷酸锌盐层，磷酸锌不溶于水，且在弱酸性介质中有较高的稳定性，水在磷酸锌盐层表面很容易铺展，磷酸锌盐层是亲水的。

锌版的砂目粒度没有 PS 版那么均匀，因此色调的再现性和图文的清晰度均不如 PS 版，而且锌版的晒版工艺不易掌握，印版质量也不稳定。

3.1.3　多层金属版

多层金属版选用两种亲水性和亲油性相反的金属制作印版,有双层金属版和三层金属版两种,按照图文凹下或凸起的形态又分为锌版和平凸版。目前使用最多的是二层锌版和三层锌版,铜皮上镀铬便制成了二层锌版,铁皮镀铜再镀铬便制成了三层锌版。

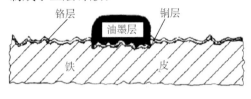

图 3-3　多层金属版的表面结构示意图

多层金属版的表面结构如图 3-3 所示。

多层金属版的亲油部分是亲油性最好的金属铜,并经乙基黄原酸钾处理,更增强了铜的感脂能力,可直接吸附油墨。

多层金属版的亲水部分是亲水性最好的金属铬。没有无机盐层和氧化层,水直接在金属铬表面铺展。铬的化学性能稳定,耐磨性高,所以印版的空白部分不易磨损,印版的耐印率高。

多层金属版是利用铜的亲油性和铬的亲水性直接形成稳定的图文部分和空白部分。印版的耐印率很高,而且水墨用量容易控制,印刷工艺简单。但是,多层金属版制作成本较高,制版周期较长,而且印刷时网点扩大现象较严重,色调的再现性不如 PS 版。

3.1.4　纸基版

氧化锌胶印版纸(图 3-4)采用聚乙烯醇缩丁醛取代 PVA 成为氧化锌胶印版纸最佳的黏结剂原料。其特点是采用静电制版机制版,制版效果好、分辨率高、配合小胶印机使用,印刷速度快、耐印率高、经济方便、可替代 PS 版,且不受

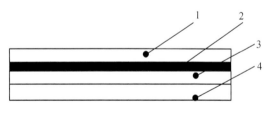

图 3-4　氧化锌版纸的构造
1. 感光层; 2. 间隔层; 3. 预涂层; 4. 纸基

地理环境影响、适应性强,产品质量稳定可靠,不卷曲、不变形。使用温度范围在 1～40℃,RH 为 30%～90%。该产品具有广泛的经济效益和社会效益,成本低,可以完成两万份以内的印刷。

静电胶印版纸在印刷过程中需要用一种含有 2 价金属离子酸性水溶液进行亲水处理,使油墨图像处亲油墨而不亲水,无油墨图像处亲水而不亲油墨,这样印刷时油墨不会弄脏版面而影响印刷质量。

在印刷机上每印一份要涂一次除湿液,版面是不断受水浸入的。同时,在印

刷过程中油墨不断渗入感光层，从而渗入纸基。印刷辊对纸版有较大的机械力，印刷一定份数后就会出现图像剥落现象。为了使感光层不直接渗入纸基，必须要有预涂层和间隔层。

从印刷过程的情况分析，认为间隔层应该不被油墨中的溶剂如汽油、甲苯等溶解，也不会被溶解。另外，也不能被水溶解，否则图像就会剥落破坏，不能继续进行印刷。

3.1.5 蛋白版

蛋白版又称平凸版，版基是铝板。图文部分的亲油疏水薄膜是高出版基平面 $3\sim5\mu m$ 的硬化蛋白膜，空白部分的亲水疏油薄膜是无机盐层。

硬化蛋白膜的耐酸性和耐磨性都比较差，又高出印版，所以蛋白版的耐印率低，印刷质量也比较差。目前，蛋白版已处在被淘汰地位，但因蛋白版的制作成本低、周期短，在印刷质量要求不高的印品时还有应用。

3.1.6 印版的亲油基础

锌版的亲油基主要是蜡克。国内工厂所使用的蜡克配方一般包括硝基清漆、酚醛树脂、虫胶、乙醇、异丙醇，以及各种酯类和醛类化合物。这些物质中有不少是表面活性物质，因此蜡克的表面张力不高，和油墨的表面张力差不多，比水略低。蜡克配方中的各种物质基本都带有极性基团，当把蜡克涂到版基上时，带有极性基团的分子会渗透到金属表面，在金属表面上形成化学吸附，从而牢固地附着在干版基之上，形成稳定的亲油基。

PS版的亲油基主要硬化了的感光树脂层，一般配方中包括感光剂、酚醛树脂、醇类和醚类，有些配方中还加有环氧树脂。这层硬化了的感光膜的表面物化性质同蜡克相似，具有亲油疏水的作用。油墨很易在其上铺展，而水却很难铺展。

印版亲水基和亲油基在性质上的相互对立，使水和墨在它们表面上的润湿行为截然相反，正是由于水墨在印版的图文和空白部分的润湿行为截然相反，才使得水墨在同一平面上的平衡得以实现。

3.2 润湿印版基本原理

3.2.1 具有极性的水分子

由无机化学知道，水分子由氢元素和氧元素组成。水分子中的氢原子和氧原子之间通过共用电子对形成化学键。但是，由于氢、氧的原子核对电子的引力不同，从而使电子对偏向氧原子一端，电荷分布就不均衡了，氧原子一端的负电性强一些，氢原子一端的正电性强一些，产生了正负两极。由轨道杂化理论可知：氧原子的最外层电子结构为 $2s^2$，$2p^4$；氢原子的电子结构为 $1s^1$。氧原子两个未成对的 p 电子云方向互相垂直，按照共价键形成的方向性条件，两个 O—H 键形成一个 $104°40'$ 夹角，两个极性键不对称，从而使水分子显示出很强的极性。故水属于极性分子。

在极性分子中，分子由正负电荷形成偶极。分子极性强弱通常用偶极矩来衡量。偶极矩越大，分子的极性越强，非极性分子的偶极矩等于零。

由于不同分子之间静电引力的作用，极性很强的水分子对极性物质就具有亲和力。同样，具有极性结构的物质对水分子有亲和力。亲和力的大小是由两物质的极性强弱来决定的。所谓物质对水分子亲和力的强弱，在印刷术语上即称为该物质的亲水性大小。

水是极重要的极性分子，很容易与其他极性分子或离子型分子相互吸引，使这两类物质中的大多数可溶解于水（图 3-5 和图 3-6）。因此，水是最常用的一种极性溶剂。

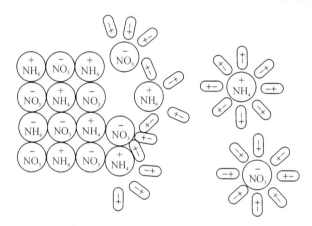

图 3-5　离子化合物（NH_4NO_3）在水中的情况

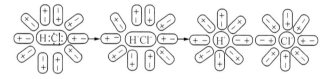

图 3-6　强极性分子（HCl）在水中的情况

3.2.2　油具有非极性

某些化合物中不是整个分子具有极性，而是包含在分子中的个别原子团有极性。例如，羟基（—OH）、羧基（—COOH）和氨基（—NH_2）等含有极性基团的有机化合物的分子（醇、羧酸、氨基酸等）具有双重的性质，分子的一部分是非极性的，而另一部分则是极性的。例如，各种饱和烃类的有机物质，因为它们的分子结构是对称的，质点电荷的分布是均匀的，其偶极矩都等于零，化学性能极为稳定，对极性物质分子没有亲和力，因而说它们是疏水性物质。

如果当物质中引入羟基（—CH）及—COOH 等极性基团，则此类物质就有了亲水的可能，其亲水性的大小决定于碳链的长度和双键数以及温度等因素。

油在胶印油墨中指的是连接料，是油墨中的主要成分之一，连接料一般是干性植物油和合成树脂两类。

干性植物油的主要成分是甘油三酸酯。其结构式表示如下：

$$
\begin{array}{l}
CH_2\text{—}O\text{—}R_1 \\
CH\text{—}O\text{—}R_2 \\
CH_2\text{—}O\text{—}R_3
\end{array}
$$

其中，R_1、R_2、R_3 可以相同，也可以不同。一般油脂的主要成分是混合酯。例如：

亚麻油酸　　　　$CH_3(CH_2)_4CH=CHCH=CHCH=CH(CH_2)_7COOH$

桐酸（亚油酸）$CH_3(CH_2)_3CH=CHCH_2CH=CH(CH_2)_7COOH$

从甘油三酸酯的结构式可以看出，分子中具有两部分互相联系又互相矛盾的基团：一部分是非极性基团，即碳氢键部分 R_1—、R_2—和 R_2—，为疏水基团；另一部分是极性基团，即羧基—COOH，为亲水基团。在甘油三酸酯的分子中，R_1、R_2、R_3 部分都是含有 17 个碳原子以上的碳氢键部分，碳链相当长，故疏水基团占主要矛盾，处于支配地位，而亲水基团只能起极微弱的作用，甚至不起作用。因此，就整个甘油三酸酯的分子来说，非极性键是主要的，它表现出的性质也证明它属于极性非常微弱的分子。

胶印油墨中合成树脂主要是甘油松香改性酚醛树脂。其结构式表示如下：

其中 $R\overset{\displaystyle O}{\underset{}{\text{—C—}}}H$ 代表松香酸，即为

P 代表二醇的酚化合物，即为

　　从甘油松香改性酚醛树脂分子的结构中看出，碳链部分占主要地位，即疏水基团起主导作用。因此它显示出非极性分子的性质，故合成树脂油亦属于非极性分子。

3.2.3　油水几乎不相溶

　　溶解是一个很复杂的过程，但有一个基本规律，即相似的分子结构具有相似溶解度（即相似相溶定理）。

　　根据上述规律，水是一种极性强的液体，因此它对于极性强的物质就容易溶解，而油（指甘油三酸酯和甘油松香改性酚醛树脂等）是有机物质，极性很弱或者完全无极性，属于非极性分子，所以它们不溶于极性较强的水，这就是油和水不相混合的根本原因。也是构成胶印中油和水可以存在于同一平面印版上的根据。

　　如果在油和水两体系中，加入第三种物质，如肥皂、阿拉伯胶等活性剂，经过搅拌或振荡后，油和水就互相溶解了，形成了稳定的分散体系。这一事实表明，油和水不相混合是有条件的、相对的，在一定条件下，油和水是互相溶解的，这一现象在胶印过程中经常发生。例如，印刷面在高速的相互挤压运转过程中，由于机械压力在油和水二相系统中发生作用，墨层表面上并不是绝对无"水"的，水层表面也并不是绝对无"墨"的。又例如，水和墨的用量不相适应时，就会阻挠油墨的正常传输，或者使空白部分沾留墨脏，严重时甚至使生产无法进行。同时，胶印中使用的"水"并不是单纯的水，而是含有不少无机物质和水胶体，构成了亲水胶体体系。油墨中除了连接料，还含有颜料、填充料、催干剂等物质，形成了疏水胶体体系。所以，胶印中油墨和水分的关系已经不是单纯的油和水的相互关系，而是亲水胶体和疏水胶体之间的相互关系。在这种复杂的体系中，有很多组分可能起乳化剂的作用，加上机械力，会促使油和水的乳化，故在一定条件下，油和水会有一定程度的混合，这就决定了乳化现象或多或少地在生产过程中始终存在。乳化对生产的危害性更是多方面的，应当充分了解并合理地应用水和油不相混合的规律，从工艺技术上满足下列各项基本要求，才能保证生产的正常进行。

　　（1）严格地掌握水和油的用量，采用最少的水分。

　　（2）尽量减少因"油和水互相排斥"而阻挠油墨和水分的正常传输。

　　（3）保持印版表面各自对水油排斥的基础。

　　（4）最大限度地减少油墨的乳化。

3.2.4　选择性吸附原理

　　印版的表面是由亲水基（亲水的金属盐层及金属氧化物层）和亲油基（感脂层）构成的。它们将整个印版分成了两类表面区域。因为水和墨在这两个区域上能发生选择性吸附[10]，所以版面图文部分被墨占据，空白部分被水占据，从而将印版图文部分的图像转移到纸张上。但是水墨在亲水及亲油基上的选择吸附是有条件的，在生产实际中，只有满足了这个条件才能使印版表面的水墨不互相侵犯，从而印出高质量的印刷品。在每天开机之前或者换印版之后，都要先用润版水擦一下版面，这道准备手续实际就是为了满足这个条件。下面从理论上对印版亲水基的选择性吸附条件加以分析。

如果按照固体的表面能对固体表面进行分类，金属固体表面以及一般无机物表面的表面能都大于 $100 erg/cm^2$，这些表面（即表面能$>100 erg/cm^2$者）称为高能表面。一般有机物和高分子物质的表面能都小于 $100 erg/cm^2$，称它们为低能表面。印刷版的空白表面是由金属盐层或金属氧化层构成的〔锌版的空白表面由 $Zn_3(PO_4)_2$ 构成，铝版的空白表面由 Al_2O_3 构成〕，这个表面属高能表面。据一些技术资料报道，$Zn_3(PO_4)_2$ 的表面能高达 $900 erg/cm^2$，Al_2O_3 的表面能也高达 $700 erg/cm^2$。而印版的亲油表面由蜡克以及硬化了的感光树脂构成，这层高分子有机物的表面属低能表面，其表面能为 $30\sim40 erg/cm^2$。

通常所使用的油墨的表面张力一般在 $30\sim36 dyne/cm$，润湿液的表面张力为 $40\sim70 dyne/cm$（由于润湿液添加剂的种类和浓度不同，所以润湿液的表面张力数值也大小不等）。从这些能量数据上可以看出，油墨可以在印版的亲油基表面上吸附且铺展，但是水不能在亲油基表面上铺展，因为油墨在亲油基上铺展可导致体系能量下降 $\gamma_o-\gamma_1\leqslant0$（$\gamma_1$ 是印版亲油基的表面张力，γ_o 是油墨的表面张力）。从能量数据来看，这是一个自发的过程。但如果水在亲油基表面铺开，体系能量必然会增加，即 $\gamma_w-\gamma_1>0$，这是一个非自发过程，因此印版的图文部分对水墨的吸附是有选择性的，水在图文表面基本不润湿。

至于印版的空白部分，情况就大不一样了，空白部分的表面能比水和墨的表面张力大十几倍，因此从能量数据上分析，空白表面可以同时吸附水和墨。这样，空白表面对水和墨的吸附就失去了选择性。为了解决这个问题，我们总是在往印版上墨之前先擦一层水。待水铺满整个空白表面后再上墨，情况就会好得多，因为这时高能的金属盐层表面已被低能的润湿液表面所代替。油墨在这样一个低能表面上不易吸附。从表面上看，水的表面张力为 $40\sim70 dyne/cm$，墨的表面张力为 $30\sim36 dyne/cm$。按照这两个数据，墨在水上似乎仍能吸附并铺展，但这样考虑问题时，要把水墨的界面张力忽略。如果将水墨的界面张力也计划在内，可以计算出，墨是不能在水的表面铺展的。而且现在各厂所使用的润湿液多半都加有表面活性物质，故水的表面张力较低，这就在更大程度上阻止了墨在水表面上的吸附和铺展。

在采用了先上水后上墨的工艺之后，就解决了印版空白部分对水和墨的选择性吸附问题。生产便可以在这个基础上顺利进行。

3.3 接触角的测量方法

接触角的测量通常有两种方法，分别是角度测量法和长度测量法。

3.3.1 角度测量法

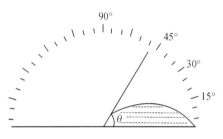

图 3-7　用直接法测量接触角

这是一种应用最广的方法，其原理就是观测界面处液滴或气泡（通过照相放大的方法，或直接观测的方法）在互相交界点处作切线，再用量角器测量得到接触角的数据。在规模较大的研究所里，都有专用的接触角测量仪。用测量仪可以很准确地测出接触角，而且提高了工作效率。图 3-7 是液滴滴在表面上，用照相方法获得液滴的球冠，放大后用量角器进行直接测量，会因测量者的因素存在误差。

另一种角度测量法是斜板法（图 3-8），其原理是：不论固体板与液面成何角度插入水中，只要固体板和液面的夹角恰好等于接触角，液面就一直伸到相交界点处，而不发生弯曲 ［图 3-8(b)］。此时的角度就是该液体在该板面上的接触角 θ。斜板法有效地避免了作切线带来的困难和误差，提高了测量精度，但它的突出缺点就是液体的用量很大。

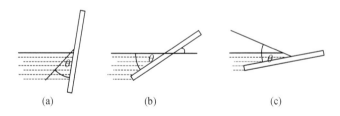

　　　　(a)　　　　　　　　　　(b)　　　　　　　　　　(c)

图 3-8　接触角的斜板法测量

3.3.2 长度测量法

在一光滑均匀的水平固体表面上放上一滴小液滴，用照相放大的办法求出其高 h 及其宽 $2r$，利用 r 和 h 的比例关系，根据下式求得 θ 角，见式（3-1）和式（3-2）。

$$\sin\theta = \frac{2hr}{(h^2 + r^2)} \tag{3-1}$$

或

$$\tan\frac{\theta}{2} = \frac{h}{r} \tag{3-2}$$

用这种方法测 θ 时要注意，液滴不能过大过重，一般体积为 $10^{-4}\,\mathrm{mL}$，因为这种方法建立在无重力影响的假设之下。

长度测量法如图 3-9 所示，将一表面光滑均匀的固体薄片垂直插入待测液体中，液体沿固体薄片面上升的高度 h 和接触角 θ 之间有式（3-3）的关系。

$$\sin\theta=\frac{2hr}{h^2+r^2} \tag{3-3}$$

因此，只要测出液体沿固体表面上升高度 h，就可以利用式（3-3）求出 θ 角。

还有一些测量方法，因篇幅限制，故不一一介绍了。

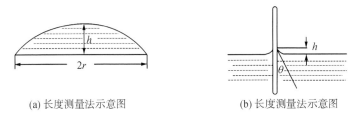

(a) 长度测量法示意图　　　　　(b) 长度测量法示意图

图 3-9　长度测量法示意图

3.4　水墨平衡原理

3.4.1　润湿印版的作用

平版印刷中使用润湿液的目的有以下几点。

（1）在印版的空白部分形成排斥油墨的膜，抗拒图文上的油墨向空白部分扩张，防止脏版。

（2）增补印刷过程中被破坏的亲水层，维持印版空白部分的亲水性。印刷时，由于橡皮滚筒、着水辊、着墨辊对印版产生摩擦，纸张上脱落的纸粉、纸毛更加剧了印版的磨损，因此，随着印刷数量的增加，版面的亲水层会遭到破坏，需要利用润湿液中的电解质和裸露出来的版基金属铝或金属锌发生化学反应，形成新的亲水层，维持空白部分的亲水性。

（3）降低印版表面的温度。胶印机开动以后，墨辊以很高的速度将油墨展布成薄膜，墨辊的温度随之上升，致使油墨的黏度下降（图 3-10），从黏度与温度的变化曲线来看，温度从 25℃ 上升到 35℃，黏度则从 350P ［1P（泊）＝ 1dyne/（scm²）］下降到 270P。若用黏度倒数表示油墨的流动度（$1/\eta$），则 35℃ 的油墨的流动度比 25℃ 的油墨的流动度大一倍。假如在 25℃ 的印刷车间内，不供给印版润湿液，连续开动胶印机 30min，印版上的油墨温度会上升到 40～50℃，油墨的黏度急骤下降，流动性增强，油墨迅速铺展，造成网点的严重扩

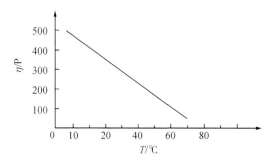

图 3-10　油墨黏度与温度的关系

大。所以，在印版的空白部分涂布温度与室温相同或低于室温的润湿液，能降低印版表面的温度。

由此可见，在印版空白部分始终保持一定厚度的水膜，才能保证印刷的正常进行，并获得上等的印刷品。但是，这层水膜太薄，达不到使用润湿液的目的；水膜太厚，又会发生油膜的严重乳化。因此，实现胶印的水墨平衡，应从控制印版水膜的厚度入手。

为了保证印刷品的质量和生产的正常进行，胶印水墨平衡的含义应该是：在一定的印刷速度和印刷压力下，调节润湿液的供给量，使乳化后的油墨所含润湿液的体积分数低于 26%，形成轻微的 W/O 型乳化油墨，用最少供液量和印版上的油墨相抗衡。

大量的实验和生产积累的经验证明：正常印刷时，印版图文部分的墨层厚度为 $2\sim3\mu m$，而空白部分的水膜厚度为 $0.5\sim1\mu m$ 时，油墨所含润湿液的体积分数为 15%～26%，最大不超过 30%，基本上可以达到胶印的水墨平衡。

3.4.2　静态水墨平衡

图 3-11 是静态的胶印水墨平衡图[11]。胶印印版的空白部分附着有润湿液，图文部分附着有油墨。若油墨的表面张力 γ_o 小于润湿液的表面张力 γ_w 时，在扩散压的作用下，油墨向润湿液的方向（印版空白部分）浸润［图 3-11(a)］，使印刷品的网点扩大、印版空白部分起脏。若润湿液的表面张力 γ_w 小于油墨的表面张力 γ_o，则在扩散压的作用下，润湿液向油墨的方向（印版图文部分）浸润［图 3-11(b)］，使印刷品的小网点和细线条消失。只有当润湿液的表面张力和油墨的表面张力相等时，界面上的扩散压为零，润湿液与油墨在界面上保持相对平衡，互不浸润［图 3-11(c)］印刷效果才较为理想。胶印油墨的表面张力为 30～36dyne/cm，那么润湿液的表面张力也应降低到 30～36dyne/cm。

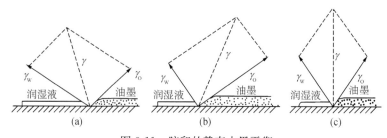

图 3-11　胶印的静态水墨平衡

胶印的水墨平衡是在动态下实现的，润湿液的表面张力应略高于 $30 \sim$ 36dyne/cm。经验表明，润湿液的表面张力在 $35 \sim 42$dyne/cm 为好，因此表面活性剂在润湿液中的浓度，应为使润湿液表面张力达到 $35 \sim 45$dyne/cm 时所对应的浓度，如果这个浓度正好是表面活性剂的临界胶束浓度，那就更理想了，能得到表面张力稳定的润湿液。

3.4.3　动态水墨平衡

制好的印版在上机印刷时，其图文部分着墨，直接向橡皮辊筒上传递，通过橡皮滚筒将印制上的图文转移到纸上。与此同时，印刷的空白部分着润湿液，以阻止油墨附着在空白表面上而被传到纸张上。由此可见，对印刷表面的供水和供墨存在一个平衡问题。如果对版面的供墨量超过平衡，则油墨在受到强力挤压之后会向空白部分扩展，侵入空白表面造成脏版。反之，如果对版面供水量超过平衡值，当水辊经过图文表面时，就会在图文表面上留下较多的水，再经过水辊和墨辊的强力挤压，使附着在图文部分的墨层深度乳化，造成印迹黯淡无光。而且在供水量过大时，水会沿着输墨辊和串墨辊一直进入墨斗，造成大范围的油墨乳化。另外，过大的水量会把印张弄湿，影响产品的质量。因此，控制水墨平衡，就是控制印刷品质量。

从某种意义上看，只有当空白表面的水膜和图文表面的墨存在十分严格的分界线时，即从客观上看，着水空白区和着墨图文区不互相侵入、不互相混合才算达到了水墨平衡。但从实际过程来看，绝对的不相混合是不可能的，油墨的乳化也是不可避免的。所以水墨在印版上的平衡是一个相对概念。让我们来看看水和墨向印版上传递的实际过程，并分步加以分析。

平印版的水辊之间存在四种辊隙合压状态。

（1）水辊和印版空白部分的间隙。印版的空白部分由润湿液润湿，在着水辊和印版空白部分中间，有一层薄水膜，水辊和印版分离时，这层水膜也分离，于是印版空白部分留下了一层水膜。根据国外资料介绍，这层水膜仅有 1μm 厚，如果水膜厚度过薄，则在墨辊经过空白表面时，水层挡不住墨在空白表面的附着。

（2）水辊与印版图纹部分的间隙。含有残留墨膜的印版图文部分，也会被润湿液所"润湿"，但这种"润湿"是十分有限的，经过着水辊的强力挤压，有少量的润湿液被挤入残留墨膜内。这时，水墨发生第一次乳化。如果供水量过大，则乳化程度将加深，并会在墨膜上留下微细的液珠。当墨辊和图文表面接触时，这些液珠和油墨发生进一步乳化。

（3）经过湿润的印版空白部分通过着墨辊时，又有很少量的润湿液被挤压进油墨层内，发生第二次乳化，而且空白部分润湿液越多，被挤入墨层的润湿液也就越多，水墨乳化的程度就越深；反之，如果空白部分润湿液很少，不能有效地覆盖空白表面，油墨就可能在空白表面上附着，造成印品黏脏。

在多数情况下，着墨辊的表面会形成一层油墨和润湿液的混合层，这层混合层与墨水乳状液不同，它是由较大的液珠，靠伦敦（London）力或范德瓦尔斯（van der Waals）力吸附在油墨层上，当墨辊经过其他辊隙时，这些细珠在强力挤压下进一步发生第三次乳化。

（4）着墨辊和印版图文部分时间隙。当着墨辊滚过带有细微水珠的印版图文部分时，无论着墨辊本身是否带有水珠（因为此刻着墨辊尚未同印版空白部分接触），它都会挤压印版图文部分所附着的水珠，使之在油墨中发生第四次乳化。在着墨辊和印版分离的瞬间，含有润湿液的乳化油墨层也发生分裂，同时图文部分又得到了新补充的油墨。

从分步分析来看，在一次供水、供墨循环中，一共发生四次水墨的接触、混合及乳化。在固定的工艺条件下，保持水墨平衡的含义是调节水和墨的供给量，使水墨的混合和乳化保持在工艺条件允许的范围内。控制原理是，油墨乳化之后所含润湿液的体积不得超过 26%。因为水油混合的体积比，直接影响乳状液的类型。假设水墨乳化体系中水是分散相，油墨是连续相。当分散相是大小均匀的圆球时，可以算出，当最紧密堆积时，液滴所占的体积是总体的 74.02%，其余 25.08% 应为分散介质。当分散相所占体积大于 74.02% 时，乳状液就会变形；若乳状液中水相体积 <26%，则只能形成 W/O 型乳状液；若水相体积在 25%~74%，O/W 和 W/O 型乳化液均可形成；若水相体积 >74%，则只能形成 O/W 型乳化液。对平印生产来说，O/W 型乳化液比 W/O 型乳化剂有着更大的危害性，这种现象的出现会使印张的空白部分具有色墨的淡痕，严重影响生产的正常进行和产品的质量。因此，为防止出现这种现象，必须控制供水供墨的比例，使乳化液中水相体积在 26% 之下。

轻微的 W/O 型乳化，对印版是有利的。它使油墨的黏度下降，改善了墨的传递性能；但严重的 W/O 乳化就不利于印版，它使黏度急剧下降，产生浮脏或墨块辗转传入水斗溶液中，水中出现凝絮状的油墨颗粒。因此经验证明，在实际生产中，应尽量把乳化控制在 15%~26%。

近年来，由于很多油墨连接料部改用了合成树脂型连接料，使油墨的抗水性能得到了很大改善，因而对油墨乳化的控制就相对容易多了。在这种情况下，控制印版的水墨平衡又有了新的概念，和以前仅从水墨用量的改变来控制水墨平衡的旧概念有所不同。它是从水墨表面以及印版空白和图文部分表面的各个表面能及界面能出发，找出印版上水墨不互相侵犯的能量关系，用这种能量关系定量地控制上述四个状态下的水墨以及版面之间的互相作用，在这个基础上，确定水墨的用量。这种定量控制方法目前还在探讨之中。

3.5 润 湿 液

在水中加入各种化学材料的组分，配制成浓度较高的原液，使用时，加水稀释成润湿液[9]，润湿液是胶印印刷中不可缺少的材料。它的主要功能是润湿印版的空白部分，在空白部分和油墨之间建立起一道屏障，使油墨不沾污印版的空白部分。

胶印使用的印版不同，因而润湿液的组成不同，对印版的润湿效果也各有差异。即便使用同种厂家的印版，因为印刷中使用的胶印机型、油墨纸张的种类、印版版材的品质以及印刷厂所在地区的气候条件不同，其润湿液的配方也有差异，但其主要成分基本相同。

目前，润湿液大致可分为普通润湿液、酒精润湿液和非离子表面活性剂润湿液三大类。

3.5.1 普通湿版液

普通润湿液是一种很早就开始使用的，至今仍然在使用的润湿液，配方很多，表 3-1 列出了几种典型的配方以便分析各个组分的作用。

表 3-1 普通润湿液的配方

序号 成分	一	二	三	四
磷酸（H_3PO_4）/mL	50	3	200	25
硝酸铵（NH_4NO_3）/g	150	—	—	250
磷酸二氢铵（$NH_4H_3PO_4$）/g	70	—	150	200
重铬酸铵［$(NH_4)_2Cr_2O_7$］/g	10	—	300	—
桃 胶/mL	200（4～8Be'）	—	—	—
水/mL	3 000	1 000	3 000	3 000

锌版的空白部分覆盖有一层亲水性的磷酸锌［$Zn_3(PO_4)_2$］，PS 版的空白部分覆盖有一层亲水性氧化铝（Al_2O_3），润湿液依赖亲水层在印版表面进行润湿和铺展。在印刷过程中，随着着水辊、着墨镜、橡皮滚筒对印版的挤压和摩擦，亲水层会被磨损，如果不及时增补，则版面空白部分的润湿性将遭到破坏。润湿液中加入的磷酸使版面重新生成磷酸锌或磷酸铝以保持印版的润湿性能。

$$3Zn+2H_3PO_4 =\!=\!= Zn_3(PO_4)_2 \downarrow +3H_2 \uparrow$$
$$2Al+2H_3PO_4 =\!=\!= 2AlPO_4+3H_2 \uparrow$$

磷酸属于中强酸，还具有清除版面油污的作用。

磷酸和金属版材锌、铝发生化学反应时，有氢气生成，这些微小的氢气泡会被版面空白部分吸附，并逐渐汇集成较大的气泡，如果不及时清除，便会影响润湿液对版面的润湿。润湿液中加入的重铬酸铵是一种强氧化剂，磷酸和锌或铝反应释放出的原子氢还没有结合成为氢气时，就被氧化成水，消除了印版上的氢气泡。

$$Cr_2O_7^{2-} + 14H^+ + 6e \longrightarrow 2Cr^{3+} + 7H_2O$$

重铬酸铵的还原产物 Cr^{3+}，可以在版面上生成一层致密坚硬的三氧化二铬（Cr_2O_3）保护膜，提高了印版抗机械磨损的能力。但是重铬酸铵呈淡橙色，往往使印张的空白部分带有淡黄色，同时重铬酸铵的毒性很大，所以可以用硝酸铵或硝酸取代。硝酸铵、硝酸均为氧化剂，加入润湿液中与重铬酸铵的作用相同，利用 NO_3^- 的氧化性不仅破坏了氢气的生成，并解决了印张泛黄的问题。

磷酸和金属版材锌、铝进行化学反应生成的磷酸锌和磷酸铝对酸、碱的耐受能力很差，润湿液需要保持一定的酸度。润湿液中加入磷酸二氢铵，用它和磷酸构成缓冲溶液，以控制润湿液的酸度。磷酸二氢铵在水中的电离方程是

$$NH_4H_2PO_4 \rightleftharpoons NH_4^+ + H_2PO_4^-$$
$$H_2PO_4^- \rightleftharpoons H^+ + HPO_4^{2-} \qquad (K_{电离} = 6.2 \times 10^{-3})$$
$$HPO_4^{2-} \rightleftharpoons H^+ + PO_4^{3-} \qquad (K_{电离} = 3.6 \times 10^{-13})$$

$H_2PO_4^-$ 的电离常数远比 HPO_4^{2-} 的电离常数大，$H_2PO_4^-$ 电离出的 H^+ 由于同离子效应，对 HPO_4^{2-} 的电离有明显的抑制作用，所以磷酸二氢铵在润湿液中主要电离 H^+，NH_4^+，$H_2PO_4^-$，HPO_4^{2-}。H^+ 使润湿液显酸性，当润湿液里的氢离子（H^+）浓度增大时，H^+ 和润湿液中的 HPO_4^{2-} 结合，生成 $H_2PO_4^-$，电离平衡向左移动。

当润湿液的氢氧根离子浓度〔OH^-〕增大时，OH^- 便和润湿液中的 H^+ 结合，生成难电离的 H_2O 分子，使 H^+ 减少，电离平衡向右移动，$H_2PO_4^-$ 又电离出 H^+，从而补充了溶液中氢离子的浓度。

$$
\begin{array}{ccc}
H_2PO_4^- \rightleftharpoons H^+ + HPO_4^{2-} & \qquad & H_2PO_4^- \rightleftharpoons H^+ + HPO_4^{2-} \\
+ & & + \\
H^+ (外增加的) & & OH^- (外增加的) \\
\Updownarrow & & \Updownarrow \\
H_2PO_4^- & & H_2O
\end{array}
$$

印刷过程中，润湿液因 $NH_4H_2PO_4$ 的电离平衡的移动，使〔H^+〕保持恒定值，润湿液的酸度也就稳定了。

桃胶（即阿拉伯胶）是一种亲水性的可逆胶体，不仅对印版的空白部分有保护作用，而且改善了润湿液对印版的润湿性，CMC 是合成亲水性胶体羧基甲基纤维素的缩写，润湿液中一般采用羧基甲基纤维素钠，性质和桃胶相似，不腐败变质。作为印版的亲水性保护胶体，可以取代桃胶。

普通润湿液中所含的物质基本上都是非表面活性物质。这些物质加到水中以

后，不会使大的表面张力下降，反而会使表面张力略有升高。这类润湿液完全是靠版面上的亲水无机盐层和水的亲合作用来润湿的，因而这类润湿液的用量大，在版面铺展的液膜也较厚，过多的水分转移沾到印张上，使纸张变形、起皱，给产品的质量带来一定的危害。版面和着墨辊表面带有过多的水分，还会影响油墨的传递，造成严重的油墨乳化，影响正常生产。

3.5.2 酒精润湿液

为了提高产品质量，人们在润湿液的配方上下了很大的工夫，研究出了用含有乙醇（酒精）或异丙醇 $[CH_3CH(OH)CH_3]$ 的水溶液作为润湿液，这就是酒精润湿液。在国外，这类润湿液已广泛使用；在国内，有些厂家也在使用或试用。表 3-2 列出的几个配方，就是目前国内外所使用的酒精润湿液的配方。酒精是一种表面活性物质，对溶液表面张力的降低效果可以从图 3-12 中看出。

表 3-2　酒精润湿液的配方

成　份 ＼ 编　号	一	二	三
乙醇/mL	800	250	2400
桃胶/mL	400	15(14Be′)	—
磷酸/mL	220(2%)	5(10Be′)	—
重铬酸铵/g	—	30	—
水/mL	4000	2500	1000

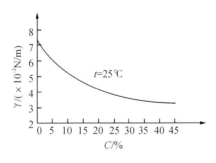

图 3-12　表面张力与酒精浓度的关系

从国内外的一些技术报道以及研究论文来看，乙醇浓度的最佳范围为 $8\%\sim25\%$。乙醇改变了润湿液在印版上的铺展性能，使润湿液的用量大大减少，因此也减少了印张黏水以及油墨严重乳化的可能性，保证了产品的质量。乙醇的另一个特点就是挥发速度快，因为它有较大的蒸发潜热，带走大量的热，使版面黏脏；乙醇挥发，造成润湿液中乙醇浓度不稳定；而且乙醇比较贵；另外，乙醇和空气的混合物极易燃爆〔爆炸极限为 3.3％～19％（空气与乙醇蒸气的体积比）〕。这些不利因素都是乙醇作为润湿液添加剂的致命弱点，故而酒精润湿液在我国没有大力推广。

从总体上看，酒精润湿液的优点还是可取的，它减少了润湿液的用量，提高了产品质量。就这个意义上说，酒精润湿液为开发新型的润湿液提供了理论和实践的依据。

3.5.3　非离子表面活性剂润湿液

非离子表面活性剂[12]润湿液，是近几年发展起来的新型润湿液，是用非离子表面活性剂取代酒精的低表面张力润湿液。由于表面张力低，润湿性能好，能减少润湿液的用量，成为高速多色胶印中最理想的润湿液，国外已广为普及，国内许多厂家也已使用。

非离子表面活性剂降低润湿液表面张力的原理，以及选用何种表面活性剂（HLB 值、cmc 值）添加在润湿液中才能有效地降低表面张力，这些问题在前面已经讲述过了。非离子表面活性剂润湿液一般是把非离子活性剂加入含有其他电解质的润湿液中配制而成的。国内一些厂家选用 2080 或 6501 表面活性剂作为润湿液添加剂，基本上符合前面所讲的对非离子表面活性剂的要求，把不同量的2080 加入磷酸、磷酸二氢铵、硝酸铵配制的润湿液中，就得到了不同浓度的2080 润湿液，测定每种浓度下润湿液的表面张力，绘制 γ-C 曲线，如图 3-13 所示。当 2080 表面活性剂浓度为 0.1％时，润湿液的表面张力就从 73.19dyne/cm下降到 41.46dyne/cm。当 2080 表面活性剂浓度为 0.3％时，润湿液的表面张力约为 36dyne/cm。从图中看出，2080 表面活性剂的临界胶束浓度约为 0.3％。欲将润湿液表面张力降至 40dyne/cm，若用酒精，则浓度要在 25％左右；若使用2080 表面活性剂，则浓度只要在 0.1％就可以了。使用 2080 非离子表面活性剂润湿液，大大降低了生产成本。2080 非离子表面活性剂润湿液和酒精液相比，除成本低外，还具有无毒、无挥发性，无爆燃危险等优点。

非离子表面活性剂润湿液表面张力小，润湿性能好。但是表面张力的降低，在某种程度上使润湿液与油墨之间的界面张力也有所降低，它们与油墨的乳化能力一般比普通润湿液高，因此要严格控制非离子表面活性剂浓度。同时，一定要减少对印版的供液量，如果供液量大，就会加剧油墨的乳化。

胶印油墨乳化的程度随润湿液表面张力的下降而加剧。不同的胶印油墨，乳化能力也不同，图 3-14 是四色胶印油墨与 2080 润湿液的油墨乳化曲线。由图可见，在润湿液表面张力固定的情况下，青墨的摄水量最大，乳化能力最高，黑墨的摄水量最小，乳化能力最低。为了防止油墨的严重乳化，不同摄水量的油墨应选用不同表面张力的润湿液。青墨用表面张力较高的润湿液，黑墨用表面张力较低的润湿液。

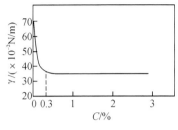 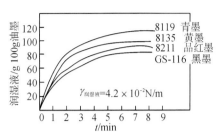

图 3-13 2080 的浓度和润湿液表面张力的关系   图 3-14 四色胶印油墨乳化的情况

非离子表面活性剂润湿液尽管还存在许多不完善之处，但它必将是润湿液的发展方向，随着新的表面活性剂的开发，会逐步得到改进，并可能取代酒精润湿液和无机盐类配制的普通润湿液，值得大力推广。

3.6 PS 版润湿液

PS 版微孔性表面结构具有良好的吸附性能，耐腐蚀和坚硬耐磨性都是预涂版的阳极氧化膜兼有的良好性能。

由于阳极氧化处理形成的氧化膜使氧化铝分子结合成大分子，构成了许多细密的微孔（图 3-15），由于它为数众多的微孔的毛细作用，对含有亲水胶体润湿液有强大的吸附力，并且储水性好，所以即使只有一层水膜，也不会脏版。如果停机较久没有揩水，只要机器空转若干转，使版面涂上水膜，也

图 3-15 氧化铝的分子结构

不会像锌版那样起脏。它不会被酸的稀溶液或其他电解质所腐蚀，氧化膜质量好的印版，可以只用稀释的磷酸和适量的阿拉伯胶溶液作为润湿液。

总之，对预涂版润湿液[13]的要求不是比锌版的复杂，而是比锌版简单了。加上油疏水性和其他印刷适性的改善，采用下列简化配方就能印刷：磷酸 2‰～4‰。

对耐磨性不够好的预涂版，建议采用下列的 PS 版配方。

磷酸 H_3PO_4：50mL；硝酸铵 NH_4NO_3：150g；磷酸铵（NH_4）$_3PO_4$：75g；清水：3 000mL。

一旦氧化膜被磨损时，利用电解质与金属铝的化学反应，补充无机盐层来增强空白部分的稳定性。

这个配方的化学性质与锌版基本相似，但是酸性比较弱，缓冲作用大，如果铝版表面氧化膜被破坏，还可以通过生成无机盐层补充亲水基础。

国外还有以 $10\%\sim15\%$ 的乙醇、异丙醇等润湿剂加入清水中作为润湿液者，使用这种润湿液需配备冷冻器，将润湿液的温度降低到 $10℃$ 左右，以抑制乙醇的发挥并降低版面温度。利用乙醇的物理性能来改善"水"的印刷效果，因为乙醇有下列作用：蒸发快，使油墨、纸张印后增加的水分迅速蒸发掉，从而减少由水引起的对质量影响；蒸发吸热大，利用蒸发过程的吸热规律，降低版面温度，减少版面起脏；利用乙醇较好的流展性，减少版面用水量。

但乙醇、异丙醇价贵，设备费用高，如果使用，用量又很大，经济意义上是否值得？而且乙醇稍含毒性；当乙醇蒸发和空气混合，体积比在 $3.3\%\sim19\%$ 之间时，燃烧后会立即爆炸。从安全生产和劳动保护着眼，也是必须慎重考虑的。

近些年来，随着预涂版的日渐普及，用于预涂版的润湿液配方也有所改进。在配方添加了几种新的组分，经试用，收到一定效果，可进行进一步探索。

3.6.1　柠檬酸的作用

预涂版的空白部分稳定性，除了取决于封孔后的氧化膜质量，还有赖于在润湿液中加入磷酸，起清洗作用。既然加入无机中强酸的目的是清除空白部分的油污，那么可作为金属清洗剂的有机弱酸——柠檬酸，当然可以用于润湿液，而且副作用少。在有的配方中加入适量的柠檬酸，有的配方甚至以柠檬酸完全取代传统使用的磷酸。

柠檬酸又称枸橼酸，学名为 2-羟基丙烷-1，2，3 三羧酸，分子结构式为

$$
\begin{array}{c}
CH_2-COOH \\
| \\
HO-C-COOH \\
| \\
CH_2-COOH
\end{array}
$$

是无色晶体或粉末，可作为金属清洗剂。

通常可把柠檬酸钠与柠檬酸配合使用，使两者成为缓冲对，具有缓冲作用。

3.6.2　表面活性剂的作用

（1）加入适量多元醇型的非离子表面活性剂——丙三醇。它的亲水性特别好，可与水以任何比例混溶，有很大的吸湿性，不但沸点不易蒸发，还能向空气"夺"取水分。能在版面起良好的润湿作用，具有一定丙三醇含量的润湿液，如停机时间不久，不需揩水、擦胶，但含量过高，对印迹干燥有阻滞作用。除此以外，还可适量选用 HLB 值为 $7\sim9$ 的可作为润湿剂的表面活性剂。

聚乙二醇 200 和 400 等也可作为润湿剂。实践证明，多种润湿剂可以取代乙

醇等价格贵、用量大的润湿剂。如果把清洗剂和润湿剂配合使用，其效果不亚于乙醇润湿液，又有较好的经济效果。

（2）加入适量的作为洗净剂的表面活性剂。可供选用的品种较多，如 6501 洗净剂，它的学名为烷基二乙醇酸胺，也是非离子表面活性剂，亲水基是多元醇，疏水基由 R 基组成，由于兼具乳化作用，应严格限量使用。胰加漂（Ige-ponT）是一种属于烷基酰胺基胺磺钠的阴离子表面活性剂，主要成分是油酰甲基磺酸钠，分子式为

$$C_{17}H_{23}CONCH_2 \cdot SO_3Na$$
$$|$$
$$CH_3$$

它是一种良好的洗净剂。

其他也可加入 HLB 值为 13～15（作为洗净剂）的表面活性剂，能在具备良好的去污作用条件下，使油墨乳化不超过工艺极限。

6501 洗净剂的主要缺点是起泡，如用于自动泵吸水的润湿系统，会产生许多泡沫，使水管堵塞不畅，故溶液中应加入适量消泡剂。

预涂版润湿液不再需要烦琐地增减原液来取得平衡，可以单用一种适当的稀释比，故比锌版液简便得多。

3.7　亲水胶体作用

亲水胶体在胶印中是不可缺少的，其主要用途在于这些方面：涂布版面，防止版面氧化起脏，便于印版保存；版面油腻起脏时揩擦去脏，恢复版面空白部分的亲水性能，提高图文的清晰度；加入润版溶液中，补充耗损的胶体层，巩固和稳定空白部分的亲水性能，并能减少润版溶液原液的用量，提高印版耐印率。

因此，它至少应有这些特性：胶液不但是亲水的，且是可逆的；胶液呈弱酸性，对版面腐蚀性小；胶液应有强烈的吸附能力和亲水疏油性，对固体表面有良好的吸附活性；胶液在感胶离子的作用下，具有良好的凝结作用。

3.7.1　阿拉伯胶

阿拉伯胶是热带金合欢树的分泌物，脱水时为白色、淡黄或棕黄色的透明固体，以白色的质量最好。它的外形为大小不一的圆形、蛋形、蠕虫形，表面有细密而不规则的皱纹，质地脆硬，断面有光泽，像玻璃，相对密度在1.34～1.62。

阿拉伯胶具有亲水胶体的特性，是很好的可逆胶体，能大量地吸取水分而膨胀，直至溶解为各种浓度的胶体溶液，它不溶于非极性溶液。

阿拉伯胶是有机高分子碳水化合物，属多醣类，它的化学组成物主要是阿拉伯酸及其钙、镁和钾盐的混合物。化学分子式为

$$XCOOH \cdot XCOOK(XCOO)_2Ca \cdot (XCOO)_2Mg$$

其中，X 是由碳、氢、氧元素组成的醣（$C_6H_{10}O_5)_n$，而 n 为一个极大的数值，其相对分子质量大约为 250 000。

因为它是醣类，所以潮热环境中酵母菌易在其中繁殖，使胶酸游离，酸坏的胶液将不适于涂布版面使用，故温度高时应少量配置，避免酸坏，或者采取加 $CaCO_3$ 中和酸性，加醛杀菌或者冷冻等方法。但是最好的措施还是随溶随用，使用新鲜的胶液。

溶胶的浓度应保持一定，考虑到不同环境气候会使水分蒸发速度不同，故温度高时以 12Be′，温度低时以 14Be′ 为宜，并注意溶胶的实际浓度。

溶胶浓度大的原液，要避免接触感胶性强的润版原液，以防止溶胶的分子形成网状结构而冻结。陈旧的胶液有时由于自发陈化也会形成胶冻。

固体中常含杂质，故在溶解时必须过滤。

由于阿拉伯胶含阿拉伯酸，其溶液具有弱酸反应，并有良好的吸附性和亲水性，因此当润湿液中有树胶溶液存在时，版面的亲水疏油性更好。

3.7.2 羧基甲基纤维素

羧基甲基纤维素又称乙二醇酸钠纤维素，简称 CMC，即为 carboxy methyl cellulose 的缩写，实际上是羧基甲基纤维素钠盐的通称。

CMC 是白色粉末，吸湿性很强，一般自然环境里也能从空气中吸收水分而凝结成硬块，故储藏时必须严格地注意防潮。它能溶解在水中，同时变成透明的无色溶胶，也是可逆胶体。

胶体溶液的化学性质十分稳定，呈中性或微碱性，在一定时期内保存，化学性质不发生变化。

CMC 的黏度范围在制造时分为四种：高黏度：2% 的水溶液在 1 000～2 000cP（1cP＝1mPa·s）以上；中黏度：2% 的水溶液在 500～1 000cP；低黏度：2% 的水溶液在 50～100cP；超低黏度：2% 的水溶液在 50cP 以下。

由于高黏度的很容易沉淀，所以只有超低黏度的产物才适于加入润湿液。

3.8　润湿液的 pH

pH 是衡量溶液酸碱度的指标（测定润湿液的 pH，可以采用 pH 试纸或酸度计）。润湿液保持一定的 pH，是印版空白生成无机亲水盐层的必要条件。润湿液 pH 过低或过高都会给印刷带来许多弊病。印刷过程中因为种种原因又都会使润湿液的 pH 改变，因此应定时测定润湿液的 pH，并控制在印刷工艺所要求的范围内。

3.8.1 润湿液 pH 对油墨转移效果的影响

润湿液的 pH[13] 对胶印油墨的转移效果影响很大，pH 过低或过高的润湿液都不适宜用来润湿印版。润湿液的 pH 过低，会引起版基的严重腐蚀，油墨干燥缓慢。

胶印中使用 PS 版、锌版、蛋白版、印版的版基是铝或锌，这两种金属都是十分活泼的，而且在强酸性和弱碱性介质中，都不稳定。润湿液是弱酸性介质，在弱酸性介质中，铝板、锌板表面会被轻度腐蚀，生成一层亲水盐层，如果酸性增大，pH 下降过多，印版空白部分就会受到深度腐蚀，使印版空白部分出现砂眼，不能形成坚固的亲水盐层。

曾有人就润湿液 pH 对锌板的腐蚀进行了定量研究。其方法是，将锌板样品放在不同 pH 的润湿液中浸泡 24h，然后取出洗净、烘干、称重，以质量分数（‰）来测量锌板受腐蚀后的相对减重量。所得结果如表 3-3 所示。表中两列数字表明，润湿液酸性增大，pH 下降时，对版面的腐蚀也随之加强；润湿液接近中性时，对版面的腐蚀也缓和了；但当 pH 继续上升，溶液呈碱性时，润湿液对锌板的腐蚀又加剧了。常用的铝版基，也有类似的情况。版基受到严重腐蚀后，使用寿命大大降低。由于版面空白部分有砂眼，空白部分会存留较多的润湿液，这些润湿液和着墨辊接触时，又会在着墨辊上附着，影响油墨的正常传递。最严重的是，随着腐蚀的进一步发展，图文部分和金属版基的结合遭到破坏，造成网点损伤或完全脱落。

表 3-3　润湿液 pH 对锌版的腐蚀影响

pH	3	4	5	6	9
质量分数/‰	−3.141 7	−2.364 3	−0.232 7	−0.164 8	−2.239 0

油墨中常加有一定量的催干剂（燥油），它是铅、钴、锰等金属的盐类，对干性植物油连接料有催干作用。润湿液的 pH 过低，$[H^+]$ 增大，就会和金属盐的催干剂发生反应，改变油墨的干燥时间。实践表明，使用普通润湿液，当 pH 从 5.6 下降到 2.5 时，油墨的干燥时间从原来的 6h 延长到 24h，用非离子表面活性剂润湿液印刷，当 pH 从 6.5 下降到 4.0 时，油墨的干燥时间就由原来的 3h 延长到 40h。

润湿液的 pH 过高，会破坏 PS 版的图文亲油层。并引起油墨的严重乳化。

光分解型的 PS 版，空白部分的重氮化合物见光分解，被显影液除去，留在版面上的是没有见光的重氮化合物，形成图文的亲油层。如果润湿液的 pH 很高，就会使图文部分的重氮化合物溶解，造成印刷的图像残缺不全，印刷质量下降。

　　油墨中的干性植物油连接料长期放置后，分子中有些化学键发生断裂，受空气中氧的作用生成脂肪酸R—COOH。脂肪酸的形态和表面活性剂相似，也有亲水和亲油基团，但由于R很大，而R—COOH的电离常数又很小，故分子不带电，分子的亲水能力显示不出来，在界面处的取向能力很差。R—COOH在墨层中基本上处于游离态。

　　但是，当润湿液的pH较高时，[OH⁻]增加，R—COOH被中和，游离出RCOO⁻。RCOO⁻是典型的阴离子表面活性剂，在水墨界面上，亲油基端朝向油墨，亲水基端朝向润湿液，定向排列，使油墨和润湿液的界面张力降低。润湿液的pH越高，[RCOO⁻]越大，在界面上吸附的量越大，界面张力下降得越厉害。一般是界面张力越低，油墨乳化越严重。

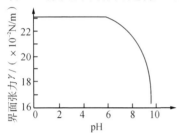

图3-16　界面张力和pH的关系

　　界面张力与pH的关系如图3-16所示。由图可以看到，pH在小于6时，界面张力很稳定；pH超过6以后，界面张力迅速下降；当润湿液显碱性时，以亚麻仁油为主体的植物油将严重乳化。虽然现在也开发了碱性润湿液，但它只适用于新闻纸（酸性纸）的印刷。

　　润湿液的pH究竟应该是多少？对此，还不能给出一个确切的回答。一般认为PS版润湿液的pH在5.0～6.0为好；锌版润湿液的pH应控制在4～6；多层金属版润湿液的pH在6.0左右为好。

　　润湿液的pH和润湿液原液的加放量有关。原液的加放量大，pH就低。各印刷厂可结合实际的生产情况增减原液的加放量，将润湿液的pH控制在上述的范围内。例如，墨层厚，催干剂的用量大，车间温度高时，应适当增加原液的加放量；网点印版比实地印版的图文面积小，也应适当减少原液的加放量。

3.8.2　pH定义及其测定方法

3.8.2.1　pH定义

　　润版溶液的酸性、中性和碱性可以用[H⁺]来表示，中性就是酸性和碱性的分界线。pH是表示溶液中[H⁺]的一种方法。pH代表氢离子浓度的负对数，即

$$pH = -\lg[H^+]$$
$$[H^+] = 10^{-pH}$$

　　若[H⁺]=10^{-4}，则pH=$-\lg(10^{-4})$=$-(-4)$=4；若[H⁺]=10^{-8}，则pH=$-\lg(10^{-8})$=$-(-8)$=8。因此，在中性溶液中pH=7，在酸性溶液中pH<7，在碱性溶液中pH>7。

3.8.2.2 pH 测定方法

测定溶液 pH 的方法很多,一般常用的有以下几种测定方法[13]。

(1) 酸度计测定。酸度计又称 pH 计,这种利用电位法测定溶液 pH 的仪器是一种精密的电子管伏特计。当一电极(一个指示电极,如玻璃电极;一个参比电极,如甘汞电极)浸在溶液中时,它们产生的电位差值与溶液的 pH 有关。保持参比电极的电位恒定,则指示电极随溶液的 pH 而改变。与电位差值改变相应的 pH,直接在仪表上指示出来。

用酸度计测定溶液的 pH 读数精确,测定迅速,而且不受溶液原有色泽的影响,是较理想且最精密的方法。

(2) 指示剂测定。由于各种指示剂在不同的 [H+] 的溶液中会呈现出不同的颜色,可以根据指示剂变色的范围,来确定溶液的 pH。

此种方法的优点是测定快速,仪器简单价廉;但误差较大,一般精确度达 0.1,有时甚至更低。

(3) 试纸测定。可利用 pH 试纸来测定溶液的 pH。pH 试纸是用几种变色范围不同的指示剂的混合液浸成的。它在不同 pH 的溶液中会有不同的颜色,把显示的颜色与已知的样板比较,可得出所测溶液的 pH。试纸分为广泛和精密两种。此种方法简便而快速,但不够精确。

3.9 润湿液浓度的控制

润湿液浓度一般是以原液的加放量来计算。正确地掌握润湿液原液的加放量,并使其能充分地发挥应有的作用,是个比较复杂的问题。因为原液的加放量要根据一系列的客观因素而进行适当的调整,所以很难进行具体数值的规定,可采用"估计"和"根据"的办法来掌握。

3.9.1 决定原液加放量的因素

油墨的性质:不同的油墨因颜料、含油量、油性、黏度、流动性、耐酸性等性质的差异,故原液的加放量出入较大。一般的规律是:红>黑>蓝>黄;深色>浅色。

印迹墨层厚度:墨层厚度增加,墨斗的下墨量必然相应地增加,而版面图纹基础接受的墨量有一定限度,势必要向空白部分挤铺而影响其亲水性能,故必须适当增加原液的用量,保持空白部分亲水性的稳定性。

催干剂的用量:催干剂的用量增加,促进了油墨的干燥速度,并使油墨的颗粒变粗,黏度提高,对版面空白部分的感脂性增加,因而易产生糊版,故原液的用量可适当增加,但应避免相互形成恶性循环。

版面图文情况：版面图文一般总是由实地、线条和网点所组成。如果满版是空心字或线条的印版，则原液加放量可适当增加；全部是网点的印版应减少原液的用量。较麻烦的是实地兼有的印版，则应多方面兼顾，使之有利于空白和图文部分的稳定。

车间温度：温度升高则物质的分子运动加速，油墨的流动性增大，同时能分解出更多的游离脂肪酸，版面容易起脏，需适当增加原液的用量。

纸张的性质：印刷质地疏松、并含有砂子的纸张，由于油墨纸毛和砂子堆积在橡皮布上，会增加对印版的磨损而起脏，故需适当增加原液的用量。洁白而坚韧的纸张，则原液的加放量可相应地减少，特别是在涂料纸印刷时，应更加减少橙色原液的用量，以防纸面泛黄而影响产品质量。

此外，印刷压力大，橡皮布及衬垫性质硬，原液的用量应适当增加。

上述各种因素均是单独、相对而言的，因此在决定原液[9]加放量时，要综合全面考虑，以尽量少原液用量为原则；并观察印刷过程中的变化，及时调整润湿溶液的浓度，适应生产中需要的变化。

3.9.2　润湿液中原液浓度的控制

通常需要增加原液用量，提高润版液浓度是因为以下的情况。

（1）图文扩张，印迹粗糊。

空白部分产生油腻，必须是限于印刷过程引起的油腻。由于每一张的油腻甚微，并不一定能目测到，有时可以从橡皮布表面部位的余边所沾积的墨垢程度进行判断。

（2）减少原液用量，冲淡以降低润湿液浓度，是因为印迹消瘦或花版。

但上述的情况，不一定单纯是由于润湿液的酸度掌握不妥，还需考虑工艺上其他的原因而产生的"花版"和"糊版"。必须强调，不应以增减润湿液浓度作为控制及解决"花版"和"糊版"的唯一手段，特别是不能无限制地增加浓度。应该想到，增减浓度只是一种取得图文部分与空白部分相稳定的办法之一，并且以尽可能"使用较少的润版原液用量"为原则，着重找寻"花版"或"糊版"的直接原因并加以纠正。

"糊版"不一定是润湿液的酸度太弱引起的，还可能是这些原因引起的：各种原因引起的着墨辊上油墨容量过多；各种原因引起的"堆版"；油墨流动性过大；燥油过多；油墨极性太强；版面砂眼过细；停机其版面干涸氧化；压力过大（同时出现细点子脱落）等。

"花版"也不定是酸度太强引起的，还可能是这些原因引起的：各种原因引起的着墨辊上油墨容量过少，剩余墨层不足；油墨流动情况不好，传布不匀，着墨辊或橡皮布黏性过大（墨层薄时尤为显著），版面水分过大，着墨辊表面吸附性能太差；油墨黏度过大；版面摩擦过大，细点子脱落（包括滚筒线速度不等）；其他故障（如压力不足，印迹转移过程接触不良）等。

此外，还应注意以下几点。

（1）润湿液配方不宜经常变动，否则会使机上人员掌握不了规律。

（2）稀释原液时应使用量杯，准确度量配比成分，注意清水纯度。

（3）含铬酸药水绝对禁止入口，皮肤也应尽量避免接触。

（4）因相对密度不同，稀释时应先放原液，后放清水，使之充分混合，否则电解质可能下沉。

（5）胶液在稀释后放置。

（6）盛放原液的容器要加盖，避免因水分蒸发而改变浓度。

（7）印刷机换色改印时，如润湿液浓度需做较大程度改变，应在这一印件（色）还剩 500～700 张时，将水斗中的润湿液调整为下一件（色）所需要的浓度。

4 印刷油墨的流变与触变性

油墨的印刷适应性与油墨在印刷过程中的流变行为密切相关，油墨的流变特性早已受到普遍的重视。但油墨本身的成分、油墨在印刷过程中的受力情况非常复杂，致使油墨在印刷过程中呈现复杂多样的流变状态，这给油墨流变特性的研究带来很大的困难。

油墨在一般的情况下呈流体状态，具有黏滞性，在切应力作用下做黏性流动；但在高速转移的情况下，力的作用时间非常短暂而近于冲击，油墨又会明显地表现出弹性，油墨是一种黏弹性体。黏弹性体的一个重要的特性是时间效应必须在流变行为中考虑。

本章介绍油墨的流动形式、黏度、流变方程和流变曲线等[14]基本概念，是深入研究油墨的流变性质和印刷适应性的基础。本章讨论油墨的黏性流动，暂且不考虑油墨的弹性效应和时间效应。

4.1 基 本 概 念

4.1.1 流变行为

把符合牛顿流动规律的理想化流体模型称为牛顿流体[15]。在牛顿流体中，切应力 τ 和切变速率 D 呈线性关系：

$$\tau = \eta_N D \tag{4-1}$$

式中，η_N 是不依赖于切变速率 D 的常数，称为牛顿流体的黏度：

$$\eta_N = \tau / D \tag{4-2}$$

关于黏度这个概念，将在 4.2 节进行深入的讨论。图 4-1 给出了几种典型牛顿流体的流变曲线，它们都是过原点的直线，直线的斜率就是各自的黏度。

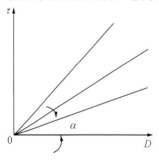

图 4-1　牛顿流体的流变曲线

式（4-1）中，切应力 τ 和切变速率 D 是描述牛顿流体流变状态的力学变量；黏度 η_N 是表征牛顿流体物理性质的特性参数。一般来说，描述物体流变状态的力学变量和表征物体物理性质的特性参数的方程，就称为物体的流变方程。式（4-1）就是牛顿流体的流变方程。

在一般情况下，物体的流变行为要用两组方程来描述。一组是流变方程，这组方程的建立有各种方法；另一组方程是所谓的场方程，这组方程建立的依据是质量守恒原理、能量守恒原理和动量守恒原理。对于牛顿流体，这两组方程的建立都没有什么困难，而且在许多给定的边值条件下能够求解。然而，印刷过程中的油墨，在大多数情况下并不能看成牛顿流体。这样，作为研究印刷过程中油墨流变性质的第一步，就必须弄清油墨可能表现的流动形式，并建立相应的流变方程。

油墨通常呈流体状态。流体微团在切应力的作用下很容易变形，流体微团变形的宏观表现就是流动。从研究流体流变性质的角度看，我们关心的还不是流体切变的本身 γ，而是流体切变的快慢，即切变 γ 对时间 t 的变化率 D，$D = \gamma' = \dfrac{\mathrm{d}\gamma}{\mathrm{d}t}$。这是因为对于给定的流体，在给定切应力 τ 的作用下，所发生的切变速率 γ' 是唯一的，而发生的切变 γ 却是没有限制的。事实上，流体的切变速率 D 是个可测的物理量，而流体的切变 γ 却是无法测量的。所以，可以用切应力 τ 和切变速率 D 构成流变方程的力学变量。如果以切变速率 D 为横坐标，切应力 τ 为纵坐标，在直角坐标系中绘制 τ-D 关系曲线，这就是流体的流变曲线。至于出现在流变方程中的物理特性参数，主要是各种形式的流体黏度。

由切应力引起的流动，称为剪切流动。实验表明，黏性液体的剪切流动，可以分为五种[15]主要的流动形式（流型）。油墨作为黏性液体，在印刷过程中所表现的流变行为大多在这五种流型之中。图 4-2 给出了这五种流型典型的流变曲线，下面分别予以说明。

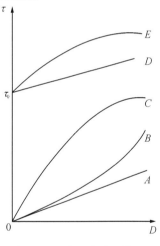

图 4-2　五中基本流型的
流变曲线

曲线 A 所表示的是牛顿型的流动。它表明：只要有切应力 τ，不管多么小，在切应力 τ 的作用下，液体的切变速率 D 瞬即产生，并且始终与切应力 τ 成正比。

曲线 B 和 C 同曲线 A 一样通过原点，同样表明：只要有切应力 τ，不管它多么小，在切应力 τ 的作用下，液体的切变速率会瞬即产生。但在切变速率产生以后，随着切应力的增加，曲线 B 所代表流型的切变速率增加得越来越快；而曲线 C 所代表流型的切变速率增加得越来越慢。前者的流型称为假塑性流动；后者的流型称为胀流型流动。与此相应，把符合假塑性流动规律的流体模型称为假塑性流体；把符合胀流型流动规律的流体模型称为胀流型流体。

曲线 D 代表所谓宾厄姆流体的宾厄姆流动；曲线 E 代表所谓塑性流体的塑性流动。这两种流体的共同特点是，当作用在流体上的切应力小于或等于某个确定的应力时，流体并不发生流动，这时切变速率为零；而当切应力大于某个确定的应力时，流体才发生流动。这个确定的切应力称为流体的屈服应力或屈服值。它们的不同之处是，当流动发生后，宾厄姆流动的切变速率随切应力成比例地增加；而塑性流动的切变速率增加得越来越快。

假塑性流体、胀流型流体、宾厄姆流体和塑性流体通称非牛顿流体。印刷过程中的油墨，在很多情况下要看成宾厄姆流体，但有时要看成胀流型流体，如雕刻凹版油墨；有时还要看成假塑性流性，如某些凹版油墨。

以上五类流型，都是剪切引起的流动，流体中的所有流体微团都呈现简单剪切变形状态，这样的流动称为剪切流动。图 4-3(a) 所表示的是剪切流动的模型，黏性流体充塞在两个平行平板之间，一板固定，另一板在力 F 作用下以匀速 U 平移，板间流体的运动就是剪切流动。

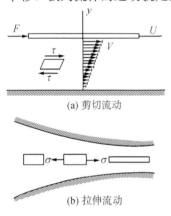

(a) 剪切流动

(b) 拉伸流动

图 4-3　剪切流动与拉伸流动

还有一种流动，如图 4-3(b) 所示，当流体通过截面积逐渐收缩的孔道时，流体微团在正压力作用下呈拉伸变形状态。这种流动是近年来才引起重视的拉伸流动。事实上，任何一种真实的流动，总是同时含有剪切流动和拉伸流动两种成分，纯粹的剪切流动和拉伸流动都是不存在的。有资料说，在聚合物的加工过程中，拉伸流动的阻力可能要比剪切流动的阻力大两个数量级。并由此推断，拉伸流动的成分只要占到全部流动的 1%，其作用就相当可观，甚至占支配地位。油墨在印刷过程中不断地被均匀化和转移，而拉伸流动是存在的。油墨的拉伸流动是个有待于进一步研究的课题。

剪切流动和拉伸流动都没考虑流动中的弹性效应，称为非弹性流动。在非弹性流动中，出现在流变方程中的物理特性参数是流体的黏度和屈服值，其中黏度更具有普遍的意义。

4.1.2　触变现象

我们已经知道，假塑性流体的表观黏度随切应力的增大而减小；胀流型流体的表观黏度随切应力的增大而增大。这里，表观黏度都对切应力和切变速率具有依赖性。但是，当切应力保持恒定时，切变速率也保持恒定，表观黏度是个常数，并不随时间而变化。我们都假定它们具有这样的性质，即它们的流变特性都与时间无关，因此它们的流变方程中并不显含时间因子。这样的流体模型，称为非依时性流体。它们的流变特性只需用 $\tau = f(D)$ 的关系式来描述，切应力 τ 和切变速率 D 是一一对应的。

有些流体可以分两类：在温度保持恒定的条件下，如果切变速率保持恒定，切应力和表观黏度随时间延长而减小，这样的流体称为触变性流体；在温度保持恒定的条件下，如果切变速率保持恒定，切应力和表观黏度随时间延长而增大，这样的流体称为震凝性流体。触变性流体在周期性搅动的持续作用下，表观黏度会下降——变稀；震凝性流体在有节奏振动的持续作用下，表观黏度会上升——变稠。而且，在外界的机械作用停止后，经过相当长的时间，又都能恢复到初始状态。因此，触变过程和震凝过程都是等温下的可逆过程。

流体的触变性和假塑性、震凝性和胀流性有本质上的不同。假塑性和胀流性，表明流体的切应力对切变速率有依赖关系；而触变性的震凝性，表明在恒定的切变速度下，切应力对时间有依赖关系。触变性流体都具有假塑性，震凝性流体都具有胀流性。但是，假塑性流体却不一定是触变性的，胀流型流体也不一定是震凝性的。

胶印油墨、凸印油墨是较为典型的触变性流体，油漆、牙膏、泥浆都具有明显的触变性。震凝流体比较少见，可以举出碱性丁腈橡胶的乳胶悬浮的例子，流体的震凝性在工程上也没有触变性那么重要。我们约定：如果流体在恒定切变速率的持续作用下，表观黏度下降得明显，就说这种流体的触变性大；反之，如果流体在恒定切变速率的持续作用下，表观黏度下降得并不明显，就说这种流体的触变性小。

油墨的触变性对印刷工艺有很重要的意义。在给墨过程中，如果油墨的触变性较大，那么油墨在发生触变现象之前黏度可能很大，这是在墨斗中形成"堵墨"现象的原因之一。有的印刷机上装有搅拌油墨的装置，用以使油墨发生触变现象，降低油墨的表观黏度，从而使油墨顺畅地从墨斗传递出去，进入分配行程。在分配行程中，油墨在很多高速旋转的着墨辊间延展和传递，把油墨充分地均匀化，再转移到印版上。如果油墨的触变性较大，那么在分配行程中，油墨的表观黏度会明显地下降，这对油墨均匀化和转移传递是有好处的。油墨从印版上转移到承印物上的过程称为转移行程。进入转移行程的油墨，表观黏度因触变作用而下降；油墨转移到承印物上以后，外界的机械作用没有了，表观黏度重又回升，保证了油墨不向四周流溢，使网点清晰，印品的墨色鲜明而浓重。由此看来，某些印刷过程是利用油墨的触变特性才得以实现的。

有关油墨触变性产生的机理、表征方法和实验测定的研究，早已受到普遍的重视。但是，现在人们对油墨触变性的认识还远不够。

4.2　黏度和屈服值

流体的黏滞性，是流体在流动中表现出来的内摩擦特性；量度流体黏滞性的物理量，称为流体的黏度。流体的黏度与很多因素有关，这些因素有：流体的切应力和切变速率、流体的温度和压力、作用力作用时间的长短，以及流体的组成、结构和浓度等。这里只讨论黏度和切应力、切变速率的依赖关系，并按照流体的切应力和切变速率间的关系来定义流体做剪切流动时的剪切黏度。

牛顿流体的黏度 η_N 是个不依赖切变速率的常量，由式（4-2）来定义，η_N 单位是泊（P，$1P=0.1Pa \cdot s$）。

由于 η_N 有动力学的量纲，所以称为流体的动力黏度。有时，在讨论流体的运动时，经常出现比值 η_N/ρ，ρ 是流体的质量密度，由于 η_N/ρ 具有运动学的量纲，因此，把这个比值称为流体的运动黏度，记作

$$v = \eta_N/\rho \qquad (4\text{-}3)$$

式中，v 的单位是 m^2/s。在温度为 20℃，压力为 1atm（$1atm=1.013\ 25 \times 10^5\ Pa$）的条件下，水的 $v=0.1 \times 10^{-5}\ m^2/s$。

在油墨的检测中，习惯把 η_N 的倒数（$1/\eta_N$）称为油墨的流动度，用 ρ_0 表示。

$$\rho_0 = 1/\eta_N \qquad (4\text{-}4)$$

对于屈服值很小的油墨，在切变速率不是太大的情况下，可以看成牛顿流体，ρ_0 就可以用来表征这样的油墨的流动情况。油墨的流动度可以在流动度测定仪或者其他简易设备上测定。

假塑性流体、胀流型流体和塑性流体的黏度，都依赖于切变速率；理想的宾厄姆流体的黏度不依赖于切变速率。黏度依赖于切变速率的流体，τ-D 曲线不是直线，它们黏度的定义，在形式上采用与 η_N 类比的方法，仍然以 τ-D 间的关系来表示；在实质上，已转变为描述流变曲线（τ-D 关系）的参量了。

在切变速率很低时，几乎所有的黏性流体都表现出牛顿流体的性质，即切应力 τ 与切变速率 D 呈线性关系，这阶段流体的黏度，可以用 τ-D 流变曲线的初始斜率来表示，称为零切变黏度：

$$\eta_0 = \frac{d\tau}{dD}, \qquad D=0 \qquad (4\text{-}5)$$

当切变速率较高，τ-D 关系为非线性时，对应于某一切变速率的黏度，可以用表观黏度 η_a 和微分黏度 η_d 来表示。

表观黏度是连接原点 O 和给定的切变速率在 τ-D 曲线上的对应点 P 所作割线 OP 的斜率：

$$\eta_a = \tau/D \qquad (4\text{-}6)$$

微分黏度是过 P 点所作 τ-D 曲线的切线斜率：

$$\eta_d = \frac{d\tau}{dD} \qquad (4\text{-}7)$$

图 4-4（a）和（b）分别是假塑性流体和胀流型流体的流变曲线。由图中可以

看出：$\eta_0 = \tan\alpha_1$；　$\eta_a = \tan\alpha_2$；　$\eta_d = \tan\alpha_3$。

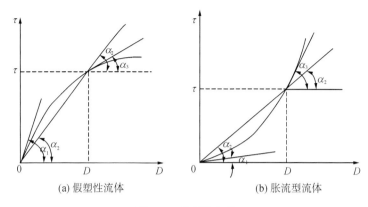

（a）假塑性流体　　　　　　　　　　　（b）胀流型流体

图 4-4　黏度的定义

假塑性流体的表观黏度和微分黏度，随切变速率的升高而降低，这种现象称为切稀现象（剪切变稀的现象）。胀流型流体的 η_a 和 η_d 随切变速率的升高而升高，这种现象称为切稠现象（剪切变稠现象）。切稀现象和切稠现象是流体具有非牛顿流体特征的证明。

塑性流体和宾厄姆流体，都是只有在切应力超过屈服值才发生流动。

塑性流体的黏度定义方法和假塑性流体黏度定义的方法相似。

宾厄姆流体的黏度用塑性黏度来表示，后面要和宾厄姆流体的屈服值一起做详细的讨论。

以上定义的黏度，都是对剪切流动而言的，称为剪切黏度。对于拉伸流动，则可定义拉应力 σ 与拉伸应变速率 $\dot\varepsilon$ 之比为该拉伸应变速率所对应的拉伸黏度 η_t：

$$\eta_t = \sigma/\dot\varepsilon \tag{4-8}$$

式中，$\dot\varepsilon$ 是拉伸应变，且 $\dot\varepsilon = d\varepsilon/dt$。

还应指出，上述剪切黏度的定义都是对稳态流动和层流流动而言的。

所谓稳态流动，是指当流体流动时，流体中给定点的动力状态不随时间而变化。在这种情况下，流体的黏性对流体的流变行为起主导作用，流体的弹性效应才能够忽略不计。如果流动是不稳定的，如两平行板间流体的流动，如果上板的相对速度不是常量，而是按时间的正弦函数方式变化，那么流动中的弹性效应就不容忽视。这时，流动方程中所包含的物理特性参量就应该是两部分，即与稳态黏度相关的、确定能量耗散速率的动态黏度和作为弹性或储能量度的虚数黏度。

所谓层流流动是指这样的流动：在相邻流体层做相对运动时，必须形成光滑的流线，而没有流体质点宏观上的掺混。如果流动不能形成光滑的流线，流体质点做无规则的随机脉动且有宏观上的掺混，这样的流动就称为湍流流动。只有在层流状态下，速度梯度、切变速率才有意义。

大多数的纯溶液，低分子的稀溶液，在一定的温度下，黏度是个定值，不依赖切变速率和切应力，所以可看成牛顿流体。对于有两相存在的体系，由于分散相粒子使流体受到额外的阻力，消耗额外的能量，所以黏度增加。

如果体系是刚性小球的稀悬浮液，则体系的黏度 η 可以用爱因斯坦公式计算：

$$\eta = \eta_1(1 + k\Phi) \tag{4-9}$$

式中，η_1 是分散介质（流体）的黏度；Φ 是分散相小球在体系（悬浮液）中所占的分数；k 是爱因斯坦系数，如果小球的表面没有液体的滑移现象，则 $k = 2.5$。

式（4-9）仅用于分散相浓度很低的情况。如果浓度高，流动时分散粒子之间就存在较强的牵制作用力，使得黏度升高。此时，黏度公式为

$$\eta = \eta_1(1 + 2.5\Phi + 1.4\Phi^2 + \cdots) \tag{4-10}$$

如果分散相粒子具有结构上的不对称性，或者分散相粒子因带电等原因而有相互作用，则分散体系的黏度计算会更为复杂。按照这些公式，只要分散介质的黏度是常数，则算得的分散体系的黏度亦为常数。实际上，高分散度体系大多数并非牛顿流体，它们的 τ-D 关系都比较复杂，黏度（表现黏度或微分黏度）并非常数，是依赖于切变速率和切应力的。

假塑性流体和塑性流体都有切稀现象。对于有不对称粒子的液体，切稀现象可以这样解释：当液体静止时，粒子可以有各种不同的取向；当切变速率逐渐增加时，粒子的长轴也逐次顺向流动方向，流动阻力相应地降低，黏度因而减小；切变速率越大，这种定向排列越彻底，黏度就越小；直到所有的粒子都得到定向排列，黏度也就不变了。图 4-5(a) 是几种假塑性流体的流变曲线。

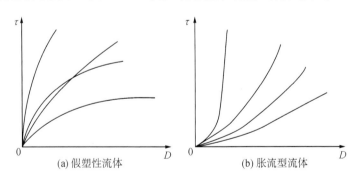

图 4-5　假塑性流体和胀流型流体的流变曲线

胀流型流体有切稠现象。对于分散相粒子排列很紧密的分散体系，切稠现象可以这样解释：当体系静止时，由于粒子排列很紧密，粒子之间的液体所占有的空隙体积最小；当体系有切变速率（即体系被搅动）时，空隙体积便有所增加，体系的总体积便膨胀，所以这种流体为胀流型的。同时，由于空隙加大，粒子接

触到的液层量减少，液层间原有的润滑作用降低，流动阻力升高，体系的黏度便增大了。图 4-5(b) 是几种胀流型流体的流变曲线。

最后，讨论宾厄姆流体的屈服值和塑性黏度，这对研究印刷过程中油墨的流变性质是十分重要的。

我们知道，理想的宾厄姆流动的 τ-D 关系是线性的，宾厄姆流体在 τ 小于或等于某个确定的 τ_B 时，就成为牛顿流体那样的流体。这样的特性可以用式(4-11)来表示。

$$\begin{cases} \tau - \tau_B = \eta_p D, & \tau > \tau_B \\ D = 0, & \tau \leqslant \tau_B \end{cases} \tag{4-11}$$

式中，τ_B 为宾厄姆流体的屈服值；η_p 为宾厄姆流体的塑性黏度。

$$\eta_p = (\tau - \tau_B)/D \tag{4-12}$$

切应力超过屈服值才发生流动的现象，称为体系的塑性现象。只有分散粒子的浓度达到可以使粒子彼此接触的程度，体系才有塑性现象发生。分散体系的可塑性质，可以认为是由于体系中存在不对称粒子的网状结构引起的。要使体系流动，必须有足够大的切变力来破坏网状结构，黏度便随之下降。网状结构被破坏后，有可能重新组合。当网状结构被拆散速度超过重新结合的速度时，黏度就成常数了。所以，实际上的流动并不像理论上的宾厄

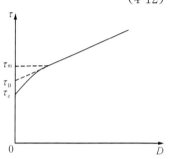

图 4-6　宾厄姆流体的流变曲线

姆流动那样简单，而是如图 4-6 所表示的 τ-D 曲线那样：当 $\tau \leqslant \tau_e$ 时，流体不发生流动；当 $\tau > \tau_e$ 时，流体才有流动。从图 4-6 上看，开始可能有一段极短的直线，随后是一段较短的曲线，在这段曲线上，流体的表观黏度 η_a 越来越小，到 $\tau = \tau_m$ 为止；此后，τ-D 关系成为线性，黏度为一常数，即塑性黏度 η_p，而 τ_B 则是这段直线外延得到的。τ_e、τ_B、τ_m 有不同的物理意义。τ_e 是开始流动的切应力，流体只有部分发生变形，还有部分流体并未发生变形，而是仍按原来的结构形式一起移动，形成"塞流"。随着切应力的增加，流体变形的部分增加，塞流部分减少；当 $\tau = \tau_m$ 时，流体全部变形，塞流部分消失，流动形式就和牛顿流动一样了。介于 τ_e 和 τ_m 之间，只有用于计算塑性黏度的理论意义。事实上 τ_e 和 τ_m，特别是 τ_e，是很难测定的，所以要用式 (4-12) 来计算塑性黏度。

油墨的分散相是颜料，颜料粒子的形状很复杂，有球形、棒形和片形等，粒子的分散度很高，对油墨流动性的影响十分复杂。主要因素有：颜料和连接料的体积比、颜粒子的大小和形状等。

表面活性剂的存在，对于油墨的流动性有很大的影响，表面活性剂使颜料粒子有个保护性的外壳，同时也增大了颜料粒子的体积，由于表面活性剂溶于油墨

的连接料，从而改变了连接料本身的黏度。但影响油墨黏度和流动性的因素太多，从理论上说明还有困难，可以指出的一些经验规律是：如果颜料粒子等固体粒子的浓度以百分比计，则 η_p 以指数规律随固体浓度的增加而升高。如果以 $\lg\eta_p$ 对粒子的体积百分比作图，则得到的是近于直线的关系。τ_B 与体积百分比的关系也大致如此。如果固体粒子的浓度不变，则粒子越小 η_p 越大。

Weltman 和 Green 研究了多种颜料在不同连接料中，η_p 和 τ_B 与粒子体积浓度 Φ（即固体粒子在油墨中所占的体积百分比）的关系，得到下列经验公式：

$$\eta_p = (\eta_1 + A)\exp(B\Phi) \tag{4-13}$$

$$\eta_p = M\exp(N\Phi) \tag{4-14}$$

式中，A、B、M、N 都是经验常数；η_1 是连接料黏度。

表 4-1 是常用油墨 η_p 和 τ_B 的范围。

表 4-1　常用油墨黏度和屈服值的范围

油墨类别	油墨品种	黏度范围 (25℃)/P	屈服值 / (dyne/cm²)
凸版油墨	橡皮凸版墨	0.2～2	0～20
	轮转凸版墨	2～50	50～100
	印书墨	100～800	2 000～15 000
	普通铅印墨	200～1 000	2 000～20 000
凹版油墨	塑料凹印墨	0.2～2	0～20
	照相凹印墨	0.5～3	0～20
	雕刻凹印墨	5 000～8 000	>10 000
胶印油墨	单张纸胶印墨	200～800	2 000～20 000
	卷筒纸胶印墨	100～400	2 000～15 000

4.3　液体的流变方程

前面已经建立了牛顿流动和宾厄姆流动的流变方程[14]。事实上，所给出的是切应力、切变速率和流体黏度关系的解析表达式，并没有考虑流动中的弹性效应、温度效应、时间效应及其他因素。这两组方程不能用来描述具有切稀现象和切稠现象的流动。下面，再介绍三组方程，它们都描述了流体黏度对切变速率不同的依赖关系。

4.3.1　幂律流动

如果切应为 τ 和切变速率 D 可以表示为指数关系，即

$$\tau = kD^n \qquad (4\text{-}15)$$

这样的流动就称为幂律流动。式（4-15）中的 k 和 n 均为常数，是流体的物理特性参量。

当 $n=1$ 时，$\tau=kD$，所描述的就是牛顿流动，k 就是流体的黏度 $k=\eta_N$。

当 $n<1$ 时，$\tau\text{-}D$ 关系曲线凸向 τ 轴，表观黏度 η_a 随 D 的增加而减小，具有切稀现象，可以用来描述假塑性流动。

当 $n>1$ 时，$\tau\text{-}D$ 关系曲线凸向 D 轴，表观黏度 η_a 随 D 的增加而增加，具有切稠现象，可以用来描述胀流型流动。

图 4-7 给出了按方程（4-15）作出的曲线。

幂律流体的表观黏度 η_a 为

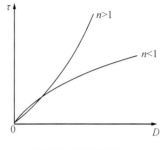

图 4-7 幂律流动

$$\eta_a = \tau D = kD^{n-1} \qquad (4\text{-}16)$$

但是，当 $n\neq1$ 时，k 的量纲取决于 n，为了使 k 的量纲与 n 无关，且具有和 η_a 相同的量纲，可将式（4-14）和式（4-15）改写为

$$\eta_p = k\,|\,D\,|^{n-1} \qquad (4\text{-}17)$$

$$\tau = k\,|\,D\,|^{n-1}D \qquad (4\text{-}18)$$

当 D 有中等大小的数值时，式（4-15）对于假塑性流动和胀流动有较好的拟合效果，是工程中常用的流变方程。

4.3.2 欧基得流动

如果流体的表观黏度 η_a 满足下列关系：

$$\eta_a = \beta\left(\frac{1+\alpha_1 D^2}{1+\alpha_2 D^2}\right) \qquad (4\text{-}19)$$

则此流体叫做欧基得（Oldryd）模型，流变方程可写作：

$$\tau = \beta\left(\frac{1+\alpha_1 D^2}{1+\alpha_2 D^2}\right)D \qquad (4\text{-}20)$$

式中，β、α_1、α_2 均为常数，是流体的物理特性参量。

当 $\alpha_1=\alpha_2=0$ 时，则此模型为牛顿流体，且 $\beta=\eta_N$；当 $\alpha_1>\alpha_2$ 时，流体剪切变稀，是假塑性的；当 $\alpha_1<\alpha_2$ 时，流体剪切变稠，是胀流型的。

当 $D\rightarrow0$ 时，$\eta_a\rightarrow\beta$；当 $D\rightarrow\infty$ 时，$\eta_a\rightarrow\beta\cdot\alpha_1/\alpha_2$。因为 η_a 是有限值，所以扩大了方程的应用范围。

4.3.3 卡里奥流动

如果流体的表观黏度 η_a 满足下列关系：

$$\eta_a = \eta_\infty (\eta_0' - \eta_\infty) (1 + \lambda^2 D^2)^{(n-1)/2} \tag{4-21}$$

则此流体称为卡里奥（Carreau）流体，流变方程可写作

$$\tau = \eta_\infty (\eta_0' - \eta_\infty) (1 + \lambda^2 D^2)^{(n-1)/2} D \tag{4-22}$$

式中，η_∞、η_0'、λ、n 均为常数，是流体的物理特性参量。

对于剪切变稀流体，当 $D \to 0$ 时，$\eta_a \to \eta_0'$；当 $D \to \infty$ 时，$\eta_a \to \eta_\infty$，η_a 是有限值。而且当 D 中等大小时，卡里奥模型又有幂律流体的特点，所以方程的应用范围更广泛。

比较已经介绍过的五组流变方程方可发现，牛顿流动的流变方程仅含一个物理特性参量，即流体的黏度；宾厄姆流动的流变方程含有两个物理特性参量，即宾厄姆屈服值和塑性黏度。牛顿流体的黏度、宾厄姆流体的塑性黏度都是不依赖于切变速率的。流变方程中的物理特性参量是充分的。对于表观黏度依赖于切变速率的流体，流体方程中物理特性参量的数目却是可以选择的：幂律流体是两个（k 和 n）；欧基得模型是三个（η_1、η_2 和 β）；卡里奥模型是四个（η_∞、η_0'、λ 和 n）。一般地说，流变方程中的物理特性参量用得较多，会扩大方程的应用范围，但同时也会带来确定参量和分析上的困难。构成流变方程的一个重要原则就是尽量使方程具有简单的形式。

4.3.4　综合流变曲线

以上介绍了牛顿流动、假塑性流动、胀流型流动、塑性流动和宾厄姆流动的流变曲线、流变方程，以及方程中的物理特性参量。伦克（Lenk）提出一个综合流动理论，认为上述流型都是一种综合流动响应的部分，这种综合流动响应可以用一条综合流变曲线来表示。

综合流变曲线如图 4-8(a) 所示，图 4-8(b) 表示的是一条坚韧固体的拉伸应力（σ）-应变（ε）曲线（该曲线所用的应力 σ 是真实应力）。由图可以看出，图 4-8(a) 与（b）这两条曲线的形状相同，曲线上各区段的物理意义相似，不过，综合流变曲线的横坐标是切变速率，而拉伸应力-应变曲线的横坐标是拉伸应变。

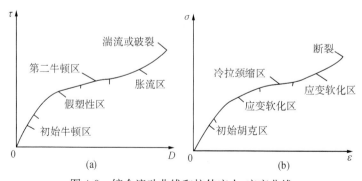

图 4-8　综合流动曲线和拉伸应力-应变曲线

上述五种流型都符合综合流变曲线的概念，分别说明如下。

1）牛顿流动

在零到某一有限值的切变速率范围内，牛顿流动不偏离线性，超过此限，实验也显示不出这种流动偏离线性的现象。这是因为在出现偏离线性行为之前，流动中就产生了湍流，而流变曲线对于湍流流动是没有意义的。如果在足够大的切变速率下，流动并不产生湍流，任何流体都将会在流动中出现偏离线性的现象。

2）假塑性流动

假塑性流动有切稀现象出现，流变曲线凸向应力轴。但在切变速率极低时，流变曲线总是有很短的一段是线性的，这是综合流变曲线上的第一牛顿区。同时还存在一个非常低的切变速率转变点，超过此点，流变曲线偏离线性而凸向应力轴，进入综合流变曲线的假塑性区。如果在足够大的切变速率下，流动并不发生湍流，则在假塑性流动中会出现一个切变速率的上限，超过此限，流变曲线重又恢复线性，而进入综合流变曲线的第二牛顿区。

3）胀流型流动

胀流型流动有切稠现象，流变曲线凸向切变速率轴。在发生胀流型流动之前，流动的线性行为不一定很明显，如果能够识别线性区段的存在，可以认为那是综合流变曲线的第二牛顿区，而初始牛顿区和假塑性区都已退化到可以忽略的程度。

4）塑性流动

理想的塑性流动未必存在，即任何流体在很小的切应力作用下，总会有很小的切变速率产生。如果确有塑性流动存在，可以认为在切应力达到屈服值以前，综合流变曲线是与切变速率相重合的，即流体有个无穷大的初始黏度。超过屈服值以后，塑性流动就和假塑性流动相似了。

4.3.5 宾厄姆流动

在综合流变曲线上，可以这样得到宾厄姆流动的流变曲线：假设流体有无穷大的初始黏度，塑性流动中的假塑性区退化为一点，使得表示假塑性流动特点的非线性区段消失，那么，第二牛顿区就可以用来表示宾厄姆流动了。这里的屈服值，认为是表征偏离初始黏度的，并表示第二牛顿区的开始。

实际上，宾厄姆流动在进入线性的第二牛顿区之前，非线性的假塑性区并不消失，这样的流变特性和油墨的流变特性很相似。

综合流变曲线是把流体的流变行为加以综合和演绎而得到的，还不能对一种流体用实验的方法作出一条完整的综合流变曲线。综合流动理论的意义在于，把个别理想化的流体模型的流变行为纳入流动的综合响应来考虑，就使得我们对实际流体的流变性质有更为全面的认识。这对分析印刷过程中的油墨的流变特性是有益的。

4.4　油墨的触变性

一般地说，触变现象[16]是体系的结构破坏和形成之间的一种等温可逆转换过程，而这种过程及其转换中体系的机械强度，又明显地依赖于时间。所以，一般体系的触变现象，都可以看成恒温条件下凝胶状态和溶胶状态相互转化的表现；而且从凝胶状态转化到溶胶状态，机械作用要持续一定的时间；溶胶状态恢复到凝胶状态，在机械作用停止后，也需要经过一定的时间。油墨的触变现象也是如此。

对于油墨触变现象产生的机理，有下述三种解释。

胶印油墨和凸印油墨，常可看成宾厄姆流体。宾厄姆流体的特征是：切应力低于屈服值时，流体不发生流动；切应力大于屈服值时，切变速率与切变力成正比，或者说塑性黏度保持常值。宾厄姆流体的结构模型，可以看成由无数相互有牵引力作用粒子所组成的体系，这种粒子之间的牵引力作用，形成了抵抗外力破坏、保持体系结构状态稳定的能力，这种能力在数量上的描述就是屈服值。如果外部切应力超过体系的屈服值，牵引力引力作用不足以维持体系结构状态的稳定，结构便会遭到破坏。结构破坏的微观表面，就是相互间的滑移，而表观黏度就是表征体系的滑移或流动程度的物理量。另外，体系的破坏程度不仅与外部切应力的大小有关，而且与切应力的作用时间有关，这就是油墨在一定的切应力的作用下，经过较长的时间，表观黏度有所下降的原因。如果此后外部切应力消失，遭到破坏的结构在粒子间牵引力的作用下又趋于恢复，表观黏度会重新增加。这是解释油墨触变性机理的一种理论。

其次，按胶体化学的观点，油墨是由作为分散相的颜料分散在作为连续介质的连接料中所形成的分散体系。因为像胶印油墨之类的油墨，连接料中含有一定数量的极性介质，在表面活性剂加入后，连接料的极性还会有所增加，所以与油墨中颜料粒子相接触的界面上总是带有电荷的，可能是正电荷，也可能是负电荷。界面电荷的存在，影响到连接料中电解质离子的分布，带相反电荷的离子被吸引到界面附近，带相同电荷的离子被排斥而远离界面。由于离子本身的热运动，在界面附近形成了有规则的排列，建立起一个所谓扩散双电层，如图 4-9 所示。由于粒子界面附近扩散双电层的作用，使得油墨粒子间出现了引力和斥力。油墨在静止状态下，引力和如图 4-9 所示的双电层效应斥力相平衡，因此呈现凝胶状态；在外部机械作用下，粒子双电层部分遭到破坏，粒子的带电情况因而改变，粒子间引力和斥力失去平衡，扩大了自由运动的范围，所以呈现溶胶状态。

外部的机械作用时间越长，粒子双电层被破坏得越严重，从凝胶形态到溶胶形态的转变越彻底。外部的机械作用一旦消失，粒子双电层又开始恢复，经过一定时间，体系再次回到起初的凝胶形态。体系从凝胶状态转化到溶胶状态，黏度有所下降；体系从溶胶状态恢复到凝胶状态，黏度重又回升，这就是油墨表现出来的触变现象。

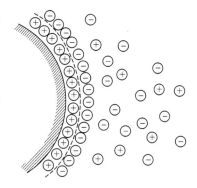

图 4-9 双电层效应

还有一种看法，认为油墨之类的触变性体系在静止时粒子之间的联系像搭成的架子，是一种稳定结构，因此体系呈凝胶形态。外部的机械作用改变了粒子间的联系，拆散了一部分搭成的架子，使结构失去了稳定，所以逐渐使体系呈溶胶形态。在外部机械作用消失后，这种触变性体系具有重新搭起被破坏了的架子的能力，因而重新形成粒子间的联系，所以可逐渐地恢复到起初的凝胶形态。而且，搭成和拆散架子又都需要一定的时间。这样，体系就有了触变特征。这种看法用来解释油墨产生触变性的原因比较合适，因为油墨中的颜料粒子有的是球形，有的是针形、棒形或片形，假设这样的粒子在静止时能搭成架子，形成一定的结构，是比较合理的。当然，这里所说的"粒子"，一般并不单指体系分散相，而且包括体系中的连续介质。

体系触变性产生的原因和机理，看法还不一致，所以还不能说有了准确、完整的理论。油墨的触变性理论更是如此。一般地说，影响油墨触变性的主要因素是颜料的情况：颜料粒子的形状，颜料粒子在油墨中所占的体积比，以及颜料粒子与连接料之间的润湿能力等。针状和片状的颜料粒子制成的油墨，要比球状的颜料粒子制成的油墨触变性大些；颜料粒子在油墨中所占的体积比越大，油墨的触变性也越大；使用的颜料和连接料之间的润湿能力较强，则制成的油墨触变性要小些。为了增加油墨的触变性，可以加入一些胶质油，为了降低油墨的触变性，可以加入一些低黏度的稀释油，但效果并不显著。

流体触变性的存在，改变了它流变曲线的形状，即产生了所谓"滞后现象"，这是触变性流体一个重要特征。

4.4.1 流变曲线的滞后现象

如果用旋转黏度计测定油墨之类的触变性体系，使外筒转速从零连续地增加到 Ω_0，再从 Ω_0 连续地降低到零，并测定相应的转矩 M，然后把 Ω 和 M 换算成切变速率 D 和切应力 τ，画出流变曲线，如图 4-10 所示。这条曲线的特点是，对应于 Ω 从零到 Ω_0 的上行线 ABC 的是一条凸向 τ 轴的曲线；对应于 Ω 从 Ω_0 到零的下行线 CDA 大致是一条直线，而且整条流变曲线的起点和终点相重合，形成一

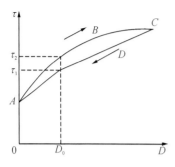

图 4-10　触变性流体的流变曲线

个月牙形的封闭圈。在这条流变曲线上，对应于同一个切变速率 D，下行线上的切应力 τ_1，要比上行线上的切应力 τ_2 小，或者说对应于同一个切变速率，下行线上对应点的表观黏度，要比上行线上对应点的表观黏度小。体系流变曲线上的这种现象，称为滞后现象；这个流变曲线的封闭圈，称为滞后圈。流变曲线出现滞后现象，是触变性流体的特征。

由于触变性体系可以看成由无数粒子架起的结构。体系静止时，结构处于平衡状态，在外部机械作用下，结构逐渐被拆散，因而失去平衡。结构被拆散的程度，取决于机械作用的强弱和持续时间的长短。在触变性体系流变曲线的上行线上，切应力连续增加，结构不断被拆散，因而表观黏度逐渐减小，流变曲线就凸向 τ 轴；当曲线到达顶点时，结构将被拆散到一定的程度；在流变曲线的下行线上，已被拆散的结构来不及重新组合，切应力再无拆散结构的作用，只是用来推动粒子运动，表观黏度接近于常数，流变曲线便接近于直线了。这就是触变性体系的流变曲线形成滞后圈的机理。

滞后圈可以表征触变性体系的时间效应，这一点从下面的讨论中能够明显地看出来。如果以不同的切变加速度 $\dot{D}$，把切变速率 D 从零上升到某个选定的 D_0，然后，再使 D 从 D_0 降到零，得到的流变曲线将如图 4-11 所示。这是三个不同的滞后圈，$\dot{D}_3 > \dot{D}_2 > \dot{D}_1$。由图可以看出，当 $\dot{D}$ 较大时，D 从零上升到 D_0 所用的时间较短，体系的结构在这段较短的时间里被拆散的也较少，因而表观黏度较大；当 $\dot{D}$ 较小时，D 从零上升到 D_0 所用的时间较长，体系的结构在这段较长的时间里被拆散也较多，因而表观黏度较小；当 $\dot{D}$ 降低到某个最小值时，D 从零上升到 D_0 所

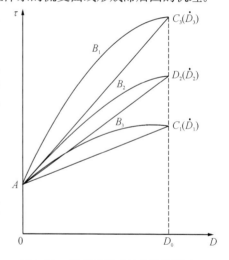

图 4-11　切变速率对触变性的影响

条件：$\dot{D}_3 > \dot{D}_2 > \dot{D}_1$

用的时间长到足以使流体能被拆散的结构全部被拆散，流体的表观黏度就变得最低了。这就说明，用不同的时间来完成使 D 从零变化到 D_0，再回到零的滞后圈，结果是不一样的。反过来说，不同形状的滞后圈反映了体系的时间效应，即触变性。从这点出发，格林（Green）和魏特曼（Weltmenn）推出了两个表征触变性的特征量。为了了解这两个特征量，先来推导格林触变基本方程。

4.4.2 格林触变基本方程

用旋转黏度计对油墨之类的具有触变性的宾厄姆流体进行测定，得到的流变曲线如图 4-12 所示。当角速度为 Ω 时，转矩为 M，对应于流变曲线上的 B 点，然后使角度增加 $\Delta\Omega$。如果被测流体没有触变性，那么宾厄姆流体的塑性黏度就不依赖于切变速率和时间，所以流变曲线要沿着 ABE 直线上行到 E 点，对应于 $\Omega+\Delta\Omega$ 的转矩是 $M+(M-M_B)\Delta\Omega/\Omega$，即流体具有触变性使转矩损失了：

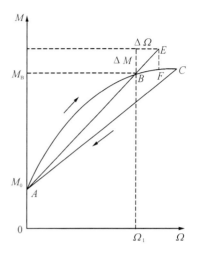

图 4-12 转矩与角速度增量

$$\left[M+(M-M_0)\frac{\Delta\Omega}{\Omega}\right]-\left[M+\frac{dM}{d\Omega}\Delta\Omega\right]$$
$$=\left(\frac{M-M_0}{\Omega}-\frac{dM}{d\Omega}\right)\Delta\Omega$$

$$(4\text{-}22)$$

事实上，这部分转矩是用来拆散体系中粒子联系的。

格林和魏特曼假定，式（4-22）所表示的转矩损失与角速度的增量成正比：

$$\left(\frac{M-M_0}{\Omega}-\frac{dM}{d\Omega}\right)\Delta\Omega=\frac{H}{k}\Delta\Omega$$

即

$$\Omega\frac{d}{d\Omega}\left(\frac{M-M_0}{\Omega}\right)-\frac{dM}{d\Omega}=-\frac{H}{k} \qquad (4\text{-}23)$$

式中，H 是特征常数；k 是仪器常数。对于宾厄姆流体，有 $\eta_p=\dfrac{\tau-\tau_B}{D}=k\dfrac{M-M_B}{\Omega}$，进一步可得

$$e^{\eta_p}=\Omega^{-H}C \qquad (4\text{-}24)$$

式（4-24）就是格林触变性基本方程[15]，C 为积分常数。

格林、魏特曼关于损失转矩和角速度增量成正的假设，是近似的，也是比较牵强的，但这个假设却给数学处理带来了很大的方便。

为确定特征常数 H，先求滞后圈面积 A。从图 4-12 可以得到

$$A=\int_0^\Omega M d\Omega-M_B\Omega-\frac{1}{2}(M-M_B)\Omega$$

将式（4-23）代入并积分，得

$$A=\frac{H}{4k}\Omega^2 \qquad (4\text{-}25)$$

因此

$$H = 4Ak/\Omega^2 \tag{4-26}$$

代入式（4-24）得格林触变性基本方程为

$$e^{\eta_p} = \Omega^{-4AH/\Omega^2} \tag{4-27}$$

4.4.3　触变性的测定

油墨触变性的测定多是在旋转黏度计上进行的，用来表征油墨触变性的特征参量有所不同。下面介绍几种常用的表征油墨触变性的特征参量，它们是触变破解系数、时间触变系数、触变指数以及用表观黏度表征油墨触变性的参量，分述如下。

4.4.3.1　触变破解系数

对于格林触变基本方程，由式（4-25）可以改写作

$$-\frac{\ln C}{H} - \frac{1}{H}\eta_p = \ln\Omega \tag{4-28}$$

如果对于两个不同的角速度 Ω_1 和 Ω_2，测定油墨的塑性黏度，得到 η_{p1} 和 η_{p2}，代入式（11-7），得

$$-\frac{\ln C}{H} - \frac{1}{H}\eta_{p1} = \ln\Omega_1 \tag{4-29}$$

$$-\frac{\ln C}{H} - \frac{1}{H}\eta_{p2} = \ln\Omega_2 \tag{4-30}$$

由式（4-29）和式（4-30），得

$$H = \frac{\eta_{p_1} - \eta_{p2}}{\ln\Omega_2/\Omega_1} = \frac{2(\eta_{p1} - \eta_{p2})}{\ln(\Omega_2/\Omega_1)^2}$$

式中，H 称为触变破解系数。

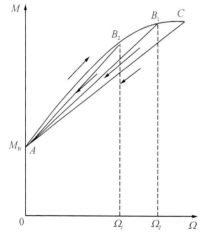

图 4-13　触变破解系数的物理意义

从图 4-13 中可以看出触变破解系数的物理意义[17]。如果黏度计外筒的角速度缓慢地从零升到 Ω_1，流变曲线相应地从 A 点上行到 B_1 点；然后使角速度急速地从 Ω_1 下降到零，流变曲线相应地从 B_1 点下行到 A，则得到一个滞后圈 AB_1A，对应于 Ω_1 的塑性黏度是 η_{p1}。重复这样的过程，但改变为 Ω_2，$\Omega_2 > \Omega_1$，则得到另一个滞后圈 η_{p2}。从图中可以明显地看到，第一种情况下得到的滞后圈 AB_1A 的面积要小于第二种情况下得到的滞后圈 AB_2A 的面积；而角速度 Ω_1 所对应的塑性黏度 η_{p1} 要大于角速度 Ω_2 所对应的塑性黏度 η_{p2}。这就意味着，在第一种情况下，体系只有部分结构被拆

散，因此 η_{p1} 较大；而在第二种情况下，体系的结构遭到进一步破坏，因而 η_{p2} 较小。因此，触变破解系数 H 表示了当角速度有个增量 $\Delta\Omega = \Omega_2 > \Omega_1$ 时流变曲线滞后圈面积的变化，这样，H 就可以用来作为油墨触变性的一种量度。

用 H 来表征油墨的触变性，只有比较的意义，因此，Ω_1 和 Ω_2 一经选定，就不宜再变，而且测定中要注意控制时间和温度。

4.4.3.2　时间触变系数

在旋转黏度计上对油墨等触变性流体的实验测定表明，当切变速率 D 一定时，塑性黏度 η_p 与测试时间 t 的对数 $\ln t$ 成正比：

$$\eta_p = -B\ln t \tag{4-31}$$

而当 t 足够大时，η_p 为常数。η_p 与 t 及 $\ln t$ 的关系如图 4-14 所示。

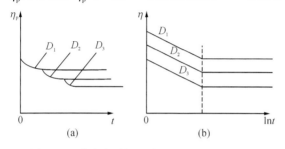

图 4-14　黏度与时间的关系（$D_3 > D_2 > D_1$）

如果测得对应于 t_1、t_2 时刻的塑性黏度是 η_{p1}、η_{p2}，则有

$$B = \frac{\eta_{p1} - \eta_{p2}}{\ln(t_2/t_1)} \tag{4-32}$$

式中，B 称为时间触变系数。

从图 4-15 中可以看出时间触变系数的物理意义。首先，使黏度计外筒的角速度急速地从零上升到 Ω_m。相应地，流变曲线从 A 点起沿 ABC 上行到 C 点，然后使流变曲线沿着两条不同的下行线，从 C 点回到 A 点。一条下行线是 CEA，到达 Ω_m 之后，在 C 点保持 Ω_m 不变，随着时间的延长，体系的结构逐渐被破坏，因而在内筒上测得的转矩 M 将沿 CE 线减小，最终到达 E 点，此时体系的结构被破坏，E 点称为平衡点。接着再使外筒的角速度急速从 Ω_m 下降，因为已被破坏的结构来不及恢复，所以塑性黏度保持不变，EA 为一条直线。另一条下行线是 CA，是外筒角速度上升到 Ω_m 后，随即急速下降得到的。这样，便得到两个滞后圈 $ABCEA$ 和 $ABCA$。

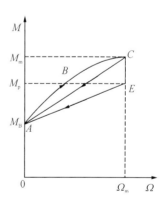

图 4-15　时间触变系数的物理意义

　　设完成滞后圈 $ABCEA$ 所用的时间是 t_1，测得的塑性黏度是 η_{p1}；完成滞后圈 $ABCA$ 的时间是 t_2，测得的塑性黏度是 η_{p2}，则有

$$\eta_{p1} = k \frac{M_p - M_B}{\Omega_m}$$

$$\eta_{p2} = k \frac{M_m - M_B}{\Omega_m}$$

$$\eta_{p2} - \eta_{p1} = k \frac{M_m - M_B}{\Omega_m} - k \frac{M_p - M_B}{\Omega_m} = k \frac{M_m - M_p}{\Omega_m}$$

$$= \frac{2k}{\Omega_m^2} \frac{1}{2}(M_m - M_B)\Omega_m$$

$$= \frac{2k}{\Omega_m^2} \triangle ACE \text{ 的面积}$$

　　因此，两种情况下塑性黏度的差值 $\eta_{p1} - \eta_{p2}$ 与两种情况下所得到的滞后圈的面积差 $\triangle ACE$ 成正比，而这个面积差表征了油墨的触变性。

　　另外，$\ln t_1/t_2 = -\ln t_2/t_1 = \ln t_1 - \ln t_2$，表示的是两种情况下时间的对数增量。因此

$$B = \frac{\eta_{p1} - \eta_{p2}}{\ln(t_2/t_1)} = \frac{\eta_{p2} - \eta_{p1}}{\ln(t_1/t_2)}$$

可见，时间触变系数 B 表示单位时间对数增量下的油墨触变程度的变化。式（4-31)中的负号是为了保证 B 值为正。

　　此外，时间触变系数还可表示为

$$B = -\frac{d\eta_p}{dt} \cdot t \tag{4-33}$$

即时间触变系数 B，等于在某给定的切变速率下，流体的塑性黏度 η_p 对时间的导数 $\frac{d\eta_p}{dt}\left(\frac{d\eta_p}{dt} < 0\right)$，再乘测试中所经历的时间 t。从式（4-33）同样可以导出式（4-32）。

4.4.3.3　触变指数

　　在用旋转黏度计测定触变性流体的黏度时可以看到，对于一定的角速度 Ω，黏度的读数先达到一个最大值，而后迅速下降到一个稳定值。这个黏度的最大值，对应一个最大的切应力，称为峰值，记作 $\tau_{峰}$。实际上，黏度最大值对应于流变曲线（即滞后圈）上行线上某一点的表观黏度，黏度稳定值则对应于流变曲线下行线的塑性黏度。由于滞后圈的上行线凸向切应力（或转矩）轴，黏度最大值自然大于黏度的稳定值。流体的触变性越大，滞后圈面积越大，滞后圈的上行线越是凸向切应力轴，黏度最大值和峰值 $\tau_{峰}$ 也就越大。反过来，峰值 $\tau_{峰}$ 便可用来表征流体触变性的大小。

　　在上述实验之后，使流体静置一段时间 Δt，然后再重复上述实验，得到的

将是一个与前面实验不同的峰值 $\tau_{峰}$。而且，Δt 越长，$\tau_{峰}$ 就越大；Δt 足够大时，会趋于某一个极值。这是因为流体的结构在发生触变现象过程中遭到破坏，流体静置下来，结构会重新恢复，于是当再度重复上述实验时，便又会表现出触变性，即又有峰值出现；结构恢复得越彻底，再度重复上述实验时，表现出来的触变性就越大，$\tau_{峰}$ 也就越大；当 Δt 大到足以使流体的结构全部恢复时，再度重复上述实验，流体所能表现出来的触变性达到了某个极限，$\tau_{峰}$ 也就趋于某个极值了。这样看来，流体触变性的大小，不仅与切应力峰值 $\tau_{峰}$ 有关。据此，便可从 $\tau_{峰}$ 和 Δt 的关系中找到一种表征流体触变性的方法。

在油墨测定中，具体做法是，先在选好固定切变速率的条件下，测得黏度的最小稳定值；然后使油墨静置一段很短的时间 Δt，Δt 一般在 $10\sim69\text{s}$；再测出同样切变速率下的黏度最大值，并换算成峰值 $\tau_{峰}$。重复上述做法，得到若干组（Δt，$\tau_{峰}$），再分别以 $(\Delta t)^{1/2}$ 和 $\tau_{峰}^{1/2}$ 为横坐标和纵坐标作图，如图 4-16 所示。用 Δt 和 $\tau_{峰}$ 的平方根作图可以比较清楚地显示出 $\tau_{峰}^{1/2}$-$(\Delta t)^{1/2}$ 关系曲线的直线部分。这

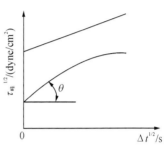

图 4-16 $\tau_{峰}$ 和 Δt 的关系

直线部分的斜率（$\tan\theta$）称为触变指数。触变指数的大小可以用来表示油墨触变性的大小，但这同样是在比较的意义上说的。

4.4.3.4 用表观黏度表示触变性的方法

油墨触变性的测定还有下述两种简便的方法[18]，都是用旋转黏度计测定油墨的表观黏度，用得到的表观黏度来表示。这样做的根据是，在油墨滞后圈的上行线上的各点，表观黏度是变化的，这种变化与上行线的形状、滞后圈的面积大小有关，因此间接地表示了油墨触变性的大小。当然，这只能是比较粗略的表示方法。

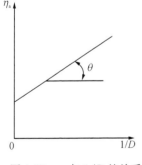

图 4-17 η_a 与 $1/D$ 的关系

一种方法是在一系列切变速率 D 下，测定油墨的表观黏度 η_a，然后以 η_a 对 $1/D$ 作图，所得曲线接近于直线，用这条直线的斜率（$\tan\theta$）表示油墨触变性的大小。如图 4-17 所示。

另一种方法是在黏度计转速为 10r/min 和 20r/min 的条件下，测出油墨的表观黏度 η_{a10} 和 η_{a20}，然后用 $k=\eta_{a10}/\eta_{a20}$ 来表示油墨触变性的大小，k 越大，油墨的触变性越大。据认为，印报用的轮转凸版油墨的 k 值在 1 左右比较合适。

以上介绍的测定油墨触变性的方法，理论上是不严密的，应用上也是不规范的，都只是近似的、比较的方法。但目前油墨触变性测定还没有更完善的方法，上述各种方法都在广泛地使用。

5   印刷纸张的流变学分析方法

流变学是指从应力、应变、温度和时间等方面来研究物质变形和（或）流动的物理力学。流变学研究内容是各种材料蠕变和应力松弛的现象、屈服值以及材料的流变模型和本构方程[15]。流变学研究的是在外力作用下物体变形和流动的学科，研究对象主要是流体，还有软固体，或者在某些条件下可以流动而不是弹性变形的固体，它适用于具有复杂结构的物质。"流变学"一词由拉法耶特学院的尤金·库克·宾汉教授根据他的同事马尔克斯·雷纳的建议于 1920 年首创。

流变学测量是观察高分子材料内部结构的窗口，通过高分子材料，如塑料、橡胶、树脂中不同尺度分子链的响应，可以表征高分子材料的分子量和分子量分布，能快速、简便、有效地进行原材料、中间产品和最终产品的质量检测和质量控制。流变测量在高聚物的分子量、分子量分布、支化度与加工性能之间构架了一座桥梁，所以它提供了一种直接的联系，帮助用户进行原料检验、加工工艺设计和预测产品性能。

流变学从一开始就是作为一门试验基础学科发展起来的，因此试验是研究流变学的主要方法之一。它通过宏观试验，获得物理概念，发展新的宏观理论。例如，利用材料试件的拉压剪试验，探求应力、应变与时间的关系，研究屈服规律和材料的长期强度。通过微观试验，了解材料的微观结构性质，如多晶体材料颗粒中的缺陷、颗粒边界的性质，以及位错状态等基本性质，探讨材料流变的机制。对流体材料一般用黏度计进行试验，如通过计算球体在流体中因自重作用沉落的时间，据以计算牛顿黏滞系数的落球黏度计法。通过研究流体在管式黏度计中流动时管内两端的压力差和流体的流量，求得牛顿黏滞系数和宾厄姆流体屈服值的管式黏度计法；利用同轴的双层圆柱筒，使外筒产生一定速度的转动，利用仪器测定内筒的转角，以求得两筒间的流体的牛顿黏滞系数与转角关系的转筒法等。

对弹性和黏弹性材料的试验方法分为蠕变试验、应力松弛试验和动力试验三种。了解印刷用纸的压缩特性，同时为了以后研究油墨的流变特性，本章着重介绍纸张在印刷工艺过程中的有关流变学的基本问题，以便更好地实现忠实复制，获得高质量的印刷品。

5.1   纸张流变学分析方法

纸张是由大小不同、长短不齐的纤维交织形成的薄膜物质。主要成分是天然纤维素、填料和胶料。纤维素本身是碳、氢、氧元素构成的高分子碳水化合物，既有结晶又有非结晶部分，结构比较复杂。加之构成纸张的还有填料和胶料，它们又都有各自不同的物理属性，从而使纸张的力学特性既不同于弹性物体或塑性物体，又不同于理想流体。当纸张受力变形时，既呈现弹性变形的某些特征，又呈现流体的黏性，称为黏弹性现象。这种黏弹性现象不能用一般的弹性理论和塑性理论来解释。在一般弹性和塑性理论的形变规律中，并不包含作为独立参数的时间，如弹性理论中形变是由在指定时刻作用的力来决定的，而它与以前的加载历程无关。在塑性理论中，虽然需要知道物体由于以前的加载而得到的应力和形变状态，但是若荷载本身不变，则假设求得的新形变维持不变。在实际的材料中，大多数的形变数值并非常量，而是与加荷的速度有关，这表明在其基本规律中包含时间因素。研究物体所受外力及其作用时间与变形或流动规律的科学，属于流变学范畴。

5.1.1　弹性变形

众所周知，对于理想的弹性物体，在弹性极限以内，其应力 σ 与应变 ε 的关系由胡克定律来描述：

$$\sigma = E\varepsilon \tag{5-1}$$

式中，E 为物体弹性模量或称杨氏模量，它体现了物体抵抗形变的能力。

如果应力为图 5-1 所示的切应力 τ，则切切应力 τ 与应变 γ 的关系为

$$\tau = G\gamma \tag{5-2}$$

式中，G 为物体剪切弹性模量。

由图 5-1 可见

$$\gamma = \tan\alpha = \frac{\Delta x}{r} \tag{5-3}$$

凡是形变规律服从于胡克定律的物体，称为胡克物体，也是理想的弹性物体，其相对变形量是应力的直线函数。物体变形中，服从胡克定律的最大应力称为比例极限。

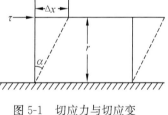

图 5-1　切应力与切应变

由式（5-2）可知，这种理想的弹性体的形变与作用力在时间上是同相的，形变量仅与应力大小有关，而与作用时间长短无关。

考虑到时间因素，即如果应力随时间变化，则式（5-2）可写成

$$\frac{\mathrm{d}\gamma}{\mathrm{d}t} = \frac{1}{G}\frac{\mathrm{d}\tau}{\mathrm{d}t} \tag{5-4}$$

弹性变形的力学简化模型可用图 5-2 所示的弹簧表示，用以表示胡克形变的历程或在形变时能量的储存。

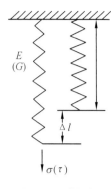

图 5-2　弹性变
形模型

5.1.2　黏性流动

在流动的液体中，如果由于某些外界原因使得各层液体的流速不同，则在两层接触面流动速度不同的液层之间，有作用力和反作用力存在。作用于原来流速较高的液层的力使液层减速，作用于原来流速较低的液层的力使液层加速。这一对力称为液体的内摩擦力。一般液体都具有这种性质，称为液体的黏性。

牛顿定律表明，对理想的黏性流体，切应力与流动的速度梯度成正比。设两层流体的速度差为 dv、两层平面间的距离为 dr，则速度梯度 $D=\dfrac{\mathrm{d}v}{\mathrm{d}r}$（见图 5-3），此时牛顿定律为

$$\tau = \eta_D = \frac{\mathrm{d}v}{\mathrm{d}r} \tag{5-5}$$

式中，η 是切应力与相邻两层垂直于层面方向速度梯度的比例系数，称为液体的黏性系数或黏度。黏度的单位为"泊"，其物理意义为：相邻面积各为 $1\mathrm{cm}^3$ 和相距 1cm 的两层液体，以 1cm/s 的速度做相对运动时，产生 1dyne 摩擦阻力的液体黏度为 1P，即

$$1P = 1\mathrm{dyne \cdot s/cm}^2$$

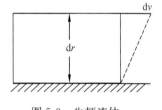

图 5-3　牛顿流体

泊（P）的百分之一称为厘泊（cP）。

凡是流动状态服从牛顿定律的流体称为牛顿流体。对于每一种牛顿流体，黏度是其固有的性质，它表示抵抗流动的阻力，黏度越大的流体其内摩擦阻力越大。当温度不变时，黏度为一常量。水的黏度在 20℃时为 1.002P。

速度梯度亦可写成形变对时间的变率，即

$$\frac{\mathrm{d}v}{\mathrm{d}r} = \frac{\partial}{\partial r}\left(\frac{\partial x}{\partial t}\right) = \frac{\partial}{\partial t}\left(\frac{\partial x}{\partial r}\right) = \frac{\mathrm{d}\gamma}{\mathrm{d}t}$$

因此牛顿定律也可写成

$$\frac{\mathrm{d}\gamma}{\mathrm{d}t} = \frac{\tau}{\eta} \tag{5-6}$$

由式（5-6）可见，由于切变阻力与切变的速度成正比，因此在相对静止状态下，其切应力必然等于零。这也就是说，理想的牛顿流体不同于固体，静摩擦力是不存在的。

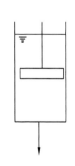

图 5-4　阻尼缸

此外，牛顿流体的流动变形量不仅与作用力的大小有关，而且与作用力的时间长短有关。

黏性流动的力学简化模型可用图 5-4 所示的阻尼缸表示，用以表示牛顿流动的历程或在形变时能量的消耗。

5.2 黏弹性材料的流变特性

理想的弹性体和理想的黏性物质实际上是不存在的。许多物质，特别是高分子聚合物，包括纸张、油墨等印刷材料在内，其变形规律是复杂的，既有敏弹性现象，又有滞弹性和塑性流动的现象。这种黏弹性物体的受力变形不仅与应力的大小有关，而且与这些变形的发展速度有关。它们具有不依赖于时间的应力，能产生一种随时间而增加形变的特性，或者具有不依赖于时间的形变，能使应力随时间而变化。前者称为徐变现象，后者称为松弛现象。

5.2.1 徐变现象

徐变现象是物体的变形在荷载不增加的情况下随时间发展的不平衡过程。

设有某种物质兼有弹性体和黏性体的形变特性，而且在外力作用于该物体时，弹性与黏性同时起作用。为了研究这种物体的变形规律，可假定该物体是由弹性构件和黏性构件并联组成的，可用图 5-5 所示的力学简化模型来描述，这种模型常被称为 Voigt 模型。

当外力作用在相当于 Voigt 模型的试件时，外力将分别同时作用于弹性构件和黏性构件。其总应力应该是两部分之和，可由式（5-2）式（5-5）求得

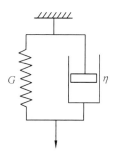

图 5-5 Voigt 模型

$$\tau = Gr + \eta D$$

或写为

$$\tau = G\gamma + \eta \frac{\mathrm{d}\gamma}{\mathrm{d}t} \tag{5-7}$$

为了讨论这种物体在外力不变情况下的变形状态，现将式（5-7）进行如下整理。

设外力不变，试件的应力为一常量，即 $\tau = \tau_0 =$ 常数，则式（5-7）可写成

$$\tau_0 = G\gamma + \eta \frac{\mathrm{d}\gamma}{\mathrm{d}t}$$

积分得

$$-\frac{1}{G}\ln(\tau_0 - G\gamma) = \frac{t}{\eta} + C$$

当 $t=0$ 时，变形还未发生，即 $\gamma=0$，代入上式，得积分常数 $C=-\dfrac{1}{G}\ln\tau_0$，

因此

$$-\frac{1}{G}\ln(\tau_0-G\gamma)=\frac{t}{\eta}-\frac{1}{G}\ln\tau_0$$

整理后得

$$-\frac{G}{\eta}t=\ln\frac{\tau_0-G\gamma}{\tau_0}$$

用指数形式表达，即

$$e^{-\frac{G}{\eta}t}=\frac{\tau_0-G\gamma}{\tau_0}$$

因此，可得变形后的表达式为

$$\gamma=\frac{\tau_0}{G}(1-e^{-\frac{G}{\eta}t})$$

再令 $\eta/G=\lambda$，代入则得

$$\gamma=\frac{\tau_0}{G}(1-e^{-\frac{t}{\lambda}}) \tag{5-8}$$

式中，τ_0/G 意味着一个单纯弹性构件，其剪切弹性模量为 G、切应力为常量 τ_0 时的相对剪切变形，用 γ_∞ 表示，即

$$\gamma_\infty=\frac{\tau_0}{G}$$

因此，式（5-8）可写成

$$\gamma=\gamma_\infty(1-e^{-\frac{t}{\lambda}}) \tag{5-9}$$

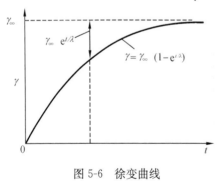

图 5-6　徐变曲线

为了进一步表明式（5-9）的物理含义，可利用以 t 为横坐标，γ 为纵坐标，描绘式（5-9）得图 5-6，可对图 5-6 的指数曲线进行分析。

（1）外力一定，即物体的应力不变时，变形随作用时间的增加而逐渐从零按指数曲线增加，并逐渐趋近于最大变形量 $\gamma_\infty=\tau_0/G$。这种不增大外力而缓慢变形的现象称为黏弹性体的徐变现象。这种变形的缓慢程度由 λ 来决定，此时 λ 称为延迟时间，其值取决于黏弹性体的固有特性 η 与 G 的比值。

当外力作用时间恰好等于 λ 时，有

$$\gamma=\gamma_\infty(1-e^{-t/\lambda})=0.632\gamma_\infty$$

也就是说，外力作用时间为 η/G 时，变形量达到最大变形量的 63.2%。

（2）当外力作用于相当 Voigt 模型的黏弹性体一段时间之后，再保持其变形量不变时，式（5-7）中 $\dfrac{\mathrm{d}\gamma}{\mathrm{d}t}=0$。则

$$\tau = Gr + \eta\frac{\mathrm{d}r}{\mathrm{d}y} = Gr$$

此时，切应力与应变的关系相当于单纯弹性构件的变形规律。

总之，对于相当于 Voigt 模型的黏弹性，当应力一定时，发生徐变现象；当变形量一定时，相当于单纯弹性构件。

5.2.2 松弛现象

松弛现象就是物体在恒定应变条件下，应力随时间而改变的不平衡过程。

某些物质其形变规律相当于弹性构件与黏性构件串联受力的变形特征。这类物质的受力变形状态可用图 5-7 所示的力学简化模型（一般称为 Maxwell 模型）来表达。

当外力作用在相当于 Maxwell 模型的物体时，表现出的黏弹性形变为式(2-3) 和式（2-5）之和，即表达式可写成

$$\frac{\mathrm{d}\gamma}{\mathrm{d}t} = \frac{1}{G}\frac{\mathrm{d}\tau}{\mathrm{d}t} + \frac{\tau}{\eta}$$

亦即

$$\frac{\mathrm{d}\tau}{\mathrm{d}t} = G\frac{\mathrm{d}\gamma}{\mathrm{d}t} - \frac{G}{\eta}\tau$$

图 5-7　Maxwell 模型

令 $\lambda = \dfrac{\eta}{G}$ 代入，得

$$\frac{\mathrm{d}\tau}{\mathrm{d}t} = G\frac{\mathrm{d}\gamma}{\mathrm{d}t} - \frac{\tau}{\lambda} \tag{5-10}$$

分析式（5-10），当变形量一定时，即 $\dfrac{\mathrm{d}\gamma}{\mathrm{d}t}=0$ 时，由式（5-10）可得

$$\frac{\mathrm{d}\tau}{\mathrm{d}t} = -\frac{\tau}{\lambda}$$

将上式积分，边界条件为：当 $t=0$ 时 $\tau=\tau_1$，可得

$$\tau = \tau_1 e^{-t/\lambda} \tag{5-11}$$

以 τ 为纵坐标，t 为横坐标，描绘 τ-t 曲线即得如图 5-8 所示的指数曲线。

从图 5-8 可见，当形变量一定时，开始应力为某定值，随作用时间增长，内部应力逐渐变小，

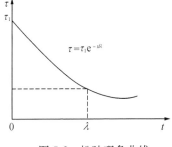

图 5-8　松弛现象曲线

直至趋近于零，这种应力逐渐变小的现象称为黏弹性体的应力松弛现象。此时，λ 称为松弛现象，其物理含义与延迟时间不同，但其数值上同样取决于黏弹性体的固有特性 η 与 G。当作用时间 $t = \lambda$ 时，有

$$\tau = \tau_1 e^{-t/\lambda} = 0.368\tau_1$$

也就是说，作用时间经过 η/G，应力减小到 36.8%。

此外，倘若在外力作用过程中，保持应力不变时，则式（5-10）中，有

$$\frac{d\tau}{dt} = 0$$

即

$$\frac{d\gamma}{dt} = \frac{1}{G}\frac{d\tau}{dt} + \frac{\tau}{\lambda} = \frac{\tau}{\lambda}$$

此时，切应力与应变关系相当于黏性构件。

总之，对于相当于 Maxwell 模型的黏弹性体，当变形量一定时，产生应力松弛观象；当应力一定时，相当于一单纯黏性构件。

5.2.3 塑性流动

理想的牛顿流体的各流层之间是不存在静摩擦力的。也就是说，在相对静止状态下应力是不存在的。但是实际上，某些流体并不完全服从于牛顿定律，如印刷油墨之类，具有塑性流动的性质。这种塑性流动性质表现为：当流体承受较小的外力，各流层之间的切应力还未达到一定数值时，流体是不产生相对流动的；只有外力增加，流层之间的切应力超过某一极限时，流体才开始产生相对流动。此极限值一般称为流体的屈服值。

上述这种现象，与一块物体在一个平面上摩擦滑动类似。因此 St. Venant 以固体间的摩擦滑动模型来模拟流体的塑性流动现象（图 5-9），不同之处是他假定静摩擦和动摩擦完全相等。这种模型称为 St. Venant 模型。

如果流体应力超过屈服值后，流体的流动状态服从于黏性流动，即应力与屈服值之差与变形对时间的变率成正比。这种流体称为宾厄姆（Bingham）流体。其流动状态称为宾厄姆流动，可用图 5-10 所示模型模拟其流动状态，其数学表达式为

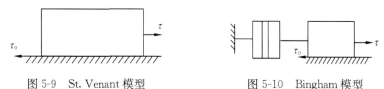

图 5-9 St. Venant 模型   图 5-10 Bingham 模型

$$\begin{cases} \dfrac{d\gamma}{dt} = 0, & \tau < \tau_0 \\[2mm] \dfrac{d\gamma}{dt} = \eta_p(\tau - \tau_0), & \tau > \tau_0 \end{cases} \tag{5-12}$$

式中，τ_0 表示屈服值；η_p 为塑性黏度。

5.2.4　复合模型

高分子聚合物的变形，应力和作用时间的关系往往是很复杂的，具有敏弹性、滞弹性、黏性等力学特征的综合反应。如果采用某种基本模型，或者像 Maxwell 或 Voigt 这种最简单的基本复合模型，都难以描述其流变状态。为了使其接近荷载下物质性能的实际情况，通常需要若干弹性构件、黏性构件或塑性构件共同组成较复杂的复合模型[19]。例如，具有强化作用的弹黏性物体，其变形规律可由图 5-11 和图 5-12 所示模型来表达；具有强化作用的黏塑性物体，其变形规律可由图 5-13 所示模型来表达。

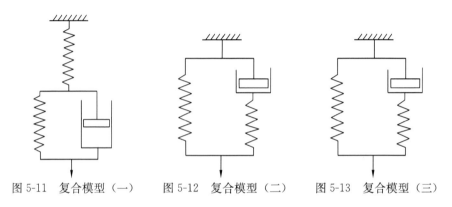

图 5-11　复合模型（一）　　　图 5-12　复合模型（二）　　　图 5-13　复合模型（三）

总之，可以用多个基本模型进行不同的组合，力求达到近似所研究物体的变形特性，用数学表达式来说明其变形规律。

5.3　纸张压缩流变特性

在研究印刷纸的力学特性时，通常采用 $OXYZ$ 坐标系。一般把纸张平面定为 XOY 平面，而把垂直于纸面的方向取为 "Z" 轴，即称为 "Z" 向。在印刷过程中，纸张 "Z" 向受到冲击式加压作用，从而使纸张在 "Z" 向上产生一定的弹性、黏弹性和塑性变形。

在印刷过程中，为了获得良好的印品，要求墨层均匀、印迹清晰，必须使印版图文部分与印刷纸有充分密着，也就是说要有良好的弹性接触。而影响相互密着的有印版、纸张和印刷设备三个方面的因素。以平印为例，平版的图文部分理论上应该在同一印刷面上，但实际上由于制版条件的限制，即使是图文部分，也并不是正好在同一表面上；加之印刷机滚筒体的形位误差和印版、纸张、包衬材料在厚度方向上的不均匀性，使印版图文部分不能完全位于同一平面上；在纸张方面，因纸张是由纤维交织成网状多孔的物质，不仅厚度不均匀，而且其表面结构也是凹凸不平的；鉴于以上三方面的原因，印刷时必须有适当的印刷压力。印刷压力的作用之一，就是要使纸张在"Z"向产生一定形变，以确保纸张和所有的印刷面都有良好的弹性接触，这样才有可能把印版上的图文清晰地转移到纸张上来。当纸张离开加压区后，又要能迅速复原而无残余形变存在。这就需要印刷纸具有良好的压缩特性。

印刷压力、加压时间和纸张变形之间究竟存在什么关系？纸张产生残余变形的极限压力有多大？对描述印刷适性的纸张平滑度，其在加压状态下又是如何变化的？这种变化对油墨转移有何影响？从理论和实践的结合上弄清这些问题，不仅对印刷过程机理的研究、促进印刷过程实现数据化和规范化的工作有一定价值，而且对印刷机设计某些参数的选取具有现实意义。因此，对于纸张"Z"向压缩流变规律的研究，引起了造纸、印刷和印机工作者的重视。

5.3.1　纸张压缩特性的实验

实测纸张"Z"向压缩特性[20]，以分析各种因素对纸张压缩特性的影响，迄今为止，仍然是一种常用的有效方法。

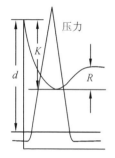

图 5-14　纸张压缩率
与弹性恢复率

Jackson 曾以各种不同纸浆的纸张进行压缩试验。纸张加压后，压力、变形及加压时间的关系，利用自动记录仪记录如图 5-14 所示。其中，d 为纸张原始厚度；K 为压力最大时全部压缩量；R 为压力除去后的弹性恢复量。若用 P 表示永久变形量，则 $P=K-R$。

图 5-15 和图 5-16 为各种纸浆打浆度与纸张压缩率的实测关系。图中符号如下：A 代表经漂白的亚硫酸法虾夷松纸浆；B 代表未经漂白的牛皮纸红松纸浆；C 代表未经漂白的亚硫酸法红松纸浆；D 代表经漂白的牛皮纸红松纸浆；E 代表磨木浆；F 代表经漂白的亚硫酸法桦木纸浆；G 代表未漂白的牛皮纸桦木纸浆；H 代表经漂白的半化学桦木纸浆；K/d 代表弹性恢复率；R/K 代表变形率。

由图 5-15 和图 5-16 可见，一般漂白纸浆较未漂白纸浆压缩率大，可能是因为漂白液的膨润作用；阔叶树木材纸浆较针叶树木材纸浆的压缩率小；磨木浆压缩率较化学木浆约大十倍。

图 5-17 为各种纸浆的纸张弹性恢复率，一般未经漂白纸浆所造的纸较漂白纸浆所造的纸弹性恢复率大；磨木浆所造的弹性恢复率较小。

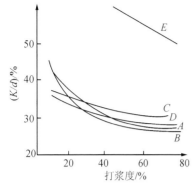

图 5-15 打浆度与纸张压缩率（一）

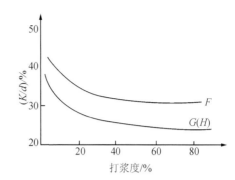

图 5-16 打浆度与纸张压缩率（二）

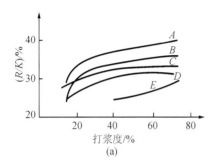

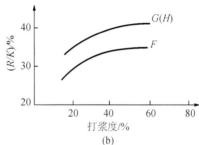

图 5-17 打浆度与纸张弹性恢复率

日本森木正和也曾对不同纸浆的纸张进行过实测，其数据见表 5-1。由表可见，西班牙草木植物纸浆（Spanish Grass）的压缩率比较大，目前国外铜版纸多掺有西班牙草木植物纸浆，这种草浆与我国龙须草浆性质相似。

表 5-1 纸的压缩性与弹性

实测数据	针叶树与阔叶树混合纸浆	稻草纸浆	西班牙草木植物纸浆
原始纸厚/μm	109	114	171
全压缩量/μm	35.0	37.1	95.0
弹性恢复量/μm	15.5	17.0	27.8
永久变形量/μm	19.5	20.1	67.2
压缩率/%	32.1	32.5	55.6
弹性恢复率/%	44.3	45.8	29.3
塑性变形率/%	55.7	52.2	70.7

铜版纸表层涂有涂料，涂料量对其压缩率和弹性恢复率的影响可见图 5-18。涂料层越厚，则压缩率越小，而弹性恢复率几乎不变。

纸张含水量的大小也对纸张压缩特性有较大的影响。图 5-19 为纸内含水在 0～20％内变化的情况，水量增加纸质柔软，压缩率随之增加，弹性恢复率减小。

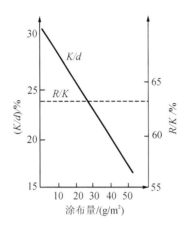

图 5-18　涂料纸的压缩特性

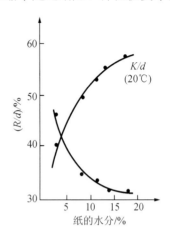

图 5-19　含水量与压缩特性

5.3.2　建立压缩的流变模型

纸张是由长短不齐的纤维、填料、胶料组成的。所有组成物质均有不同的物理属性，加之纤维又平行于纸面呈无规则排列，这种具有十分复杂物质结构的纸张，设想用一力学模型来表达它的流变特性是十分困难的，必须对纸张进行压缩试验，详细记录其流变过程，分析其变形的属性，作出若干简化的假定，然后才能建立模拟纸张变形规律的模型[21]。

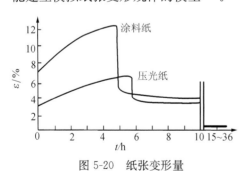

图 5-20　纸张变形量

有人曾对涂料纸和不含磨木浆的压光纸以 18.7kgf/cm² （1kgf＝9.806 65 N）的压力，加压 5～6 h 后，解除压力，再经 36 h，观察其变形量，并以时间为横坐标，以相对变形 ε 为纵坐标记录其变形量，如图 5-20 所示。由图 5-20 可见，加压之初，纸张的应变立即由 0 上升到 3％～7％，表现出敏弹性的性质，加压 5～6h，在此时间内又表现为黏弹性，压力解除之后，纸张不能恢复到原有厚度，又有塑性变形的特点。因此，为了所建立的模型能接近纸张的实际变形过程，可做如下几点假定和物理描述。

（1）纸张是由弹性构件、黏弹性构件和塑性构件组成的复合体，在受力后表现出敏弹性、滞弹性和塑性变形的特性。

（2）纸张在单位体积内平行于"Z"方向存在 n 个压缩弹性模量不同的弹性

构件。当外力一定时，在单位体积内有 $P<n$ 个弹性构件受压。现将这些受压弹性构件的综合当量弹性模量计为 E_1。显然，外力大小的改变会引起加压元件与纸张实际接触面积的改变，从而受力的弹性构件数 P 有变化，使得综合当量弹性模量 E_1 有变化，成为压力的函数。为了简化计算，可假定对一种纸张在印刷压力范围内，其 E_1 为常量。

（3）纸张在单位体积内也存在 m 个黏性系数不同的黏性构件。当外力一定时，在单位体积有 $q<m$ 个黏性构件受力，将这些受力的黏性构件的综合当量黏性系数记为 η_2。这些黏性构件在综合当量弹性模量为 E_2 的弹性构件的并联作用下，卸载后能全部恢复变形，也就是纸张呈现出滞弹性现象。同样，为了简化计算，假定对一种纸张，在印刷压力的范围内，其 η_2、E_2 均为常量。

（4）当外力足够大时，在单位体积内受压的黏性构件增多，压力卸去之后，有一部分黏性构件不能复原而形成永久变形。这一些黏性构件的综合当量黏性系数记为 η_3。

（5）纸张进入印刷滚筒之际，受到的线压由 0 到 D_{max}，经过最大压力后又恢复到 0，其压力分布如图 5-21 虚线所示。在这里为分析方便，可用图 5-21 中实线来代替，即压力为一常量。这种假定也符合纸张裁切时压纸力的加压状态。

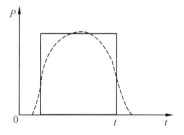

图 5-21 印刷压力分布曲线

综上所述，结合图 5-20 所示纸张受压后变形的实测记录，可建立纸张"Z"向压缩的流变模型，如图 5-22 所示。此模型中，E_1 能模拟纸张的敏弹性；并联的 E_2、η_3 能模拟纸张的徐变现象；滑块 F 和阻尼缸 η_3 的并联，能模拟纸张的永久变形。三者串联的五要素模型能反映图 5-20 所示的纸张受压后的变形状态。

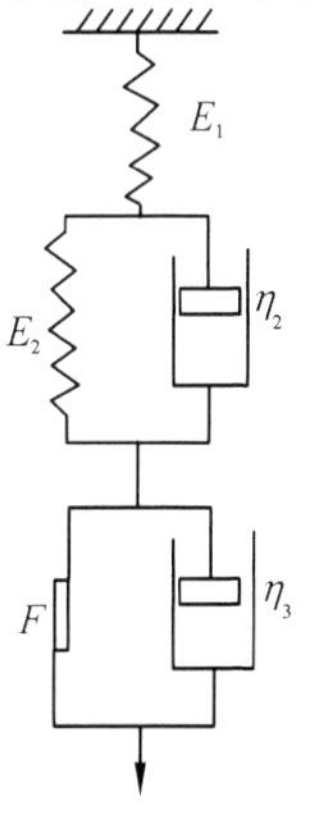

图 5-22 纸张压缩流变模型

按以上模型可建立变形、压力、时间相互关系的表达式为

$$\varepsilon = \varepsilon_1 + \varepsilon_2 + \varepsilon_3 \tag{5-13}$$

$$E_1 \varepsilon_1 = P \tag{5-14}$$

$$\eta_2 \frac{d\varepsilon_1}{dt} + E_2 \varepsilon_2 = p \tag{5-15}$$

$$\begin{cases} \varepsilon_3 = \dfrac{P-F}{\eta_3} t, & P > F \\ \varepsilon_3 = 0, & P \leqslant F \end{cases} \tag{5-16}$$

式中，ε_1 为和加压时间同相的弹性压缩的相对变形；ε_2 为和加压时间不同相的滞弹性压缩的相对变形；ε_3 为外力过大时产生的塑性变形；F 为不产生塑性变形的极限压力；P 为纸张单位面积所受的力。

5.3.3 纸张压缩的流变方程

根据纸张压缩力学模型[22]确立的 $\varepsilon = f(p \cdot t)$ 表达式来建立流变方程。

由于压力大小不同，纸的变形也不同。外力卸除后，敏性地或滞性地完全恢复形变。定义开始产生永久性变形的极限压力为 F，当 $P \leqslant F$ 时，纸张能在外力卸压后，敏性地或滞性地完全恢复形变；当 $P > F$ 时，纸张在卸载后留下永久变形，其结果如图 5-23 所示。

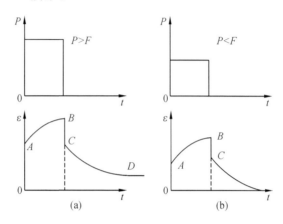

图 5-23　纸张变形在"Z"向的压缩流变曲线

现分析 $P > F$ 变形状态。

OA 段：纸张受力的瞬间，模型中由于存在 η_2、η_3 阻尼装置，使 $\varepsilon_1 = 0$、$\varepsilon_3 = 0$，仅有 E_1 起作用，所以变形方程为

$$\varepsilon = \varepsilon_1 = \frac{P}{E_1} \tag{5-17}$$

AB 段：纸张受力从 $t = 0$ 开始，到 $t = t_1$ 为止，由于模型中黏弹性构件起作用，纸张具有徐变现象，所以变形方程为

$$\eta_2 \frac{\mathrm{d}\varepsilon_2}{\mathrm{d}t} + E_2 \varepsilon_2 = P$$

$$\eta_3 \frac{\mathrm{d}\varepsilon_3}{\mathrm{d}t} = P - F$$

令 $\dfrac{\eta_2}{E_2} = \lambda$，$\lambda$ 为徐变时间。

初始条件 $t = 0$ 时，$\varepsilon_2 = 0$，$\varepsilon_3 = 0$，解微分方程可得

$$\varepsilon_2 = \frac{P}{E_2}(1 - \mathrm{e}^{-t/\lambda})$$

$$\varepsilon_3 = \frac{P - F}{\eta_3} t$$

因此 AB 段曲线可以由下式描述：

$$\varepsilon = \frac{P}{E_1} + \frac{P}{E_2}(1 - e^{-t/\lambda}) + \frac{P-F}{\eta_3}t \tag{5-18}$$

BC 段：当外力在 $t=t_1$ 卸除的瞬间，弹性环节 E_1 立即回返原始位置，变形由 ε_B 立即降至 ε_C，ε_B 与 ε_C 分别为

$$\varepsilon_B = \frac{P}{E_1} + \frac{P}{E_2}(1 - e^{-t_1/\lambda}) + \frac{P-F}{\eta_3}t_1$$

$$\varepsilon_C = \frac{P}{E_2}(1 - e^{-t_1/\lambda}) + \frac{P-F}{\eta_3}t_1 \tag{5-19}$$

CD 段：当 $t > t_1$ 时，外压全部卸除，纸张产生徐变恢复，其变形方程为

$$\eta_2 \frac{d\varepsilon_2}{dt} + E_2\varepsilon_2 = 0$$

解微分方程得

$$\varepsilon_2 = \frac{P}{E_2}(1 - e^{-t/\lambda})e^{-(t-t_1)/\lambda}$$

考虑到外压卸除后，黏性构件 η_3 不再恢复，其变形为不变值，即

$$\varepsilon_3 = \frac{P-F}{\eta_3}t_1$$

所以，CD 段可用下式来描绘其变形曲线：

$$\varepsilon = \frac{P}{E_2}(1 - e^{-t/\lambda})e^{-(t-t_1)/\lambda} + \frac{P-F}{\eta_3}t_1 \tag{5-20}$$

综上所述，当外力较大，对纸张产生永久性变形时，其变形过程可由式（5-18）～式（5-20）分别表示。

如果外力小于或等于产生永久变形的极限压力（$P \leqslant F$），其变形方程可从式（5-18）、式（5-19）和式（5-20）三式中去掉 $\frac{P-F}{\eta_3}t$ 一项得到。

5.3.4 流变方程参量的确定

流量方程能如实反映纸张压缩变形规律，或者说与实际变形状态相差不大，其关键在于纸张特性参量（E_1，E_2，η_1，η_2，F）的正确确定。由于造纸原料、成分和造纸工艺的差异，各种纸张有其不同的特性参量，加之如5.3.2节所分析的，这些参量又是压力函数，因此设想从理论上导出参量值是困难的，也可以说是不太可能的。为了求得接近实际状态的参数值，可对某种纸张进行恒压试验，测得该纸张在恒压下和卸压后的流变试验曲线，利用这些实测数据来拟合流变方程，从而对特性参量赋值。简述步骤如下。

（1）进行恒压试验，实测不同时间的变形值，绘制类似图 5-23 的变形试验

曲线。试验用压力不宜过大，以纸张不产生永久变形为原则。

（2）利用实验数据 ε_1，计算弹性模量 E_1，即

$$E_1 = \frac{p}{\varepsilon_1}$$

（3）利用 AB 段的三组试验数据 (t_a, ε_a)、(t_b, ε_b)、(t_c, ε_c) 和已确定的 E_1 值分别代入下式：

$$\varepsilon = \frac{P}{E_1} + \frac{P}{E_2}(1 - \mathrm{e}^{-t/\lambda}) \tag{5-21}$$

求得三条 $E_2 = f(\lambda)$ 的曲线，其交点分别为 (E_{ab}, λ_{ab}) (E_{bc}, λ_{bc})，(E_{ca}, λ_{ca})。以此三点为三角形，其形心为所求的 E、λ 值，从而可由 $\lambda = \frac{\eta_2}{E_2}$ 求得 η_2 值。

此外，也可用下述方法对 η_2、E_2 赋值。

在式（5-21）中，将 $\mathrm{e}^{-t/\lambda}$ 进行泰勒展开，即其前两项，可得

$$\varepsilon \approx \frac{P}{E_1} = \frac{P}{E_2}\Big[1 - \Big(1 - \frac{t}{\lambda}\Big)\Big] \approx \frac{P}{E_1} + \frac{P}{E_2}\frac{t}{\lambda}$$

$$\varepsilon \approx \frac{P}{E_1} + \frac{P}{\eta_2}t \tag{5-22}$$

取实验数据代入式（5-22），可得 η_2 值。将 η_2 及实验数据代入式（5-21），E_2 值即可得到。

（4）以不同的较大压力（能使纸张产生永久变形的压力）P_a、P_b 和不同的加压时间 t_a、t_b 进行试验，分别测得 ε_a、ε_b，分别代入 $\varepsilon_3 = \frac{p - F}{\eta_3}t$，得

$$\varepsilon_a = \frac{p_a - F}{\eta_3}t_a$$

$$\varepsilon_b = \frac{p_b - F}{\eta_3}t_b$$

两式相除则可消去 η_3、算出 F 值，再代入 $\varepsilon_3 = \frac{p - F}{\eta_3}t$，即可算出 η_3 值。

从以上讨论中，可得如下结论。

（1）纸张变形在"Z"方向的压缩变形状态可利用五要素模型来描述。

（2）纸张变形与压力、加压时间的关系可利用五要素模型分段求出 $\varepsilon = f(P, t)$ 的流变方程。

（3）纸张压缩变形特性参量可利用实验数据拟合上述流变方程来确定。

5.4　无压与有压渗透原理

在分析油墨中的连接料被纸张空隙所吸收的现象，了解液体浸入纸中的状态以

前，要对牛顿流体在微管内压差与流动的关系以及毛细管吸引现象进行分析研究。

5.4.1 微管流量（Hagenbach 定律）

假设流体为理想的牛顿流体，且属于层流状态，又假定微管中压力不随时间而改变，则流体在微管中的流动状态可由图 5-24 来分析。

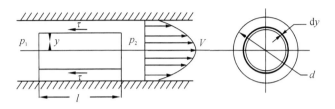

图 5-24　液体在微管中的流动

在微管中取半径为 y，长度为 l 的微圆柱体，分析其受力状况。如果液体是层流，流体做匀速直线运动，则沿轴向所有外力之和为零，即

$$(p_1 - p_2)\pi y^2 - \tau 2\pi yl = 0$$

式中，τ 为切应力，与液体黏度和速度有关。

$$\tau = -\eta \frac{\mathrm{d}v}{\mathrm{d}y}$$

式中，η 为液体黏度系数；"－"表示随 y 增加而速度减小。

将 τ 代入前式，并令 $p_1 - p_2 = \Delta p$，则

$$\Delta p \pi y^2 + 2\pi l \cdot y \cdot \eta \cdot \frac{\mathrm{d}v}{\mathrm{d}\eta} = 0$$

$$\frac{\mathrm{d}v}{\mathrm{d}\eta} = \frac{-\Delta p \pi y^2}{2\pi l \cdot y} = \frac{-\Delta p}{2\eta \cdot l} \cdot y$$

积分，考虑其积分边界条件为 $y = \dfrac{d}{2}$，得

$$v = 0$$

这是因为流体具有黏性，附于管壁的液体，其流动速度为零。液体越靠近微管中心，速度越大。

$$v = \frac{\Delta p}{4\eta l}\left(\frac{d^2}{4} - y^2\right) \tag{5-23}$$

由式（5-23）可见：当管中流动属于层流时，其速度按抛物线分布。

为计算液体经微管单位时间的流量，可取半径在 y 处的厚度为 $\mathrm{d}y$ 的微小环形面积来讨论，通过微小环形面积的流量 $\mathrm{d}Q$ 为

$$\mathrm{d}Q = v2\pi y\mathrm{d}y$$

积分，得

$$Q = \int_0^{d/2} u 2\pi y \mathrm{d}y = \int_0^{d/2} \frac{\Delta p}{4\eta l} (\frac{d^2}{4} - y^2) 2\pi y \mathrm{d}y$$

$$Q = \frac{\pi r^4}{8\eta l} \Delta p \qquad\qquad (5\text{-}24)$$

式（5-24）称为 Hagenbach 定律，即通过微管单位时间的流量与管半径 r 的四次方和管的两端压差成正比，与管长和液体黏度成反比。

5.4.2　无压渗透（Washburn 方程）

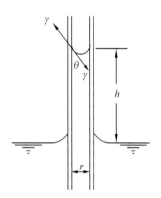

现利用 Hagenbach 定律来分析毛细管吸液现象。假定半径为 r 的毛细孔直立于液面（图 5-25），液体的表面张力为 γ，壁面与液体的接触角为 θ，则毛细管对液体的向上拉力 p 为

$$p = 2\pi r \gamma \cos\theta$$

当毛细管作用的向上拉力将管内液面升至某一高度 h 时，管内液面与管外液面间产生一压力差 Δp，即

$$\Delta p = \frac{2\pi r \gamma \cos\theta - \pi r^2 \rho h g}{\pi r^2}$$

图 5-25　毛细管现象

式中，ρ 为液体相对密度；g 为重力加速度。

式（5-24）中的单位时间的流量，在毛细管吸液过程中表现为单位时间内液面高度的改变，即

$$Q = \pi r^2 \frac{\mathrm{d}h}{\mathrm{d}t}$$

因此，式（5-24）可写为

$$\pi r^2 \frac{\mathrm{d}h}{\mathrm{d}t} = \frac{\pi r^4}{8\eta h} \Delta p \quad \frac{\mathrm{d}h}{\mathrm{d}t} = \frac{r^2}{8\eta h} \Delta p = \frac{r^2}{8\eta \cdot h} \frac{(2\pi r \gamma \cos\theta - \pi r^2 \rho h g)}{\pi r^2}$$

$$\frac{\mathrm{d}h}{\mathrm{d}t} = \frac{1}{8\eta h} (2r\gamma \cos\theta - r^2 \rho h g) \qquad\qquad (5\text{-}25)$$

式（5-26）表明，垂直于液面的毛细管中，液体的上升速度与液面高度 h 有关，随高度增加，液体上升速度下降。当上升速度等于零时，液面高度达到极限值 h_∞。

$$h_\infty = \frac{2\gamma \cos\theta}{r\rho g} \qquad\qquad (5\text{-}26)$$

将式（5-26）写成 $2\gamma \cos\theta = h_\infty r \rho g$，代入式（5-25），可得

$$\frac{\mathrm{d}h}{\mathrm{d}t} = \frac{1}{8\eta h} (h_\infty - h) r^2 \rho g$$

积分：

$$\int_0^t \mathrm{d}t = \int_0^h \frac{8\eta}{r^2 \rho g} \frac{h}{h_\infty - h} \mathrm{d}h$$

$$t = \frac{8\eta}{r^2 \rho g} \int_0^h \frac{h}{h_\infty - h} dh$$

得

$$t = \frac{8\eta}{r^2 \rho g} \left[-h - h_\infty \ln\left(-\frac{1}{h_\infty}\right) \right]$$

将对数部分展开后，再将 h_∞ 还原，当 $h \ll h_\infty$ 时，可将第二项以后舍去，则

$$h = \sqrt{\frac{r\gamma\cos\theta}{2\eta} t} \tag{5-27}$$

式（5-27）称为 Washburn 方程，表明液体在毛细管中浸透的高度，其值与浸透时间的平方根成正比，与液体黏度的平方根成反比。

若设液体与纤维间的接触角 $\theta = 0°$，即 $\cos\theta = 1$，以纸张毛细管的平均半径 $\bar{r}$ 代替 r，则式（6-27）可写成

$$h = \sqrt{\frac{r\gamma}{2\eta} t} \tag{5-28}$$

利用式（5-28）来寻求液体对纸张的渗透时间与渗透深度的关系有一定的实用意义。

5.4.3　有压渗透深度

5.4.2 节所讨论的公式，是基于纸张毛细管自然吸收液体条件下来分析液体渗透时间与渗透深度关系的。实际印刷时，不仅存在毛细管吸力作用，而且有印刷压力的影响。如果只考虑毛细管吸力的作用，则可对式（5-27）进行如下修正：

$$h = \sqrt{\frac{r\gamma\cos\theta}{2\eta} t \frac{2\pi}{2\pi}} = \sqrt{\frac{2\pi r\gamma\cos\theta}{4\pi\eta} t}$$

式中，$2\pi r\gamma\cos\theta$ 实际上是毛细管向上的吸引力。如果将印刷压力 P 一并考虑，则可写成

$$h = \sqrt{\frac{2r\pi\gamma\cos\theta + P\pi r^2}{4\pi\eta} t}$$
$$= \sqrt{\frac{2r\gamma\cos\theta + r^2 P}{4\eta} t}$$

又因实际印刷时，印刷压力远比毛细管吸引力大得多，故舍去 $2\pi r\gamma\cos\theta$。在印刷时，油墨被压入纸张的深度 d 可由下式决定：

$$d = \sqrt{\frac{r^2 p}{4\eta} t} \tag{5-29}$$

式（5-29）称为 Olsson 公式，基本上归纳了印刷条件下，印刷压力、压印时间、油墨黏度、纸张毛细管半径与油墨被压入纸张深度的关系。

Olsson 公式已由 Hsu 和 Coupe 进行的试验研究所证实，结果如下。

　　图 5-26 所示是在压印时间为 0.04s 和采用 A、B 两种不同黏度的油墨（油墨 A 黏度为 53P，油墨 B 黏度为 26P）时，印刷压力与油墨压浸入纸张的深度间的关系。由图 5-26 可见，压印时，油墨渗透深度与印刷压力的平方根基本上是直线关系。

　　图 5-27 为固定印刷压力，改变印刷时间的关系图。由图也可以看出，油墨压印渗入纸张的深度与压印时间的平方根成正比。

　　图 5-28 为固定印刷压力和压印时间，采用不同黏度的油墨进行试验。由测得的结果可知，油墨向纸张浸透的深度与油墨黏度的平方根成反比。

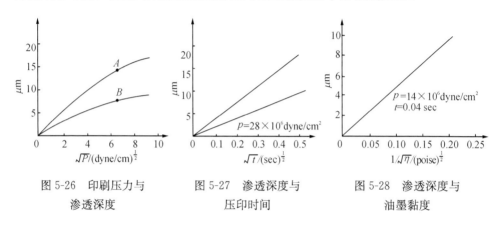

图 5-26　印刷压力与　　　图 5-27　渗透深度与　　　图 5-28　渗透深度与
　　　　渗透深度　　　　　　　　　压印时间　　　　　　　　　油墨黏度

5.5　油墨渗透深度的测定

　　纸张的平均厚度一般为 $100\mu m$ 左右，欲定量测定油对纸张的浸透深度是较复杂的问题。前人进行了不少研究，有各种不同的方法，本节介绍一种利用测定透射光强衰减值的办法来测量油对纸的渗透[23]状态。

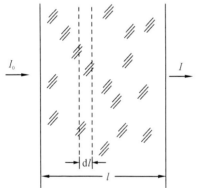

图 5-29　介质对光强的衰减原理

　　在介绍透射光强法以前，先对光通过介质时衰减规律进行简单介绍。

　　光通过介质时，一部分光被介质吸收转变为热能，另一部分光被散射，余下的部分光按原来的传播方向继续前进，所以自介质射出的光较入射光减弱了。

　　图 5-29 中，令平行光 I_0 通过均匀的介质传播，当经过薄层 $\mathrm{d}l$ 以后，光强度从 I 减少到 $I-\mathrm{d}I$，实验证明，$\dfrac{\mathrm{d}I}{I}$ 与吸收层的厚度 $\mathrm{d}l$ 成正比，即

$$\frac{\mathrm{d}I}{I} = -\mu \mathrm{d}l$$

式中，μ 称为吸收系数，由介质特性而定。

对于厚度为 l 的介质层，由上式积分可得

$$\ln I = -\mu l + C$$

当 $l=0$ 时，$I=I_0$，则积分常数 $C=\ln I_0$，因此

$$\ln I = -\mu l + \ln I_0$$

得

$$I = I_0 \mathrm{e}^{-\mu l} \tag{5-30}$$

由式（5-30）可知，光强按指数函数衰减，此式称为朗姆伯特-比尔（Lambert-Beer）定律。

5.5.1 渗油的纸对光的吸收

在纸张表面上涂布一层厚度为 D_0 的油层（图 5-30），浸入纸内的深度为 x，纸厚 C 中有 $C-x$ 层未浸有油，此时残留在纸面上的油层厚度不再为 D_0，以 D 表示。又设纸张对光的吸收系数、吸有油分纸张对光的吸收系数和油膜对光的吸收系数分别为 μ_1、μ_2 和 μ_3。

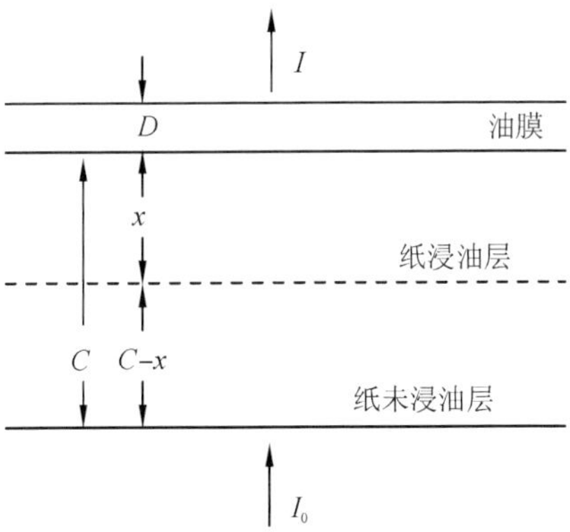

入射光 I_0 经过纸张、吸有油分的纸张和油膜的过程中，逐次衰减，其透射光 I 可表达为

$$I = I_0 \mathrm{e}^{-\mu_1(C-x)} \mathrm{e}^{-\mu_2 x} \mathrm{e}^{-\mu_3 D}$$

即

$$I = I_0 \mathrm{e}^{-\mu_1(C-x)-\mu_2 x-\mu_3 D} \tag{5-31}$$

图 5-30 油浸纸张渗透示意图

5.5.2 透射光强法

分析式（5-31），入射光强 I_0 为已知量，透射光强 I 可以通过光度计进行测量，C 为纸张原厚，是已知量，现将公式中其他几个参数逐一分析和处理。

首先分析 D 与 x 值。设纸张中毛细管的平均半径为 r，由式（5-28）可知，油的渗透深度 x 为

$$x = \sqrt{\frac{r\gamma}{2\eta}t}$$

对确定的纸张和油，r、γ、η 都为定值。

令 $k=\sqrt{\dfrac{r\gamma}{2\eta}}$ ，则上式可以写成

$$x=k\sqrt{t} \tag{5-32}$$

又设纸张空隙率为 W，则渗透入纸张内部的油量厚度为 $Wk\sqrt{t}$，此时残留在纸面上的油膜厚度 D 为

$$D=D_0-Wk\sqrt{t} \tag{5-33}$$

式（5-33）表达了纸张涂布油层以后，残留在纸面上油层厚度与时间的关系。

将式（5-31）取对数，再对 x 求导，并将式（5-33）代入，得

$$\frac{\mathrm{d}\ln I}{\mathrm{d}x}=\mu_1-\mu_2+\mu_3 W \tag{5-34}$$

设 I_p 为厚度为 C 的纸张透射后的光强，I'_p 为厚度为 C 的纸张全部浸油后的透射光强，则

$$I_p=I_0 e^{-\mu_1 C}$$
$$I'_p=I_0 e^{-\mu_2 C}$$

取对数，得

$$\ln I_p=\ln I_0-\mu_1 C$$
$$\ln I'_p=\ln I_0-\mu_2 C$$

两式相减，得

$$\mu_1+\mu_2=(\ln I'_p-\ln I_0)/C \tag{5-35}$$

将式（5-32）和式（5-35）代入式（5-34）略去 $\mu_3 W$，得 k 的近似值为

$$k\Longrightarrow C\frac{\mathrm{d}\ln I}{\mathrm{d}\sqrt{t}}/(\ln I'_p-\ln I_p) \tag{5-36}$$

对于具体的纸张和油，其 I'_p、I_p 为常量，可用光度计测定。至于 $\dfrac{\mathrm{d}\ln I}{\mathrm{d}\sqrt{t}}$ 值可用如下方法确定。

实测 t_1，t_2，t_3，…时间下的透射光强 I_1，I_2，I_3，…，在 $\ln I$ 与 $\sqrt{t}$ 分别为纵横坐标系中得 $\ln I-\sqrt{t}$ 直线，利用该直线的斜率可得 $\dfrac{\mathrm{d}\ln I}{\mathrm{d}\sqrt{t}}$ 值。利用式（5-36）即可计算出 k 值。

求得 k 值以后，可采用式（5-32）来计算油对纸张不同浸透时间的渗透深度，从而可求得油对纸的渗透速度。

此处，还可利用下式计算毛细管的平均半径 $\bar{r}$：

$$\bar{r}=\frac{2\eta k^2}{\gamma} \tag{5-37}$$

6 输纸与张力控制

自动印刷机一般由多个机构组合而成，每个机构都有各自的运动，各机构之间运动必须是相互协调的，即各机构动作的先后顺序、时间间隔、持续时间都应满足自动印刷机工艺过程的要求。自动输纸机也是如此，分纸吸嘴的上下运动，递纸吸嘴的上下、前后运动，压纸吹嘴的压纸运动，探纸块的运动，接纸轮的上下摆动，齐纸块的侧倒、直立摆动以及各气嘴的给气（吹或吸）或断气等，都应按一定顺序、间隔时间、持续时间协调地进行，以保证准确地实现输纸工艺要求。为了清楚地看出各机构的动作协调关系，通常以图 6-1 所示的方式表示出各个机构在一个工作循环各个阶段的相对位置以及它们动作的协调情况，这种动作协调图称为运动循环图（或称工作循环图、凸轮循环图）。

在操控一台印刷机之前，首先要了解和熟悉输纸机。了解和掌握它与印刷工艺的要求、各机构动作原理及动作顺序，从而编制输纸机纸张的运动循环图。在一个工作周期中，掌握各机构的动作时间，并使各机构动作协调。在维修和安装新机器时，各凸轮在轴上的周向相对位置也是依靠运动循环图来确定和调整的。

6.1 平张纸输纸机的工作循环及机构运动状态

图 6-1 为 J 2201 型胶印机上 G 202 型输纸机的运动循环图[24]。横坐标代表时间，一般以压印滚筒转过的角度表示，一个周期为 360°。纵坐标代表各执行机构各种动作的形式。一般主机的工作周期起始点定为递纸牙在输纸板上咬纸的瞬时。为了能与主机对应起来，输纸机运动循环图的起始点也定为这个瞬时。但是，就一张纸的分离与输送过程来说，一般以压纸吹嘴将要抬起、固定吹嘴开始吹风为一工作循环的开始，下面就从这一动作开始研究循环图。

1）第一阶段（308°～12°）

（1）固定吹嘴从 308°开始吹风，329°吹足。

（2）压纸吹嘴从 320°时开始离开纸堆，5°时上升到最高位置，停止运动。

（3）分纸吸嘴在 300°时开始下降，332°开始吸风，吸起纸张，并翻转，350°时下降到最低处，350°后开始带纸上升。

（4）递纸吸嘴上升并向前递送前一张分离出来的纸张，在 325°时它停止吸风，把前一张纸放在接纸辊上 355°向后返回。

2）第二阶段（12°～65°）

（1）固定吹嘴停止吹风。

（2）压纸吹嘴停止在最高处，15°时开始下降，准备压纸。

（3）分纸吸嘴继续带纸上升，直至48°上升到最高点，然后下降。

（4）递纸吸嘴31°时下降，并向右返回准备接纸。

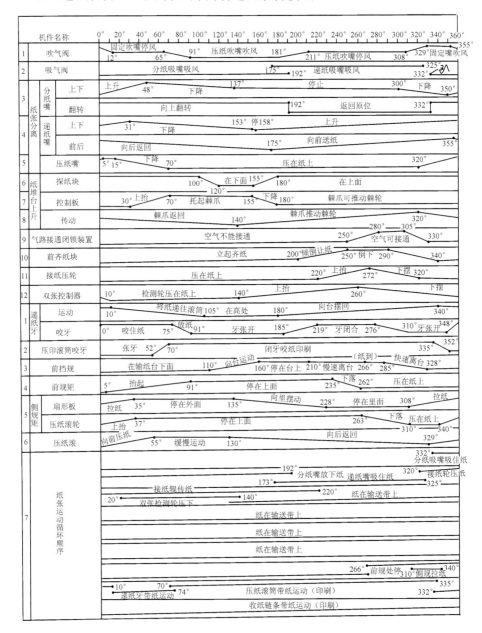

图 6-1　G202 型输纸机运动循环图

3）第三阶段（65°～211°）

（1）压纸吹嘴吹风，分离纸张，在 70°时压在纸堆上。

（2）100°时探纸块下摆，120°时摆到最下方，探测纸堆高度。

（3）分纸吸嘴此时继续吸风带纸下降，在 137°时下降到最低点，停止运动。在 192°停止吸气，把纸交给递纸吸嘴并摇头返回原位。

（4）递纸吸嘴继续下降并返回，准备取纸。在 155°时下降到最低点，停 3°后于 158°又上升，在 175°开始吸风，吸住纸张。175°～192°是分、递两吸嘴同时吸住纸张的时间。192°分纸吸嘴松纸后递纸吸嘴继续带纸上升并在 205°时向前递送纸张。

4）第四阶段（211°～308°）

（1）压纸吹嘴停止吹风，这时它仍压在纸堆上。

（2）分纸吸嘴停止运动，在 300°时开始下降，准备吸取下一张纸。

（3）递纸吸嘴仍带纸向上并向前递送纸张。

（4）前齐纸块为了让递纸吸嘴带纸通过，在 200°时开始倾倒，250°～290°完全倒下，纸张通过。纸张通过后，于 340°前齐纸块又返回直立位置进行齐纸。

（5）接纸轮于 220°上抬让纸通过，272°抬到最高点，320°时递纸吸嘴已经将纸递到接纸辊上，此时，接纸轮压下，325°递纸吸嘴停止吸风，放下纸张。325°以后纸张由接纸辊传送。

（6）双张控制器检测轮于 140°抬起，260°抬至最高处后下摆，在 10°时压在纸上进行检测。

由上述各机构动作配合关系，可以找出一张纸的分离与输送过程。

当 320°压纸吹嘴抬起时，纸堆上的最上一张纸在 329°被固定吹嘴吹起，332°由分纸吸嘴吸起分离，350°由分纸吸嘴带纸上升，直到 48°上升到最高点，然后下降，准备交给递纸吸嘴，此时压纸吹嘴在 70°又插到被分离出的纸的下面压住纸堆，并吹风进一步分离第一张纸。在 137°时分纸吸嘴停止运动，而递纸吸嘴从 31°开始下降，从上个周期的 355°开始返回，直至 175°递纸嘴吸气，吸住分纸吸嘴吸住的单张纸，在 192°分纸吸嘴停止吸气，松开纸张，192°后递纸吸嘴控制纸张并在 205°时带纸向前递送。前齐纸块 200°开始倾倒让纸，接纸轮 220°上抬让纸通过。其中双张控制检测轮早在 140°时已经上抬让纸，接纸轮 320°压下，齐纸块 340°返回齐纸。双张检测轮 10°压下检测，递纸嘴在 325°时断气。此后，纸张经接纸辊传到输送带，由输送带送到前规处进行定位。

6.2　运动循环时间的确定

确定输纸机的运动循环图时，各机构运动的时刻有的可根据经验确定，有的必须进行计算。下面讨论几个机件动作时刻的计算。如图 6-2 所示。

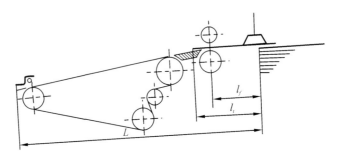

图 6-2　运动循环时间计算

由于运动循环图中用压印滚筒转过的角度 θ 表示时间，故输纸速度应以压印滚筒转过 $1°$ 的时间内纸张所走过的距离来计算，这个输纸速度用 v_f^0 表示，可称为类速度，故有

$$v_f^0 = v_f \frac{T}{360°} = \frac{S_0}{360°} \tag{6-1}$$

在计算有关机件的动作时刻时，一般以循环图的开始点为基准，即以递纸牙在输纸板上叼纸的时刻为基准。

6.2.1　递纸嘴放纸时刻

设输纸路线长度为 L，递纸吸嘴递送距离为 l_t。因递纸吸嘴放下纸张时，纸张离前规距离为 $L-l_t$，故从递纸吸嘴放下纸张到纸张触及前规所经历的时间为 $(L-l_t)/v_f^0$。纸张到达前规，再经过一段时间 θ_r'' 后，才被递纸牙咬住，因而递纸吸嘴放下纸张与递纸牙叼住这张纸的时间相差由式（6-2）表示：

$$\theta_d' = -\left(\frac{L-l_t}{v_f^0} + \theta_r'' \right) \tag{6-2}$$

等式右边的负号表示递纸吸嘴放下纸张是在递纸牙咬住纸张之前。

由于输纸板上有若干纸张，故 θ_d' 的值可表示为

$$\theta_d' = -(m \times 360° - \theta_d) \tag{6-3}$$

式中，m 表示输纸板上纸张的数目。

将式（6-2）代入式（6-3），整理后得

$$\theta_d = m \times 360° - \frac{L-l_t}{v_f^0} - \theta_r'' \tag{6-4}$$

式中，θ_d 是在运动循环图上递纸吸嘴放下纸张的时刻。

6.2.2　递纸嘴前进的时刻

递纸嘴开始前进的时刻应比放下纸张的时刻早一段递纸时间，故有式（6-5）：

$$\theta_{\mathrm{f}} = \theta_{\mathrm{d}} - \frac{l_{\mathrm{t}}}{v_{\mathrm{f}}^{0}} \tag{6-5}$$

式中，v_{f}^{0} 为递纸吸嘴递纸向前运动的平均类速度。

如果 $v_{\mathrm{t}}^{0} \approx v_{\mathrm{f}}^{0}$，则有

$$\theta_{\mathrm{f}} \approx \theta_{\mathrm{d}} - \frac{l_{\mathrm{t}}}{v_{\mathrm{f}}^{0}} = m \times 360° - \frac{L}{v_{\mathrm{f}}^{0}} - \theta''_{\mathrm{r}} \tag{6-6}$$

6.2.3　接纸轮抬起与压在接纸辊上的时刻

当递纸吸嘴将纸张前缘递送到接纸辊之前，接纸轮应抬起。设纸堆前缘至接纸辊距离为 l_{p}，则接纸辊抬起时刻 θ_{u} 为

$$\theta_{\mathrm{u}} < \theta_{\mathrm{f}} + \frac{l_{\mathrm{f}}}{v_{\mathrm{t}}^{0}} \tag{6-7}$$

如果 $v_{\mathrm{t}}^{0} \approx v_{\mathrm{f}}^{0}$，则有

$$\theta_{\mathrm{u}} < \theta_{\mathrm{f}} + \frac{l_{\mathrm{t}}}{v_{\mathrm{f}}^{0}} = m \times 360° - \frac{L - l_{\mathrm{t}}}{v_{\mathrm{f}}^{0}} - \theta''_{\mathrm{r}} \tag{6-8}$$

接纸轮压在接纸辊上的时刻 θ_{p}，一方面，应当在进纸吸嘴将纸张前缘递送到按纸辊之后；另一方面，应当在递纸吸嘴放下纸张之前，因此必须满足

$$\theta_{\mathrm{d}} > \theta_{\mathrm{p}} > \theta_{\mathrm{f}} + \frac{l_{\mathrm{t}}}{v_{\mathrm{t}}^{0}} \tag{6-9}$$

若 $v_{\mathrm{t}}^{0} \approx v_{\mathrm{f}}^{0}$，则有

$$m \times 360° - \frac{L - l_{\mathrm{t}}}{v_{\mathrm{f}}^{0}} - \theta''_{\mathrm{r}} > \theta_{\mathrm{p}} > m \times 360° - \frac{L}{v_{\mathrm{f}}^{0}} - \theta''_{\mathrm{r}} \tag{6-10}$$

6.2.4　前齐纸块倾倒和直立时刻

前齐纸块倾倒时刻 θ_{s} 应稍比递纸吸嘴带纸开始时刻略早，即满足

$$\theta_{\mathrm{s}} < \theta_{\mathrm{f}}$$

恢复直立位置时刻应比压纸吹嘴离开纸堆时刻稍迟。

6.2.5　双张控制器摆动时刻

检测轮压到接纸辊上的时刻应比按纸轮压到纸张上的时刻 θ_{p} 稍后一些，以保证纸张运行平稳后再检测。

检测轮抬起时刻应比接纸轮抬起时刻提前一些。

6.3　输纸步距的计算与定位控制

当输纸机的工作周期一定时，步距 S_0 太大会使输纸速度提高，从而出现

走纸不稳，定位时冲击大等问题。但步距过小又会影响输纸机的正常工作。因此，要确定最合理的步距。确定步距时要考虑的因素主要有：输纸速度不宜过高，已定位纸张后面的一张纸不碰侧规；发生空张时纸张不相碰。现分别进行讨论。

6.3.1　输纸速度对步距的制约

通常，输纸速度以 $v_f = 0.2 \sim 0.3$ m/s 为宜。在定位时间较长或对纸张采用缓冲措施的情况下，可允许 $v_f = 0.5$ m/s。在使用中，一般可规定最大输纸速度 $v_{fmax} = 0.3 \sim 0.5$ m/s。

输纸速度 v_f 与步距的关系为

$$v_f = \frac{S_0 n_{max}}{60 \times 1000} \text{ (m/s)}$$

式中，n_{max} 为压印滚筒最高转速（n/min）。

因为要保证 $v_f \leqslant v_{fmax}$ ，所以有

$$S_0 v_f = \frac{60 \times 1000 v_{fmax}}{n_{max}} \tag{6-11}$$

6.3.2　定位纸张的下一张纸不碰侧规的条件

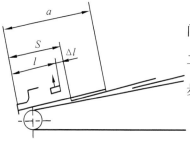

图 6-3　后一张纸不碰侧规的条件

设纸张与前规接触到侧规拉纸完毕这段时间内压印滚筒转过的角度为 θ_r 。这段时间内第二张纸走过的距离为 $S_r = \dfrac{\theta_r}{360°} S_0$ ，齐平后的步距为

$$S = S_0 - S_r = \frac{360° - \theta_r}{360°} S_0 \tag{6-12}$$

齐平后的步距 S 应大于前规与侧规之间的距离 l，否则第二张纸的前缘就会碰到侧规，如图 6-3 所示。故应使 $S \geqslant l + \Delta l$，Δl 为安全距离，一般为 15 mm。由此可见，不碰侧规的条件[25] 为

$$S_0 \geqslant \frac{360°}{360° - \theta_r}(l + \Delta l) \tag{6-13}$$

6.3.3　空张时纸张不相碰的条件

在连续输纸的过程中，纸张本来是互相重叠的，不会发生后一张纸的前缘与前一张纸的后尾相碰的现象。但当出现空张时，空张前的一张纸与空张后的一张纸之间可能出现间隙。空张前的一张纸在前规处于停顿期间，空张后的一张纸继

续向前移动一段距离，当这个距离大于上述两张纸间的间隙时，就发生纸张相碰的现象。应正确确定步距，避免出现这种纸张相碰的情况。

图 6-4（a）所示有两张纸重叠的连续输纸。这种情况下，第一张纸与第三张纸不重叠，若第二张纸发生空张，则第三张纸不碰第一张纸的条件为

$$2S_0 - a > \frac{\theta_r'}{360°}S_0$$

或

$$S_0 > \frac{a}{2 - \frac{\theta_r'}{360°}} \tag{6-14}$$

式中，a 为纸张长度；θ_r' 为纸张在前规处停顿时间内压印滚筒转过的角度，这段时间指的是从纸张与前规接触到递纸牙开始传纸之间的时间。

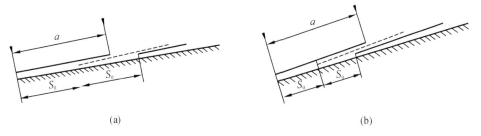

(a)   (b)

图 6-4　空张与输纸步距

在连续输纸过程中，也可能出现相邻三张纸互相重叠的情况［图 6-4（b）］。在这种情况下，若中间一张纸发生空张，第一张与第三张纸仍然互相重叠，总也不会互相碰撞。由于 $a > 2S_0$ 时就出现三张纸重叠，因此如果有

$$S_0 < \frac{a}{2} \tag{6-15}$$

则空张前后两张纸就不会相碰。

式（6-14）和式（6-15）中的纸张长度 a 应当包括输纸机技术规格范围内可能遇到的各种纸张长度，也就是将这些可能的纸张长度逐一代入到公式中进行验算。再按照某一给定的长度 a 验算时，只要满足上述公式中的一个，就能保证空张时纸张无碰撞现象。

在输纸步距确定后，就可选定输纸路线的长度 L，输纸路线的长度指的是从纸堆前边缘至前规的距离（沿输纸板量取）。输纸路线长度 L 可按照树脂板上有 3~5 张纸的原则来确定（L 不一定为纸张长度的整倍数），主要可虑结构紧凑与操作、维修方便。

6.4　纸带张力自动控制与调节

6.4.1　纸带张力控制

当卷筒纸进行印刷时，纸带必须具有一定的张力，这是因为只有把纸带拉紧才可能控制它的运动。为了使印刷过程稳定，必须保持纸带张力[24]恒定不变并且有适当的大小。张力太小会导致皱折、套印不准等弊病，张力过大又会无谓增加机器的负荷和增大纸带应力。如果纸带应力超过其强度极限就会断裂。张力不稳定的纸带会发生跳动，以致出现套印不准、重影等问题。

使纸带进入印刷装置的拉力一般由印刷滚筒产生，有些机器却采用专门的装置（送纸辊）来产生拉力。不管用什么方式拉着纸带进入印刷装置都不能让纸卷自由打开。假如纸卷在印刷过程中自由地（无阻力地）打开，则纸带就不可能保持张力稳定。因为在自由打开纸卷的情况下，机器加速时纸带张力增加而纸卷获得冲量；而机器减速时，纸卷的惯性将使纸带速度高于印刷速度，纸带张力就减小甚至为零。因此卷筒纸印刷一定不能让纸卷自由打开。

为了使纸带张力保持恒定，必须对纸卷设置制动器并对这个制动器进行必要的控制。如果没有纸卷制动器，不但纸带张力无法保持恒定，而且在纸带断裂和印刷速度降低时，纸卷会自动打开而使纸带散乱。

对纸卷制动总的要求就是保证纸带匀速、平稳地送入印刷装置，具体要求是：①在机器稳定运转期间（启动后、刹车前），保证纸带张力稳定在给定值上；②在启动和刹车期间防止纸带过载和随意打开；③制动力应能调整。因为在稳定运转期间随着纸卷尺寸不断地减小，为保持纸带的张力恒定需使制动力矩相应地变化。制动力矩的调整可以靠人工也可以是自动的。此外，自动接纸时，机器存在振动，且其他偶然因素也要求调整制动力。

6.4.2　运动部件间的纸带张力控制

在卷筒纸轮转机中，凡接触纸带的每一个机器零件都在某种程度上控制着纸带的张力。印刷部件间的纸带张力主要受印刷副拉力的影响。因此，各印刷部件间纸带的张力控制主要依靠在滚筒上采取措施来实现。例如，为了减轻印版滚筒与橡皮滚筒空档相遇时所产生的跳动对纸带张力的影响，常采用肩铁接触的方式。又如，在机组式的多色卷筒纸轮转机中，为了补偿因纸带伸长而松弛的现象，可以逐级增加滚筒包衬，即第二印刷装置比第一印刷装置包衬稍大，第三印刷装置比第二印刷装置包衬稍大，以此类推。

但是仅采取上述措施往往还不能有效地控制印刷装置间的纸带张力，而且上述措施对于进入第一印刷装置前的纸带张力基本上起不到控制作用。例如，由于一些偶然因素或在自动更换纸卷时，纸卷制动器不能迅速地、及时地调整制动力，以致进入印刷装置的纸带的张力波动过大。为了精确地控制进入印刷装置的纸带张力，往往在纸带路径中安装送纸辊[26]。

送纸辊又称为纸带驱动辊或续纸辊，它实际上就是强制驱动纸带的特殊辊组。通常在印刷装置的前面和印刷装置与折页装置之间安置送纸辊。这样，从纸卷上打开的一段纸带的张力波动以及进入折页装置前的一段纸带的张力波动就不直接影响进入印刷装置的纸带张力，因此送纸辊就起到了更精确地控制进入印刷装置的纸带张力的作用。

送纸辊通常由三个辊子组成，其结构如图 6-5 所示。

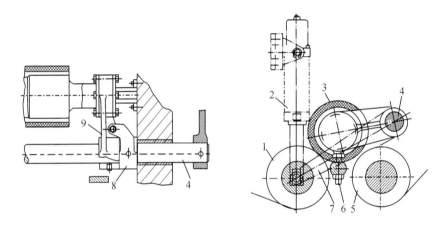

图 6-5　送纸辊的结构

驱动辊 1 与电机或无级变速器相连。由于空转的辊 3 把纸带压在辊 1 上面，故它的转速就决定了送入机器的纸带速度。一般来说，三个辊的直径相等，中间的辊 3 为软质辊（如橡皮辊），而辊 1 和 5 为硬辊。辊 3 相对于辊 1 的压力可以用靠塞螺钉 6 调节，靠塞螺钉在辊轴的两端各有一套，以便使辊的两端压力一致。

为了在装配时使辊 3 的轴线与辊 1 的轴线平行，支持辊 3 左轴承的摆杆（图中未示出）用销钉固定在摆动轴 4 上，而支持辊 3 右轴承的摆杆 9 则空套在轴 4 上并通过卡套 8 与摆动轴 4 相连。卡套 8 上面有两个螺钉从上下两面顶住右摆杆的筋，调节这两个螺钉就可以使辊 3 轴线与辊 1 轴线平行。实际上辊 3 与辊 1 两端均匀的压力是依靠同时调节这两个螺钉和靠塞螺钉而获得的。

辊 3 可以抬起，以便穿纸。抬起动作由摇动式气缸 2 完成（如图中双点画线所示）。摇动式气缸活塞移动时带动摆臂 7 摆动，从而使摆动轴 4 转动。

辊 1（及辊 5）的转速是可调的，它的轴一般与无级变速器的输出轴相连，而无级变速器的输入轴与机器的某一传动轴相连。有时把辊 1（和辊 5）设计成由单独的调速电机驱动，以便调节其转速。

图 6-6 所示为在一台 B-B 型卷筒纸胶印机上布置送纸辊的情况。第Ⅰ组送纸辊安装在第一色印刷装置之前，这样从纸卷到第一色印刷装置纸带被分为两段，第一段为纸卷至第Ⅰ组送纸辊，第二段为第Ⅰ组送纸辊至第一色印刷装置（两个橡皮滚筒）。由于送纸辊强迫驱动纸带运行，因而纸卷的突然跳动等不至于直接影响第二段纸带的张力。进入印刷装置的纸带经过两次张力控制具有较稳定的张力。调节无级变速器的速比可使进入印刷装置的纸带获得大小适宜的张力。第Ⅱ组送纸辊设置在第二色印刷装置与折页装置之间。这样折页装置对纸带产生的猛拉、冲击作用就不会直接影响第二色印刷装置与第Ⅱ组送纸辊间的张力。调节驱动第Ⅱ组送纸辊的无级变速器就可以使第二色印刷装置与第Ⅱ组送纸辊间的纸带张力具有所需要的值。

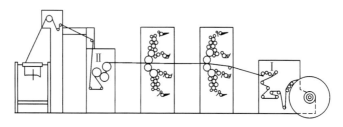

图 6-6　送纸辊的位置

7 印刷压力及其计算

印刷工艺过程是把印版上的油墨图文转移到承印材料上，所以在转移过程中必须施加一定的压力，这个压力就称为印刷压力，或叫做压印力。

印刷压力的大小对印刷质量及印刷机械的结构都有很大的影响。印刷压力太小会使印刷的图文转移不完整，而且会使印版、衬垫、印刷机和纸张原有的缺陷暴露得更加明显。印刷压力太大，则局部油墨过量，使印品色调不准，图文失真，在凸印中还会将纸压得凸凹不平，甚至压破，严重影响印品的背面和产品的外观。此外，压力过大，会使印刷机产生过大的应力和变形，影响有关零件的操作和寿命，也加速了印版的磨损。因此，正确地确定印刷压力与于印刷工艺过程非常重要。但是，迄今为止很多印刷厂还在采用凭经验调试的方法来确定印刷压力，即一边目测印刷质量，一边调节印刷压力，此种方法既占用生产时间，又缺乏定量的科学标准，在很大程度上掺杂了操作者的主观因素。为了改变这种状况，应该尽量做到工艺参数数据化，即按照印刷品的要求给出合理的印刷压力规范。这不仅有利于提高产品质量，节约生产时间，而且为印刷生产自动化创造了条件。另外，印刷压力对印刷机的零件和结构尺寸、机器的刚度和变形、功率大小也有关系，因此，它也是设计印刷机械的主要参数之一。

印刷压力的大小取决于一系列因素，如印版类型、承印材料的品种、印刷速度、衬垫构成、油墨性质、图文情况等，这些因素之间相互影响，因此在研究某一因素时，应注意其他因素的影响。

7.1 压力的评定方法

在印刷过程中，印刷压力的调整是通过控制滚筒中心距和滚筒包衬进行的。这时，在滚筒的接触区相应地产生衬垫物的压缩变形。因此，可以用三种方法表示印刷压力的大小，即衬垫压缩变形量λ（单位为 mm，也可直接称为印刷压力或压入量），压强 P（单位为 kg/cm^2），每单位长度上的线压力 P_1（单位为kg/cm）。

用压缩量λ 表示印刷压力比较直观，在轮转机上，压缩量就是两对滚筒筒体的表面间隙与离让值 y 之和减去两滚筒体表面的包衬厚度，如图 7-1 所示。图中 P、B、I 是印版、橡皮和压印滚筒的壳体表面所在位置。图 7-1(a) 中，印版滚筒与橡皮滚筒之间的压缩量为λ_{pb}，具体为

$$\lambda_{pb} = (l_p + l_b) - (H_A + y_1) \tag{7-1}$$

同理，图 7-1(b) 中橡皮滚筒与压印滚筒之间的压缩量 λ_{bi} 为

$$\lambda_{bi} = (l_b + l_i) - H_B - y_2 \tag{7-2}$$

式中，l_p、l_b、l_i 分别为印版滚筒、橡皮滚筒、压印滚筒筒体表面的包衬厚度；H_A 和 H_B 分别是印版与橡皮滚筒、橡皮与压印滚筒两滚筒体表面之间的间隙；y_1 和 y_2 分别是两滚筒滚压时的离让值。

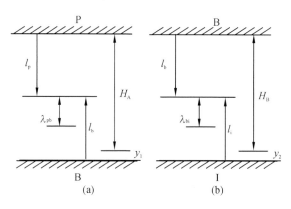

图 7-1　印刷压力 λ 的尺寸链表示方法

　　在实际使用中，衬垫材料的压缩量虽然易于观察和测量，但由于印版、衬垫、纸张和印刷部件的弹性不恒定，而使测量结果不能精确地反映印刷压力的实际大小。

　　用线压力 P_l 表示印刷压力的方法，是把两滚筒接触加压所需的总压力（即作用在轴承上的压力）除以滚筒的有效长度（即长度 a），即得到单位长度上的平均压力。此种方法不能确切地表示出接触区压力分布的情况。

　　用单位面积上所受的压力 P（或称比压）表示印刷压力是比较科学的，如图 7-2 所示。在轮转机上，两滚筒接触区宽度上的压力并不是均匀的，因此还必须研究平均压力 P_a、最大压力 P_{max} 以及接触区压力的分布情况。图 7-2(a) 表示对滚筒横截面印刷压力最大值 P_{max} 和平均值 P_a；图 7-2(b) 表示在整个滚筒轴线上印刷压力的分布情况，以及最大印刷压力 P_{max}。从图 7-2(b) 可以看出，印刷压力在滚筒轴向上的分布存在中间小，两头大的马鞍形空间曲线。实际上，该空间曲线说明，在设计印刷机滚筒时，应该将滚筒的中间设计比两头要大一些。经验数据表明，该数据一般在 $0.08 \sim 0.15$mm（取决于滚筒尺寸大小）。

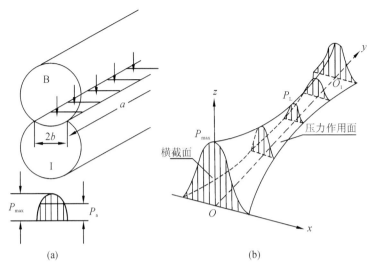

图 7-2 滚筒之间的平均压力与最大压力

7.2 印刷压力与油墨转移

印刷压力直接影响油墨从印版转移到印品上的程度[27]。如果用 f_0 表示油墨的转移率，则

$$f_0 = \frac{G_s}{G_p} \times 100\% \tag{7-3}$$

式中，G_s 为印品上的油墨量；G_p 为印版上的油墨量。

根据实验，印刷压力与油墨转移率之间存在图 7-3 所示的关系。当印刷压力为 P_A 时，油墨很少转移到印品上，这是由于 P_A 不足以使两滚筒间的衬垫压缩到完全接触而油墨充分向纸张渗透的程度。从曲线的 A 点开始，油墨转移率几乎随着压力呈比例地增加，当压力增加到 P_B 时，就可得到比较满意的印品。在曲

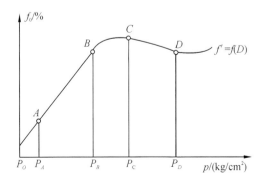

图 7-3 印刷压力 P 与油墨转移率的关系

线的 BC 段，虽然压力在 $P_B \sim P_C$ 范围内有所改变，但油墨转移率却近似不变，这时能得到质量比较稳定的印品。如果再继续增大压力超过 D 点，就会发生网点变形，图文歪曲。因此，把 P_B 称为工艺必须压力，P_C 称为适当压力，P_D 称为临界压力。

在印刷过程中，适当压力能使印版与橡皮及纸张完全接触，也就是使衬垫的弹性变形量大于参与接触的各部分的偏差。这种偏差基本上可分为两类：与制造有关的误差或压印副各组成部分的偏差（滚筒几何形状偏差，印版、纸张、衬垫等的厚度偏差）；印版、纸张、橡皮布的表面微观不平度。

以 h_1，h_2，h_2，$\cdots$，h_n 代表印版、滚筒、橡皮布、衬垫、纸张等的偏差，λ 代表按触区中衬垫的最大变形量，为使印版和橡皮布、橡皮布和纸张能够充分接触，则必须满足

$$\sum_{i=1}^{n} h_i < \lambda \tag{7-4}$$

由此可见，滚筒、印版、橡皮布、纸张的偏差越大，衬垫所发生的变形也越大，因此需相应地增加印刷压力。但就承印材料来讲，当承印材料表面过于粗糙时，就需要施加更大的印刷压力。

7.3　印刷压力的计算

人们按照不同目的对印刷机有不同的分类方法。例如，按照印版表面图文进行分类，分为凸版、凹版、平版、网版和特种印刷机；按照印刷机的结构形式不同，分为平压平、圆压平和圆压圆印刷机；按照印刷机完成印刷颜色的多少，分为单色、双色、四色印刷机以及多色印刷机；按照印刷单个颜色和其他功能的机组，分为机组式、卫星式、塔式、组合式和连线印刷机；按照纸张的形式不同，分为单张纸和卷筒纸印刷机等。为了研究印刷压力，通常按照结构分类，以方便压力分析和计算研究。下面讨论平压平、圆压平和圆压圆印刷机的印刷压力计算[9]。

7.3.1　平压平型

平压平是指印版、版台以及施压的平板都是平面形的。整个印版印刷部分的压印时间，由于结构不同，虽有一致的和不一致两种，但整个版面压印几乎是同时进行的。因此如果印版的组成部分和机器的构件制造得没有偏差，且在加压的作用下不变形，则总压力 Q 的大小应等于单位面积压力 P 与印刷部分全部面积 S 的乘积，即

$$Q = PS \tag{7-5}$$

例如，如果印 16 开，设版面大小为 18cm×26cm 的图版，P 以 25kg/cm² 计算，则作用于版面的总压力为

$$Q=PS=25×18×26=11\,700(\text{kg})$$

由此可见，平压平型印刷机的两拉杆必须具有足够的强度，才能受这样大的印刷压力。

7.3.2　圆压平型

在圆压平型的印刷机中，印刷过程是循序进行的，完成压印的每一瞬间，只有印版的某一部分和滚筒包衬相接触，如图 7-4 所示，因此整个接触面积 S 为

$$S=2ab \tag{7-6}$$

式中，a 为印版总长（也表示滚筒表面母线的有效长度）；$2b$ 为在压印瞬间印版与滚筒包衬接触的宽度。

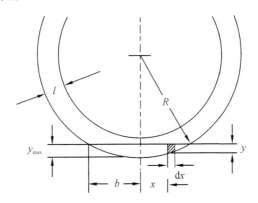

图 7-4　平压平型印刷机的压力示意图

为计算在此接触面上的总压力 Q，在此接触区中取一微小距离 $\mathrm{d}x$（图 7-4），式（7-7）是计算该滚筒在该微小距离 $\mathrm{d}x$ 上的微小面积的表达式。

$$\mathrm{d}S=a\mathrm{d}x \tag{7-7}$$

设 E 为包衬物的弹性模量系数，则在微面积上，包衬对印版的作用力表示为

$$\mathrm{d}Q = E\,\frac{y}{l}\mathrm{d}S \tag{7-8}$$

式中，l 为包衬厚度；y 为此微面积上衬垫的变形。

由图 7-4 可知

$$y = \sqrt{R^2-x^2} - \sqrt{R^2-b^2}$$

所以式（7-8）可写成

$$\mathrm{d}Q = \frac{aE}{l}(\sqrt{R^2-x^2} - \sqrt{R^2-b^2})\mathrm{d}x$$

对上式由 0 到 b 积分，且因图形对称关系，有

$$Q = \frac{2aE}{l} \int_0^b (\sqrt{R^2 - x^2} - \sqrt{R^2 - b^2}) \, \mathrm{d}x$$

$$= \frac{2aE}{l} \left(\frac{x}{2} \sqrt{R^2 - x^2} + \frac{R^2}{2} \arcsin \frac{x}{R} - \sqrt{R^2 - b^2} \cdot x \right)_0^b$$

$$= \frac{aE}{l} (R^2 \arcsin \frac{b}{R} - \sqrt{R^2 - b^2} \cdot b) \tag{7-9}$$

为简化计算步骤，式(7-9)可采用近似解法，展开级数

$$\arcsin \frac{b}{R} = \frac{b}{R} + \frac{b^3}{6R^3} + \cdots$$

因为这个级数很快地收敛，所以略去第三项及以后所有各项，而不会有很大误差。在这种情况下，可以得到

$$Q = \frac{aE}{l} \left[R^2 \left(\frac{b}{R} + \frac{b^2}{6R^2} \right) - \sqrt{R^2 - b^2} \right]$$

$$= \frac{2bE}{l} \left[R + \frac{b^2}{6R} - \sqrt{R^2 - b^2} \right] \tag{7-10}$$

由图 7-4 可知

$$y_{\max} = R - \sqrt{R^2 - b^2}$$

$$b^2 = R - (R - y_{\max})^2 = 2R y_{\max} - y_{\max}^2$$

因为 $y_{\max}$ 很小，舍去 $y_{\max}^2$，而 $y_{\max} = \lambda$，所以有式（7-11）：

$$b^2 = 2R y_{\max}$$

$$b = \sqrt{2R y_{\max}} = \sqrt{2R\lambda} \tag{7-11}$$

所以用式（7-11）代入式（7-10），得

$$Q = \frac{abE}{l} \left(y_{\max} + \frac{2R y_{\max}}{6R} \right) = \frac{4abE}{3l} y_{\max} \tag{7-12}$$

因印迹所需的单位压力（压强）的表达式为

$$P = \frac{E}{l} y_{\max} \tag{7-13}$$

将式（7-13）代入式（7-12），得

$$Q = \frac{4}{3} abP \tag{7-14}$$

式（7-14）是圆压平型印刷机的总压力的计算公式。

例如，设圆压平型印刷机安装 16 开的图版 8 块，版面大小为 $18\mathrm{cm} \times 26\mathrm{cm}$，取 $P = 25\mathrm{kg/cm^2}$，一般 λ 在 $0.2 \sim 0.3\mathrm{mm}$，视衬垫的材料而定，假设 λ 为 $0.3\mathrm{mm}$，滚筒半径 $R = 26.7\mathrm{cm}$，求压印时的总压力。

解：从实际测安装印版可知，印版是上下各四块，得有效版长为

$$a = 18 \times 4 = 72 (\mathrm{cm})$$

而
$$b = \sqrt{2R\lambda} = \sqrt{2 \times 26.7 \times 0.03} \approx 1.26 (\mathrm{cm})$$

$$Q = \frac{4}{3}abP = \frac{4}{3} \times 72 \times 1.26 \times 25 = 3024 \,(\text{kg})$$

这一例题与 7.3.1 节中的例题相比较，可以看出，在平压平型印刷机中，只印一块 16 开大小的图版，机器所受到的载荷就有 11 700kg。而在圆压平型印刷机中，印 8 块同样大小的图版，印刷机所受的载荷也只有 3024kg。由此可见圆压平型印刷机可印较多较大版面的原因。也就是圆压平印刷机在印刷过程中，是以线接触进行印刷，而平压平是以面接触印刷。

7.3.3　圆压圆型

在圆压圆型的印刷机中，确定整个接触宽度上总压力的方法与圆压平型的印刷机相同，唯在接触宽度上的计算略有区别，如图 7-5 所示。设 R_1 为压印滚筒半径，R_2 为装版滚筒半径。同样，在两滚筒的接触面上取一微面积，为

$$\text{d}S = a\text{d}x \tag{7-15}$$

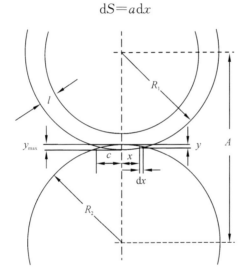

图 7-5　圆压圆型印刷机的压力示意图

在此微面积上，建立微分方程，包衬对印版的作用力为

$$\text{d}Q' = \frac{Ey}{l}\text{d}S = \frac{aE}{l}y\text{d}x \tag{7-16}$$

与前相同，式（7-16）中 E 表示衬垫的弹性系数；l 为包衬厚度；y 为此微面积上衬垫变形；a 为实际印版接触的长度；$\text{d}x$ 表示此微面积的宽。

由图 7-5 可知

$$y = \sqrt{R_1^2 - x^2} + \sqrt{R_2^2 - x^2} - A \tag{7-17}$$

将式（7-17）代入式（7-16）得

$$\text{d}Q' = \frac{aE}{l}(\sqrt{R_1^2 - x^2} + \sqrt{R_2^2 - x^2} - A)\text{d}x \tag{7-18}$$

从 0 到 c（圆压圆印刷机接触区宽度的 1/2）积分，且考虑到图形的对称性，有

$$Q' = \frac{2aE}{l} \int_0^c (\sqrt{R_1^2 - x^2} + \sqrt{R_2^2 - x^2} - A)\,\mathrm{d}x$$

$$= \frac{2aE}{l} \left(\frac{x}{2}\sqrt{R_1^2 - x^2} + \frac{R_2^2}{2}\arcsin\frac{x}{R_2} + \frac{x}{2}\sqrt{R_2^2 - x^2} + \frac{R_2^2}{2}\arcsin\frac{x}{R_2} - Ax \right)_0^c$$

$$= \frac{aE}{l} \left(c\sqrt{R_1^2 - c^2} + xR_2^2\arcsin\frac{c}{R_2} + c\sqrt{R_1^2 - c^2} + R_2^2\arcsin\frac{c}{R_2} - 2Ac \right)$$

$$\text{(7-19)}$$

展开式（7-19）中的级数：

$$\arcsin\frac{c}{R_1} = \frac{c}{R_1} + \frac{c^2}{6R_1^3} + \cdots$$

和

$$\arcsin\frac{c}{R_2} = \frac{c}{R_2} + \frac{c^2}{6R_2^{\,3}} + \cdots$$

由于该级数很快地收敛，故略去第三项及以后的各项，可求得 Q' 的近似解为

$$Q' = \frac{aE}{l} \left[c\sqrt{R_1^2 - c^2} + R_1^2\left(\frac{c}{R_1} + \frac{c^3}{6R_1^3}\right) + c\sqrt{R_2^2 - c^2} + R_2^2\left(\frac{c}{R_2} + \frac{c^3}{6R_2^3}\right) - 2Ac \right]$$

$$= \frac{caE}{l} \left(\sqrt{R_1^2 - c^3} + R_1 + \frac{c^2}{6R_1} + \sqrt{R_2^2 - c^2} + R_2 + \frac{c^2}{6R_2} - 2A \right) \qquad \text{(7-20)}$$

由图 7-5 可知

$$\sqrt{R_1^2 - c^2} + \sqrt{R_2^2 - c^2} = A \qquad \text{(7-21)}$$

$$R_1 + R_2 - A = y_{\max} \qquad \text{(7-22)}$$

把式（7-21）和式（7-22）代入式（7-20），可得

$$Q' = \frac{caE}{l}\left(y_{\max} + \frac{c^2}{6R_1}\ \frac{c^2}{6R_2} \right) \qquad \text{(7-23)}$$

$$c^2 = R_1^2 - (R_1 - y_1)^2 = 2R_1 y_1 - y_1^2$$

$$c^2 = R_2^2 - (R_2 - y_2)^2 = 2R_2 y_2 - y_2^2$$

因为 y_1 与 y_2 都很小，所以略去 y_1^2 与 y_2^2，取 $c^2 = 2R_1 y_1$ 与 $c^2 = 2R_2 y_2$，其误差极微小。由此式（7-23）可写为

$$Q' = \frac{caE}{l}\left(y_{\max} + \frac{2R_1 y_1}{6R_1} + \frac{2R_2 y_2}{6R_2} \right) = \frac{caE}{l}\left(y_{\max} + \frac{y_1 + y_2}{3} \right) \qquad \text{(7-24)}$$

由于 $y_1 + y_2 = y_{\max}$，则 $y_{\max}$ 引起的印刷压力由式（7-25）决定：

$$P = \frac{E}{l} y_{\max} \qquad \text{(7-25)}$$

把式（7-25）代入式（7-24），整理得

$$Q' = \frac{4}{3}acP \qquad (7\text{-}26)$$

在图 7-5 中，当印版滚筒 $R_2 \to \infty$ 时，圆压圆就成为圆压平，$R_1 = R$，$c = b$，式（7-26）就是式（7-14）。

因为 $c = 2R_1 y_1 = 2R_2 y_2$，得

$$R_1 y_1 = R_2 y_2 = R_2(y_{max} - y_1) = R_2 y_{max} - R_2 y_1$$

$$y_1 = \frac{R_2}{R_1 + R_2} y_{max}$$

在印版滚筒与压印滚筒一样大时，即 $R_1 = R_2 = R$ 时，有

$$y_1 = \frac{1}{2} y_{max}$$

$$c = \sqrt{R y_{max}} = \sqrt{R\lambda} \qquad (7\text{-}27)$$

7.3.4　圆压平与圆压圆的压力比较

若两压印滚筒（圆压圆和圆压平的压印滚筒）半径相等，则所用衬垫材料一样，衬垫厚度一样，那么衬垫的最大变形对某一种印件来讲也应该是一样，比较式（7-27）与式（7-11），所以有

$$c = \frac{\sqrt{2}}{2} b$$

再比较式（7-26）和式（7-14），有

$$\frac{Q - Q'}{Q} \times 100\% = \frac{b - c}{b} \times 100\% = \left(1 - \frac{\sqrt{2}}{2}\right) \times 100\% \approx 30\%$$

由此可知，在上述条件下，圆压圆印刷机在印刷中的总压力，比圆压平印刷机总压力要小将近 30%。一般能印同样幅面的圆压圆印刷机与圆压平印刷机的滚筒相比较，圆压圆的滚筒半径尺寸要小。显而易见，接触宽度更加减小，总压力就更小了。

7.4　压力分布曲线的作图方法

压力是一个滚筒对相邻的另一个滚筒的作用力，而且这个作用力是相互的。习惯上，常常把这两个力的任意一个力称为作用力，另一个力称为反作用力。

根据牛顿第三运动定律分析滚筒之间的滚压关系，相互滚压的滚筒之间的作用力和反作用力总是同时存在，它们的大小相等，方向相反，而

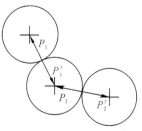

图 7-6　滚筒工作时的相互作用力

且总属于同一性质的力。

如图 7-6 所示，滚筒滚压时的作用力（压力）是相互作用的。对于各个滚筒本身来分析，过中心线的轴承和轴颈之间，承受大小相等、方向相反的压力。

7.4.1　压力的分布作图方法

在接触宽度上压力的分布，可通过作图法获得压力分布曲线[28]。作图的大步骤可分为：选比例尺；求圆心夹角 α；消去 dQ/ds 和作图过程。作图过程分为：等分压印接触区的 KN 线；作′点、″点、‴点和‴′点；把所有‴′点用光滑曲线连起；最后利用对称性，把另一边的曲线画出，得到光滑的印刷压力分布曲线。下面分步介绍作图法。

1）第一步：选比例尺并求 α

在弹性变形范围内，衬垫的变形与压力的关系，由式（7-8）可知

$$y = \frac{l}{E} \frac{dQ}{dS} \tag{7-28}$$

选取比例尺为 μ，把 μ 代入式（7-28），则有

$$y\mu = \frac{l}{E} \mu \frac{dQ}{dS} \tag{7-29}$$

并令

$$\cos\alpha = \frac{l}{E}\mu \tag{7-30}$$

将式（7-30）代入式（7-29），得

$$y = \frac{dQ}{dS} \frac{1}{\mu}\cos\alpha \tag{7-31}$$

由式（7-31）可得

$$\alpha = \arccos\left(\frac{l}{E}\mu\right) \tag{7-32}$$

由于衬垫厚度 l 及其材料的弹性模量 E 都是选定（已知），且 E 的数值远大于 l，所以 α 可求得。求得了 α，就知道了圆心夹角（确定作图中圆心的斜线 ON'），作图就有依据了。

2）第二步：消去 dQ/dS

为了作压力分布曲线，作直角三角形 $\triangle ABC$ 如图 7-7 所示，使 $\angle A = \alpha$，$AB = y$，那么有

$$AC = \frac{dQ}{dS} \frac{1}{\mu} \tag{7-33}$$

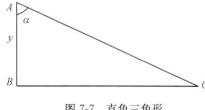

图 7-7　直角三角形

$$\frac{\mathrm{d}Q}{\mathrm{d}S} = \overline{AC}\mu \tag{7-34}$$

所以，通过直角△ABC，可求得 α。其实，作直角三角形的目的，由式（7-34）表明，是为了消去 $\mathrm{d}Q/\mathrm{d}S$，便于作图。

3）第三步：作图过程

图 7-8 为圆压圆印刷机衬垫受压变形情况下的压力分布。直线 KN 为两滚筒的接触宽度，衬垫最大变形为 $y_{\max}$。把直线 KN 分成若干相等的线段，如 4-3、3-2、2-1 和 1-N。从每一等分点 4，3，2，…N，作 KN 的垂线，交弧于 4′、3′、2′、…，N'各点，11′、22′、33′、…，NN'线段为该点衬垫实际变形量 y_i。

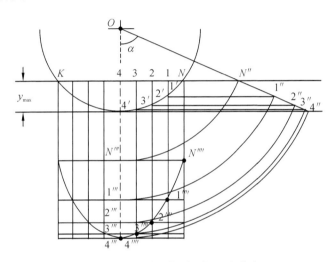

图 7-8　圆压圆型印刷机的压力分布

在图 7-8 中，从圆心处作 α 角，交 KN 延长线于 N''点，过 1′、2′、3′、4′点作直线平行于 KN 直线交于从圆心作出斜线 ON''延长线于 1′、2′、3′、4′和 N'点。则有，$\overline{11'} = \overline{01''}\cos\alpha$ 等。对线段 $\overline{11''}$、$\overline{22''}$，为变形 y 在某点的大小，可知线段 $\overline{01''}$，$\overline{02''}$ 等即表示某点 $\dfrac{\mathrm{d}Q}{\mathrm{d}S}$ 的大小（设 $\mu=1$）。

以圆心为原点，以 1″、2″、3″、4″和 N''点到圆心的距离为半径，画弧交两滚筒连心线于 1‴、2‴、3‴、4‴和 N'''点；过 1‴、2‴、3‴、4‴和 N'''点作对应弧的切线，交于对 11′、22′、23′、44′、和 N 点的延长线于 1⁗、2⁗、3⁗、4⁗、N''''点，把 1⁗、2⁗、3⁗、4⁗、N''''点连接起来，即得在接触宽度上的压力分布图。左半面可根据对称原理，得到压力分布曲线。此时，完成了压印接触区的全部压力分布曲线。

这里的压缩变形量 y 实际上就是讨论的 λ，则不难求得平均变形和平均压力。

平均形变为

$$\lambda_{平均} = \frac{y_1 + y_2 + y_3 + \cdots + y_n}{n} = \frac{\lambda_1 + \lambda_2 + \lambda_3 + \cdots + \lambda_n}{n} \qquad (7\text{-}35)$$

平均压力是

$$P_a = E \frac{\lambda_{平均}}{l}$$

最大压缩变形量是图 7-7 中的 4 点对应的 44′ 线段，称为 $\lambda_{\max}$；其最大压力为

$$P_{\max} = E \frac{\lambda_{\max}}{l}$$

7.4.2 压力的测量

到目前为止，印刷压力值还没有精确地测量出来。有资料所记载的数据，是模拟试验求得的，与实际情况也有出入，实用价值不大。如果工艺过程中实现了"理想压力"，即使没有压力的测量数据，也对生产无妨碍。生产实践中一般采用下列两种方法作为相对的衡量依据[29]。

（1）检验滚筒之间的接触宽度，换算为 λ。

（2）测量滚筒受压后的压缩厚度 y（即 λ）。

从弹性变形的理论可知，上述两种方法都有可变因素，并影响其精确度。因为 λ、E、L 都是决定压力的条件，只有在 E、L 取一定值时，λ 才能被确定，所以 λ 值只能用作相对比较。由于度量厚度时可能有误差、橡皮布拉伸时厚度有减少，滚筒受压也会有机械上的离让（y_1 和 y_2）存在，因此压缩形变值 λ_{pb}、λ_{bi} 可用图 7-1 进行测量，然后用式（7-1）和式（7-2）进行计算。

细心地测量上述 λ_{pb}、λ_{bi} 的数据，其计算结果就比较精确。

要想求得精确的 λ 值，关键在于对包衬厚度 P_0、B_0、I_0 的度量，特别是对橡皮布和毡呢厚度的准确度量，更是关键中的关键，因为它们的弹性都较好，如前所述，常有许多因素会影响度量的精确性。

正确有效的方法是：利用现有的胶印机滚筒壳体、滚枕等都有比较精确的数据，从已知的 $D'_{枕}$ 和 $D'_{印}$（或 $D'_{橡}$）之差，求得各滚筒尺寸的准确值，将印版或橡皮布以及它的衬垫物包绕在滚筒壳体上。校好压力达到理想状态，然后用筒径尺或筒径仪测得 Z（超过滚枕的高度），就能计算出 B_0 精确的实际厚度。就是说滚筒准确量加上的超过滚枕的高度，就是 B_0 的实际厚度。

对于 λ 值的正确测量，应该加以提倡。因此往往由于测量不准，就有人采用"大概估计"的办法。于是凭主观臆断提出不符合实际的数据，对理论建设是一种干扰，如果采用上述仪表测量的办法，测知精确的 λ 值，就能排除这种干扰。

同理，为了简化测量手续，从已知相邻两滚枕间的滚枕间隙 C_A 或 C_B，采用上述同样的方法，求得实际的 P_0、B_0 值，把 P_0、B_0 超过滚枕的高度，减去 C_A

和离让值 y，同样也能求得λ_{pb}，依此办法，也能求得λ_{bi}。这比前者从 H_A、H_B 求 λ 值要方便得多了。橡皮滚筒的压缩厚度除用测量法可以测知以外，还可以通过图 7-9 所示的对接触弧的宽度来进行计算。并且从图中可以推论不同的滚筒半径的"接触宽度"所对应的压缩厚度是各不相同的。

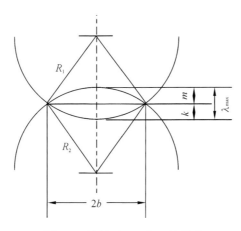

图 7-9　接触弧上 λ 与 b 的关系

从图 7-9 中两个相滚压的滚筒接触弧可以看到，它的最大压缩厚度为 λ_{max}，过中线的部分可分割成 k 和 m 两部分，接触弧弦长的 $1/2$ 为 b，则

$$\frac{b}{k}=\frac{2R_1-k}{b} \text{ 或 } b^2=\sqrt{2R_1k-k^2}$$

取近似值（k^2 很小，故可忽略）得到

$$b=\sqrt{2R_1k}$$
$$b=\sqrt{2R_2m}$$
$$R_2m=R_1k$$

但 $m+k=\lambda_{max}$，移项得

$$m=\lambda_{max}-k$$

故 $R_2(\lambda_{max}-k)=R_1k$。

由此，有

$$R_2\lambda_{max}=R_1k+R_2k=(R_1+R_2)k$$

和

$$k=\frac{R_2\lambda_{max}}{R_1+R_2}$$

将 k 值代入 $b=\sqrt{2R_1K}$ 中，得

$$b=\frac{2R_1R_2\lambda_{max}}{R_1+R_2}$$

因接触宽度为

$$B = 2b$$

于是

$$B = \sqrt{\frac{2R_1 R_2 \lambda_{\max}}{R_1 + R_2}}$$

当 $R_1 = R_2 = R$ 时，最后得式（7-36）：

$$B = 2\sqrt{R\lambda_{\max}} \tag{7-36}$$

如果已知滚筒半径和压缩厚度，可用上列公式计算出接触弧的宽度。但生产实践中，B 是可见的已知数，需要求知的是橡皮滚筒的压缩厚度，故可将上式转化为计算 $\lambda_{\max}$ 的式（7-37）。

$$\frac{B}{2} = \sqrt{R\lambda_{\max}}$$

$$b^2 = R\lambda_{\max}$$

所以

$$\lambda_{\max} = \frac{b^2}{R} \tag{7-37}$$

将 $D_0 = 300\text{mm}$ 的机型测量数据 B，用式（7-36）和式（7-37）的计算结果列于表 7-1。

表 7-1　λ 与 b 的变化（$D_0 = 300\text{mm}$）　（单位：mm）

R	$\lambda_{\max}$	b^2	b	B
150	0.10	15	3.88	7.76
150	0.15	22.5	4.75	9.5
150	0.20	30	5.48	10.96
150	0.25	37.5	6.13	12.26
150	0.30	45	6.71	13.42

同样，以接触宽度衡量压力大小，是比较方便的，只要"合压"空转在滚筒表面涂满墨层滚压的情况下，使机器停转数秒钟，再将机器点动少许，即见"压扛"痕，并求得橡皮布的压缩厚度，包括 λ_{pb} 和 λ_{bi}。但应考虑到其他条件的影响，如橡皮布的弹性模数、橡皮布及其衬垫物的总厚度。需要注意的是，只有在同类型的滚筒半径相同的机器上才可进行相对比较。表 7-1 表明，随压痕宽的增加压入量 $\lambda_{\max}$ 也随之增加。

7.5　滚筒半径与印品质量

压印滚筒的大小对印刷质量也有一定关系，把滚筒每一点的压印过程看成滚

筒表面包衬由开始变形到变形消失的过程，
这一过程的时间对印刷质量来说，一般长
一些比短一些的好。我们知道印刷压力不
是由滚筒大小来决定的，印同一产品，用
同一种衬垫材料与同样厚度的包衬，虽在
大小不同的滚筒下进行印刷，其变形深度
必须一样。因为单位压力取决于变形 Δl 的
大小。由此，大滚筒对版面接触部分所张开
的角度，反而要比小滚筒对版面接触部分所
张开的角度小，这可从图 7-10 中证明。

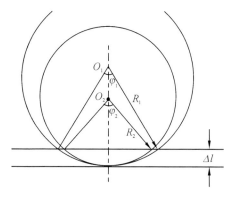

图 7-10　滚筒大小与印品质量的关系

　　如图 7-10，设大滚筒半径为 R_1；小滚筒半径为 R_2；大滚筒对版面接触部分
所张开角度为 φ_1；小滚筒对版面接触部分所张开角度为 φ_2。

因为
$$\cos\frac{\varphi_2}{2}=\frac{R_1-\Delta l}{R_1}=1-\frac{\Delta l}{R_1}$$

而
$$R_1>R_2$$

$$\frac{\Delta l}{R_2}>\frac{\Delta l}{R_1}$$

$$1-\frac{\Delta l}{R_1}>1-\frac{\Delta l}{R_2}$$

所以
$$\cos\frac{\varphi_1}{2}>\cos\frac{\varphi_2}{2}$$

得
$$\varphi_1<\varphi_2$$

　　一般所讲的车速，如每分钟 100 张，都是以角速度为依据的，若两滚筒的车
速相同，即 $\omega_1=\omega_2$

　　其中，ω_1 为大滚筒的角速度；ω_2 为小滚筒的角速度。

　　用 t_1 表示转过 φ_1 角度的时间，用 t_2 表示转过 φ_2 角度的时间，有

$$\omega_1=\frac{\varphi_1}{t_1},\quad \omega_2=\frac{\varphi_2}{t_2}$$

　　因为 $\omega_1=\omega_2$，$\varphi_1<\varphi_2$，所以 $t_1<t_2$。

　　由此可知，在同一车速情况下，滚筒表面的包衬由开始变形到变形消失的过
程，小滚筒比大滚筒时间要长，即力的作用时间长，这对纸面变平，油墨的转移
都有好处。

　　对于一般产品，上述情况对质量影响还不很显著，但对网纹图版、实地版
（光版）印刷，车速这一因素就有考虑的必要。

　　要获得同样质量的印迹，较大的圆压圆型印刷机的车速，就必须要比较小的
圆压圆型印刷机的车速慢。并且当两滚筒的转速相同时，有

$$V_1 = R_1 \omega_1$$
$$V_2 = R_2 \omega_2$$
$$V_1 > V_2$$

式中，V_1 为大滚筒的线速度；V_2 为小滚筒的线速度。

因此，对于目前利用线带传纸的印刷机，小的圆压圆型印刷机传纸要稳定很多，这对印刷图版等精细产品提供了有利条件。

7.6　滚筒速度与速差

根据胶印工艺要求，印版、橡皮和压印滚筒在滚压时，通过斜齿轮啮合不但要传动平稳，瞬时传动比恒定不变，并且要求三滚筒表面线速度一致，表面属纯滚动接触而没有滑动（摩擦）。

如果齿轮加工精度是良好的，又啮合在节圆相切的标准位置上，则说明两个相啮合的节圆线上的线速度是一致的。但是要想使滚筒印刷表面的线速度一致，从理论上来讲，三滚筒的半径都必须和齿轮节圆直径相等，否则就不可能没有滑动。众所周知，滚筒要在工艺过程中包衬，压印滚筒所带的纸的厚度也有不同。这就要求包衬的结果是：它们的直径必须严格的与齿轮节圆直径相等，或者三滚筒上同样加减某个数。但是橡皮滚筒是弹性体，不可避免地会有压缩形变，怎样获得三滚筒线速度相等，这就值得深入研究。

7.6.1　线速度与角速度

在匀速直线运动中，运动物体所通过的路程和通过段路程所用的时间比，称为物体的运动速度，以 V 代表速度，可以用路程 S 和相对应的时间 t 来求速度：

$$V = \frac{S}{t}$$

或者在对应时间内求路程：

$$S = Vt$$

这是物体一种最简单的运动形式。

滚筒做匀速圆周运动时，速度的方向随时发生改变，但速度大小不变，它等于通过的弧长 S 与所用时间 t 的比，即

$$V = \frac{S}{t}$$

在圆周上某一点的线速度方向就是该点的切线方向。

质点做曲线运动时的速度，称为线速度。线速度大小与圆的半径有关。如图 7-11 所示。由图可见，转动物体上各点的半径不同，在相同时间内所转过的角度都是相同的。这样半径越大，在相同时间内转过弧长也越大，即线速度就越

大，反之则小。

根据滚筒转动的这个特性，即各点的半径在相同的时间内都转过相同的角度。引入一个叫角速度的物理量来描述滚筒的转动情形。

角速度是转动物体上任何垂直于转轴的直线所转过的角度和转过这一角度所需的时间的比：

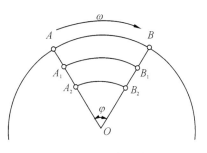

图 7-11　半径上各点转过
相同角度的弧长比较

$$\omega = \frac{\varphi}{t}$$

式中，ω 为角速度；φ 为转过的角度；t 为时间。

显然，在匀速转动中，ω 是一个恒量，这和匀速运动速度的含义相似。

在工程技术上，还常用单位时间内的转数来计算。如果用 n 表示每秒的转数，则

$$\omega = 2\pi n$$

另外，滚筒转动一周，表面质点通过了 $2\pi R$ 的路线。所以质点的线速度 V 为

$$V = 2\pi R n$$

式中，R 为圆的半径。

由此可见，ω 与 V 的关系为

$$V = \omega R$$

这个公式很重要，它可以指导机器设计、抢修和使用，应该作为滚筒包衬的理论依据。因为知道了滚筒转动的角速度，就可求出任何半径的线速度。通常对传动比 $i=1$ 的胶印机来说，它们的角速度是

$$\omega_{印} = \omega_{橡} = \omega_{压} = \omega$$

故非常清楚，要实现

$$V_{印} = V_{橡} = V_{压}$$

只要使

$$R_{印} = R_{橡} = R_{压}$$

即可。

对于滚筒传动比为整数倍的胶印机，ω 与 R 成反比即可。

如果计算相滚压的滚筒线速度之差 ΔV，则可以由下式计算：

$$\Delta V = (R_1 - R_2)\omega = (R_1 - R_2)2\pi n$$

实际上，一般只要算出滚筒之间在每转一周的滑动距离 ΔS 就可以衡量包衬和计算值是否合理，可设 $n=1$：

$$\Delta S = (R_1 - R_2)2\pi$$

很明显，若 $R_1 - R_2 = 0$，则 $\Delta S = 0$；若 $R_1 > R_2$，则 ΔS 为正值；若 $R_1 < R_2$，则

ΔS 为负值。

如果三滚筒都是刚体，则 $\Delta S = 0$，即线速度相等是不难实现的。现在探讨的关键问题应该集中在弹性体的压缩形变问题上，并且明确如何从工艺上减少由弹性体压缩形变所造成的速差和摩擦，就是我们对滚筒滚压的理论分析的着眼点，任何超越这个范围的种种说法，都是不适当的。

7.6.2　速度差

7.6.2.1　橡皮滚筒的自由半径与压缩半径

从图 7-12 可见，假定印版滚筒 A（或压印滚筒）对橡皮滚筒 B 在静止的情况下施加压力，则橡皮滚筒形变的表面受到沿印版滚筒法线方向的压力，研究加在 n 和 n' 点的压力 P 和 P'，根据静力学的规则可把 P 和 P' 力分成两个分压，一个指向滚筒 B 的中心（N 和 N'），而另一个则沿切线的方向（Q 和 Q'），N 和 N' 使橡皮布紧压在滚筒表面；而 Q 和 Q' 把橡皮布沿这些力的方向移动，使橡皮布在产生如图 7-13 所示的变形。图示虚线表示没有估计到这种变形，实线是表示 Q 和 Q' 力作用的结果。

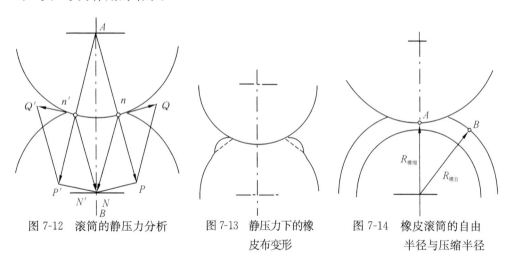

图 7-12　滚筒的静压力分析　　　图 7-13　静压力下的橡　　　图 7-14　橡皮滚筒的自由
　　　　　　　　　　　　　　　　　　皮布变形　　　　　　　　　　　半径与压缩半径

所以即使在静压状态下，如图 7-14 所示的橡皮滚筒也有未压缩的自由半径（$R_{橡自}$）和被压缩半径（$R_{橡缩}$）存在。

橡皮滚筒由于压缩形变的存在，它本身的半径在滚压中也不可能绝对相等，故滚筒之间的速差，就在这个范围来说，是绝对存在的，由速差构成的滑动也就是不可避免的，但是从工艺技术上应该使速差和摩擦尽可能地小。

在 B-B 型的 JJ201 卷筒纸印刷机上，它由两个印版滚筒和两个橡皮滚筒组成一个双色组，两个橡皮滚筒各自代替了另一色的压印滚筒，因此省略了压印滚筒。它在滚压时是两个橡皮滚筒相对滚，都有压缩形变，因此有各自的自由半径和压缩半径。

7.6.2.2 压缩形变引起的速差分析

在滚筒滚压运转时，情况要比图 7-13 所示的复杂得多，这时由于压缩变形引起半径不同，导致压印面之间产生速差多少不同。如图 7-15 所示，滚筒 A 和 B 以不变的角速度按箭头所示的方向滚压，假定滚筒 A 的 a 点线速度为 V_A，滚筒 B 的 a' 点线速度为 V_B，若 $R_印 = R_{橡自}$，则 $V_A = V_B$。

而压印面内其他点的速度不相等，如 C 点的速度，可得 $V_A' > V_B'$。

也就是说，由于橡皮布及其衬垫的压缩形变，在接触宽度内的各点是不同的，除 a 点外，两个滚筒接触面的其他各点的速度都不相同，为了进一步分析速差的存在，请参阅图 7-16。假定 V_A' 是滚筒运动的基本速度，即 $R_印 = R_{橡缩}$，也就是说在这一点，两个滚筒的线速度是相等的，在接触弧上任意取一点 C，以 O 为圆心，OC 为半径作弧 $\overset{\frown}{CC_1}$，自 C_1 点引一直线平行于 V_A'，延长 V_A'，交该直线于 V_C，得直线 C_1V_C，则其长度为 C 点的速度 V_C。自 V_A' 作一直线垂直于 V_C，截线 ΔV 即为速差。

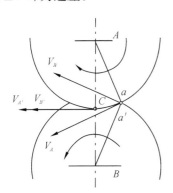

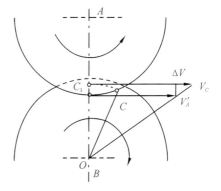

图 7-15　自由半径与压缩
半径的线速度比较

图 7-16　滚筒运转的速差分析

由此可以看到：当 $R_印 = R_{橡自}$ 时，印版滚筒线速度与橡皮滚筒的未压缩表面的线速度相等，而接触弧内任意一点的线速度都比印版滚筒慢。

又当 $R_印 = R_{橡缩}$ 时，印版滚筒线速度与橡皮滚筒压缩最多的一点线速度相等。同样，除这一点外，接触弧内其他各点的线速度都比印版滚筒快。

因此，由于压缩形变的存在，接触弧上的橡皮滚筒的线速度，只有一点或者两点能与相滚压的滚筒线速度相等，其他任何各点都不相等，故滚筒间的速差是不可避免的。

为了深入研究接触弧上所发生速差的全面情况，可用图 7-17 来说明。从滚筒圆心 O_2 与开始接触点 1 和结束接触点 9，各引出连线，可得 β 角和平均分布的接触点 1、2、3、4、5、6、7、8、9。按照计算滚筒衬垫的基本准则，点 5 的速度往往被当做该滚筒基本的代表性的速度。假定点 5 的速度以直线线段来表示，这一线段是附加在这个点上并垂直于指向滚筒旋转方向的半径，为了确定任何另外各点的速度，以 $O_1 4$、$O_2 3$、$O_1 2$、$O_1 1$ 为半径，将 4、3、2、1 各点转移到滚筒的中心连线上，就得到 $1'$、$2'$、$3'$、$4'$ 各点，并连接 O_1 与表示速度的 V_5 的末端。如果从 $1'$、$2'$、$3'$、$4'$ 各点画出中心连线的垂直线并相交于 $O_1 V_5$ 的延长线上，就可以看出橡皮布受压面积上的滑动曲线（其余作图方法与印刷压力作图方法一样）。

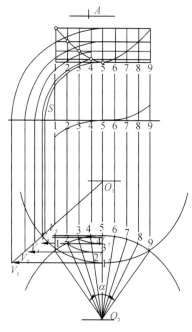

图 7-17　绘制速差曲线示意图

图 7-17 还表征着积分曲线，即橡皮布的滑动量。从图上可以进一步设想，如果橡皮布受压的绝对形变越大，则速度差的值越大，滑动量也按正比关系剧增。所以从减少滑动量考虑，为了避免由此而产生的一系列问题，必须严格地实现理想压力的原则。

7.6.2.3　包衬引起的速差

如果不按照滚筒之间线速度应尽可能一致的准则出发，任意地改变滚筒中心距，或者任意地增大橡皮滚筒的半径并减小印版滚筒的半径，或者相反，总之使

$$R_印 > R_{橡自} \quad 或 \quad R_印 > R_{橡缩}$$

这样就不是前述的滚压情况了，不但接触弧内没有一点是线速度相等的，而且速差量会在原有的基础上显著地增加。如图 7-18 所示，由于滚筒被包衬为

$$R_印 < R_{橡缩}$$

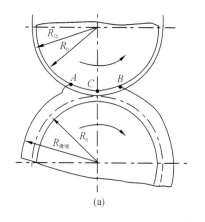

(a)

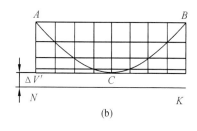

(b)

图 7-18　$R_印 < R_{橡缩}$ 时的速差、摩擦和变形

把曲线图上滚筒线速度相等的 NK 线称为基本速度线，这时，速差线在 NK 线的上面，曲线上的任何一点都与 NK 线间隔一定距离。间隔距离的大小，取决于包衬不适当的程度如何。图上的 C 点因与滚筒齿轮节圆的切点不相重合，故在 CA 也有 ΔV 的存在。速差曲线上的所触点也都相应地增加 $\Delta V'$ 的数值，图示的 A、B 点的速差最大，包括滚筒包衬不适当引起的速差 $\Delta V'$ 和弹性体压缩形变引起的速差 ΔV，就是 $\Delta V + \Delta V'$。

因此，印刷面的速差更大，摩擦量也就增大。如果包衬 $l_\mathrm{p} = l_\mathrm{b}$，则除了包衬不适当所引起的速差，还会使压印滚筒与橡皮滚筒用增加额外的压力，这时，P_B 就比 P_A 大得多。由于压力过大所产生的后果就不可避免了，单从受压形变情况来说，橡皮布挤伸量大，印纸承受的压力大，纸张和橡皮布的形变增大，必然造成印张上所印的图文增大。当然还有其他种种有害的后果。如果为了不使 P_B 过大，就得增加 l_b，则会影响齿轮的啮合精度和传动的平稳性。

反之，如图 7-19 所示，假使过多地增大印版滚筒的包衬和半径，使橡皮滚筒的半径相对应地缩小，也会出现不正常的情况，这时，速差曲线处于 NK 线的下面，正好与图 7-18 所示的情况相反，C 点的速差最大。然而，接触弧上任何质点都存在速差，而且额外增加 $\Delta V''$ 是相似的。在 C 点上最大速度为：$\Delta V + \Delta V''$ 滚筒表面之间的速差和滑动量也很大，但摩擦方向相反。同样理由，如果这时 $l_\mathrm{p} = l_\mathrm{b}$，而且 P_B 很小，当然也不可能获得令人满意的印刷效果。为使 $P_A = P_B$ 或者 P_A、P_B 都符合印刷要求，那么只有选择另一途径，就得扩大 l_p 而减少 l_b，随着滚筒半径增减的多少，l_p 和 l_b 也要增减相对应的数值，当然也是不合理的。

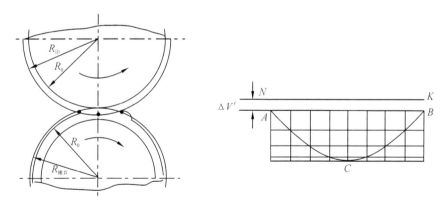

图 7-19　$R_{印} > R_{橡自}$ 时的速差、摩擦和变形

7.7　保持最小速差的方法

通过以上分析，明确了在机器正常的情况下，印刷标准的纸张，应使滚筒中

心距处于节圆相切，包衬以后滚筒线速度尽可能一致，弹性体的压缩形变所引起的速差尽可能小，要努力减少滚筒半径之差，不允许超过压缩形变的厚度。那么怎样来解决由弹性体受压形变构成速差的问题呢？具体地说，在接触弧上选取哪一点，使 ΔV 趋近于零？也就是压缩厚度应该按什么比例分配于印版滚筒或橡皮滚筒，才更合理呢？

7.7.1　接触弧滑动量的计算

要说明接触弧滑动量这一问题，并且考虑到速差在印刷工艺中的各种影响，除了分析以前提到的滚筒每转一周的累积滑动量，还得进一步探讨滚筒滚压时接触弧上的滑动情况。滚筒表面的任一质点通过接触弧所受到的相对滑动为 max S_{CK}；接触弧上的积分滑动量为 $\sum S_{CK}$[9]。

为了示例，分析滚筒滚压时的相互接触情况，参阅图 7-20。图中，印版滚筒 O_1 与橡皮滚筒 O_2 相滚压，并以相同的节圆半径 R_0 的齿轮做强制传动。

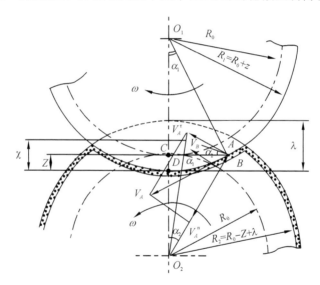

图 7-20　滚筒接触弧滑移示意图

如在橡皮滚筒受压变形的接触弧面上取 A 点，这时图示印版滚筒的线速度 V_A 取决于

$$V_A = \frac{V_A^\tau}{\cos(\alpha_1 + \alpha_2)} = \frac{V_B(R_0 - Z + x)}{R_0 \cos(\alpha_1 + \alpha_1)} \tag{7-38}$$

式中，V_A^τ 为橡皮滚筒 A 点的线速度，可以用式（7-39）求得。

$$V_A^\tau = V_B \frac{O_1 A}{O_2 B} = V_B \frac{R_0 - Z + x}{R_0} \tag{7-39}$$

图 7-20 中：α_1 和 α_1 为 A 点接触面所对的中心角的 1/2；x 为 A 点上橡皮布

及其衬垫物的绝对形变；Z 为高于滚筒齿轮节圆的数值。

因为
$$\frac{V_B}{R_0} = \omega = \frac{V_1}{R_1} = \frac{V_1}{R_0 + Z}$$

式中，ω 为滚筒转动的角速度；V_1 为印版滚筒任意点的线速度。则

$$V_A^\tau = V_1 \frac{R_0 - Z + x}{R_1 + Z}$$

所以
$$V_A = V_1 \frac{R_0 - Z + x}{\cos(\alpha_1 + \alpha_2)(R_0 + Z)}$$

这时，橡皮布表面对于印版表面滑动的相对速差 V_{CK}（假定橡皮布及衬垫物背面与滚筒壳体没有位移）为

$$V_{CK} = V_A - V_1 = V_1 \left[\frac{R_0 - Z + x}{\cos(\alpha_1 + \alpha_2)(R_0 + Z)} - 1 \right] \tag{7-40}$$

如果橡皮布的压缩形变厚度与滚筒直径相比较，当相邻两滚筒的半径掌握在近似相等的正常状况下时（$R_1 \approx R_2$），可以认为

$$\alpha_1 \approx \alpha_2 = \alpha$$

式（7-40）就可以写为

$$V_{CK} = V_1 \left[\frac{R_0 - Z + x}{\cos 2\alpha (R_0 + Z)} - 1 \right] \tag{7-41}$$

橡皮布及其衬垫物在 A 点的绝对变形可用下式计算：

$$\cos\alpha = \frac{O_1 C}{O_1 A} = \frac{O_1 D + CD}{O_1 A} \approx \frac{R_0 - Z + \dfrac{x}{2}}{R_0 - Z + x} \tag{7-42}$$

由式（7-41）可得

$$x = \frac{2(R_0 - Z)(1 - \cos\alpha)}{2\cos\alpha - 1} \tag{7-43}$$

将式（7-43）代入（7-41）式，经过换算得

$$V_{CK} = V_1 \left[\frac{\dfrac{R_0 - Z}{R_0 + Z} - (2\cos\alpha - 1)\cos 2\alpha}{(2\cos\alpha - 1)\cos\alpha} \right] \tag{7-44}$$

式（7-42）中分母近似等于 1，所以有

$$V_{CK} \approx V_1 \left[\frac{R_0 - Z}{R_0 + Z} - (2\cos\alpha - 1)\cos 2\alpha \right]$$

$$= V_1 \left[\frac{R_0 - Z}{R_0 + Z} - \cos\alpha + \cos 2\alpha - \cos 3\alpha \right] \tag{7-45}$$

假如将式（7-45）用坐标表示，则可得到一系列的谐波曲线，如图 7-21 所示。

图 7-21 中，每条曲线在纵坐标方向隔开，由于 Z 值不同，曲线间的距离见式（7-46）。

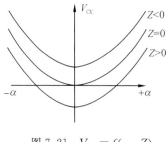

图 7-21 $V_{CK}=f(a, Z)$
示意图

$$V_1\left(1-\frac{R_0-Z}{R_0+Z}\right)=V_1[1-f(Z)] \quad (7\text{-}46)$$

（1） α 值或接触区宽度增大，相对滑动的速差也随之增加。

（2）假如 $Z\leqslant 0$，相对滑动的速差是正值，故接触弧上，任何一点橡皮滚筒的线速度都比印版滚筒大。

所谓 $Z\leqslant 0$，就是说把弹性体的压缩形变值 λ 全部分配于橡皮滚筒上。甚至其分配值超过 λ。

（3）假如 $Z>0$，$V_{CK}=f(\alpha)$ 值因 $\pm$ 符号将是变化的。

橡皮滚筒和印版滚筒之间的相对滑动量的大小，可将式（7-45）积分，得

$$\begin{aligned}
S_{CK} &= \int V_{CK}\,\mathrm{d}t = \int \frac{V_1}{\omega}\left(\frac{R_0-Z}{R_0+Z}-\cos\alpha+\cos 2\alpha-\cos 3\alpha\right)\mathrm{d}\alpha \\
&= R_1\left(\frac{R_0-Z}{R_0+Z}\alpha-\sin\alpha+\frac{1}{2}\sin 2\alpha-\frac{1}{3}\sin 3\alpha\right) \\
&= (R_0+Z)\left(\frac{R_0-Z}{R_0+Z}\alpha-\sin\alpha+\frac{1}{2}\sin 2\alpha-\frac{1}{3}\sin 3\alpha\right) \quad (7\text{-}47)
\end{aligned}$$

橡皮滚筒和印版滚筒之间相对滑动量的总和，可由式（7-47）在 $\alpha=0$ 到 $\alpha=\alpha_K$ 内积分得到。

考虑到

$$\alpha=\alpha_K\approx\arctan\frac{b}{2R_0}=\arctan\sqrt{\frac{\lambda}{R_0}} \quad (7\text{-}48)$$

式中，α_K 为接触弧所对中心角的 $1/2$。b 为接触宽度的 $1/2$；λ 为橡皮布及其衬垫物的最大压缩量。

这时，得到

$$\begin{aligned}
\sum S_{CK} &= 2\int_0^{\frac{t_K}{2}} V_{CK}\,\mathrm{d}t \\
&= 2R_1\left(\frac{R_0-Z}{R_0+Z}\alpha_K-\sin\alpha_K+\frac{1}{2}\sin 2\alpha_K-\frac{1}{3}\sin 3\alpha_K\right) \quad (7\text{-}49)
\end{aligned}$$

式中，$\sum S_{CK}$ 为接触时间内橡皮布和印版的总滑动量；t_K 为接触时间。

当 $\alpha=\alpha_0$ 时，式（7-47）的最大值可以从式（7-50）求得

$$\frac{\mathrm{d}S_{CK}}{\mathrm{d}\alpha}=V_{CK}=V_1\left(\frac{R_0-Z}{R_0+Z}-\cos\alpha+\cos 2\alpha+\cos 3\alpha\right)=0 \quad (7\text{-}50)$$

例如：在胶印机一般工艺过程中的滚压状况。设：$R_0=150\mathrm{mm}$，$\lambda=0.2\mathrm{mm}$，$V_1=1\mathrm{m/s}$，再将橡皮布及其衬垫物的压缩厚度按下列四种不同情况分配于印版滚筒：$Z=0$，$Z=\lambda/3$，$Z=\lambda/2$，$Z=\lambda$。

在这个例子中，b 的范围内是从 $-\alpha_K$ 到 $+\alpha_K$，其中

$$\alpha_K = \arctan\sqrt{\frac{\lambda}{R_0}} = \arctan\sqrt{\frac{0.2}{150}} = 2°5'$$

根据式（7-49）计算的结果，列于表 7-2。

表 7-2　Z 值与滑动量　　　　　　　（单位：mm）

λ 分配值	$\sum S_{CK}$	λ 分配值	$\sum S_{CK}$
$Z=0$	0.014 31	$Z=\lambda/2$	$-0.000\ 27$
$Z=\lambda/3$	0.004 08	$Z=\lambda$	$-0.014\ 87$

为计算最大的相对滑动量，从式（7-50）可以得出，当 $\alpha=\alpha_0$ 时，函数 $S_{CK} = f(\alpha)$ 具有最大值，为此解下列方程式：

$$\frac{R_0 - Z}{R_0 + Z} - \cos\alpha_0 + \cos2\alpha_0 - \cos3\alpha_0 = 0 \tag{7-51}$$

式（7-51）经过换算可得

$$4\cos^3\alpha_0 + 2\cos^2\alpha_0 - 2\cos\alpha + \left(1 - \frac{R_0 - Z}{R_0 + Z}\right) = 0 \tag{7-52}$$

式（7-52）与式（7-53）等同：

$$ax^3 + bx^2 + cx + d = 0 \tag{7-53}$$

式中，$a = 4, b = -2, c = -2, d = 1 - \dfrac{R_0 - Z}{R_0 + Z}$。

将式（7-51）除以 a，并用新值 $y = x + \dfrac{b}{3a}$ 代替 x，则得

$$y^3 + 3py + 2q = 0 \tag{7-54}$$

式中

$$2q = \frac{2b^3}{27a^3} - \frac{bc}{3a^2} + \frac{d}{a}$$

$$2p = \frac{3ac - b^2}{3a^2}$$

很明显，式（7-54）的实值取决于判别式 $D = q^2 + p^3$：当 $D<0$ 时，方程有三个不同的实值；当 $D>0$ 时，则为一个实值，两个虚值。

利用高尔顿定律可解方程式（7-54）的根：

$$\begin{cases} y_1 = u + v \\ y_2 = \varepsilon_1 u + \varepsilon_2 v \\ y_3 = \varepsilon_2 u + \varepsilon_1 v \end{cases} \tag{7-55}$$

式中

$$u = \sqrt[3]{-q + \sqrt{p^3 + q^2}}$$

$$v = \sqrt[3]{-q - \sqrt{p^3 + q^2}}$$

而 ε_1 和 ε_2 为方程式 $x^2 + x + 1 = 0$ 的根，即

$$\varepsilon_{1,2} = -\frac{1}{2} \pm i\frac{\sqrt{3}}{2}$$

在上述所举的分析例子中，p、d 和 q 为表 7-3 所列的值。

表 7-3　p、d 和 q 与 Z 的关系

Z	p	d	q
$Z=0$	$-0.194\,4$	$0.000\,0$	$-0.046\,3$
$Z=\lambda/3$	$-0.194\,4$	$0.000\,9$	$-0.046\,2$
$Z=\lambda/2$	$-0.194\,4$	$0.001\,3$	$-0.046\,1$
$Z=\lambda$	$-0.194\,4$	$0.002\,7$	$-0.046\,0$

为计算 u 和 v 的值，并注意 p^3 是负值，其绝对值大于 q^2 的正值，将根号内用三角表示，并利用麻拉公式，从而可得

$$
\begin{aligned}
u,v &= \sqrt[3]{-q \pm i\sqrt{p^3 - q^2}} = \sqrt[3]{\gamma(\cos\varphi \pm i\sin\varphi)} \\
&= \sqrt[3]{\gamma}\left(\cos\frac{\varphi + 2k\pi}{3} \pm i\sin\frac{\varphi + 2k\pi}{3}\right) \\
&= \sqrt{p}\left(\cos\frac{\varphi + 2k\pi}{3} \pm i\sin\frac{\varphi + 2k\pi}{3}\right)
\end{aligned} \tag{7-56}
$$

式中，φ 为综合数；γ 为综合数的模量，其值为 $\gamma = \sqrt{(-q)^2 + \sqrt{(p^3 - q^2)^2}} = \sqrt{p^3}$。

从运算的结果知道，在接触弧的范围内，当 $k=0$ 时，方程式只能是一个根 y_1，所以

$$y_1 = u + v = 2\sqrt[3]{\gamma}\cos\frac{\varphi}{3} = 2\sqrt{p}\cos\frac{\varphi}{3} \tag{7-57}$$

$$\alpha_0 = \arccos\left(y_1 - \frac{b}{3a}\right) = \arccos\left(y_1 - \frac{-1}{6}\right) \tag{7-58}$$

利用式（7-58）得到的值 α_0，相对滑动量的最大数值可由式（7-59）计算得到：

$$
\begin{aligned}
\max S_{CK} &= 2\int_0^{\alpha_0}\frac{V_{CK}}{\omega}\,d\alpha = 2R_0\int_0^{\alpha_0}\left(\frac{R_0 - Z}{R_0 + Z} - \cos\alpha + \cos2\alpha - \cos3\alpha\right)d\alpha \\
&= 2\,(R_0 + Z)\left(\frac{R_0 - Z}{R_0 + Z}\alpha_0 - \sin\alpha_0 + \frac{1}{2}\sin\alpha_0 - \frac{1}{3}\sin\alpha_0\right)
\end{aligned} \tag{7-59}
$$

所计算出的最大相对滑动量的绝对值列于表 7-4。

表 7-4　最大相对滑动量

Z	$\sqrt{p}$	$\cos\varphi$	$\varphi/3$	y_1	α_0	max S_{CK}/mm
$Z=0$	0.440 9	0.540 3	$19°6'$	0.833 3	$0°$	0.014 8
$Z=\lambda/3$	0.440 9	0.539 1	$19°8'$	0.833 1	$\pm1°15'$	0.006 5
$Z=\lambda/2$	0.440 9	0.538 0	$19°9'$	0.833 0	$\pm1°30'$	0.006 1
$Z=\lambda$	0.440 9	0.536 8	$19°11'$	0.832 9	$\pm1°42'$	0.018 7

注：当 $Z=0$，曲线 $S_{CK}=f(\alpha)$ 的转折点即为 $\alpha_1=0°$，所以这时 max $S_{CK}=\sum S_{CX}$。

7.7.2　滑动量的分析

从上述推导和运算的例子来分析所得到 $\sum S_{CK}$ 和 maxS_{CK} 的值，单从滑动这个方面来说，可以清楚地知道：

（1）$Z=\lambda/2$ 的 $\sum S_{CK}$ 最小，而 max S_{CK} 则比 $Z=\lambda/3$ 大些，对减少接触弧的摩擦是有利的。

（2）$Z=\lambda/3$ 的 max S_{CK} 比 $Z=\lambda/2$ 少，$\sum S_{CK}$ 则比前者大些，效果与（1）相似。

（3）$Z=0$ 和 $Z=\lambda$ 不是理想的状态，两者的 $\sum S_{CK}$ 和 max S_{CK} 值都比较集中，绝对值相近，仅是符号相反而已。

（4）如果将 λ 减少而又能印得结实，则可使两种滑动的运算值都有相应的减少。

（5）如果滚筒包衬后的半径差超过 λ 值，可见显然是很不合理的。

如果从接触弧的滑动量来分析，应该是将 λ 值平均分配，或按 $1/3：2/3$ 分配于印版滚筒及橡皮滚筒为好。

但是考虑到滚筒之间每转的实际累积滑动量也是构成印刷各方面效果的重要因素，并且由于橡皮滚筒本身存在压缩半径和自由半径。而各种机器滚筒印刷面的利用角（θ）又各不相同，可以用式(7-60)和式(7-61)分别计算出印版滚筒与橡皮滚筒的压缩半径、自由半径之间的经过重合、抵消的实际累积滑动量 ΔS 为

$$\Delta S_1=(R_{印}-R_{橡缩})2\pi\frac{\theta}{360°} \tag{7-60}$$

$$\Delta S_2=(R_{印}-R_{橡自})2\pi\frac{\theta}{360°} \tag{7-61}$$

$$\Delta S=\Delta S_1+\Delta S_2 \tag{7-62}$$

还是以 $R=150$mm，$\lambda=0.2$mm 为例，设 θ 角为 $240°$，在齿轮节圆相切时，假设不考虑离让值，按不同分配比例计算结果见表 7-5。

表 7-5　$R=150\text{mm}$，$\lambda=0.2\text{mm}$，θ 为 240° 的累积滑动量

分配值	$R_{印}$	$R_{橡组}$	ΔR_1	ΔS_2	$R_{橡自}$	ΔR_2	ΔS_2	ΔS
$Z=0$	150.00	150.00	0	0	150.20	-0.20	$-0.837\,3$	$-0.837\,3$
$Z=\lambda/5$	150.04	149.96	0.08	0.334 9	150.16	-0.12	$-0.502\,4$	$-0.167\,5$
$Z=\lambda/4$	150.05	149.95	0.10	0.418 7	150.15	-0.10	$-0.418\,7$	0
$Z=\lambda/3$	150.07	149.93	0.14	0.586 1	150.13	-0.06	$-0.252\,5$	0.333 6
$Z=\lambda/2$	150.10	149.90	0.20	0.837 3	150.10	0	0　0.837 3	0.837 3
$Z=\lambda$	150.20	149.80	0.40	1.674 7	150.00	0.23		1.674 7

注：θ 为滚筒的包角。

从以上分析结果可以看到：$Z=\lambda/4$ 的单向滑动量和 ΔS 最少；$Z=\lambda/5$ 和 $Z=\lambda/3$ 时的 ΔS 值较大；$Z=0$ 和 $Z=\lambda/2$ 的 ΔS 较大，而 $Z=\lambda$ 的单向滑动量和 ΔS 最大。

所以从 ΣS_{CK}、$\max S_{CK}$ 和 ΔS 来综合分析，如果选取 $Z=\lambda/3$，则接触弧的滑动量和每转累积滑动量能够达到最小值。

7.7.3　滚筒之间的摩擦

必须强调指出，上述滑动量还不能与摩擦量画等号。在相同滑动量的情况下，摩擦力大小还与压力大小、相滚压的印刷面的摩擦系数以及橡皮布的弹性等有关系。这里因为只是探讨印刷压力，故着重研究压力与摩擦力[30]的关系。从图 7-8 的压力分布情况可以看到，两滚筒的公法线上的压力最大，而在该线的两侧相对称地压力逐点递减，至 N、K 点压力趋近于零，就是说这里的压力最小。所以，应该从滑动量和正压力两方向完整地考虑。

但是，如前所述，目前还无法从机器的结构上或者借助其他方法，在工艺中直接获得压力的数值，而只能用 λ 或 b 来间接估量。所以，目前暂时还不能提出效学推导的方法和数据。尽管如此，已经有足够理由在接触弧上选取一个点（或二个点）使相邻两滚筒的半径是相等的，即在该点上的它们的线速度是一致的，并实现"最少摩擦量"的目的，应该选取总的摩擦情况最好的 $Z=\lambda/3$。

7.7.4　用速差曲线解析 λ 值的分配

图 7-22 是以 $Z=0$、$Z=\lambda$ 和 $Z=\lambda/3$ 为例作出的速差曲线图，图 7-22（a）是将 λ 值完全分配在橡皮滚筒上，在 C 点处滚筒半径相等，$\Delta V=0$，用作图 7-17 同样的方法作速差分布曲线，可见 A、B 点处的速差最大，在整个曲线上各点的 ΔV 都是正值。

图 7-22（b）是将 λ 值完全分配在印版滚筒上而作出的速差分布曲线，这时 A、B 点处 $\Delta V=0$，基本速度线与 AB 横坐标重合，而 C 点处的速差最大，在整个曲线上各点的 ΔV 都是负值。这种情况虽然最大速差和图 7-22（a）所示相同，

且方向相同。表面看来，好像与图 7-22(a) 相似。其实，效果却不相同。因为 C 点处的压力最大，速差也最大，速差在压力最大处分配，而 A、B 点压力和速差均为最小，所以实际摩擦情况比前一种更坏。

图 7-22(c) 是 λ 值按 1/3：2/3 比例分配在印版滚筒和橡皮滚筒上而作出的速差分布曲线，基本速度线 NK 在 DE 上，这样，在 E、DA 处 $\Delta V = 0$，整个接触弧被划分为三段。$\overset{\frown}{ED}$ 的 ΔV 为负值。$\overset{\frown}{AD}$ 及 $\overset{\frown}{EB}$ 的 ΔV 为正值。这样，在接触弧中间压力最大的 1/3 段是 $R_{印} > R_{橡}$，接触弧的两侧（1/3）$R_{印} < R_{橡}$，由于摩擦力方向相反部分滑动距离重合。因此，可以达到减少摩擦和摩擦距离的目的，获得较好的效果。

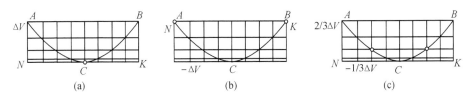

图 7-22　三种 Z 值分配的速差曲线

λ 值按 1/3、2/3 的比例分配，不但可以减少摩擦，而且在生产中还有以下优点。

（1）能减少图文尺寸在印刷过程中变宽的程度。

（2）能提高图文尺寸变宽后的允许调节量。而不致发生过大的速差引起的种种副作用。

（3）在滚筒中心距处于 $l_A = l_B$ 的标准状态，以及印版-橡皮滚筒之间压力不变的情况下，印刷常用 0.1mm 厚的纸张。橡皮-压印滚筒之间的压力可额外增加 0.04～0.05mm 的压缩厚度，保证印迹结实，滚筒运转平稳。

7.7.5　λ 值分配原则

在实际生产中还应该考虑机械应变、滚筒轴承和轴颈的制造误差及磨损，更应该注意于机器设计、制造、调节等环节以及印张厚度变化等因素，往往会有必需的或者不正常地使滚筒齿轮不是啮合在节圆相切的标准位置上的情况。如果这样，前述的分析、计算和选用就会有误差的内在因素。

通过长期的实践注意到，上述种种因素不是偶然出现的个别现象，而是大多数胶印机都可能存在的比较普遍的现象。所不同的是，这些因素构成的滚筒滚压时的离让值，即实际滚压时的 l_p、l_b 额外增大值可能不完全相同而已。例如，有的机器说明书上把 $R_{印}$、$R_{橡}$、G_A、C_B 的宽容度规定得较大。那么当 C_A、C_B 取上公差时，l_p（或 l_b）$> D_0$。有时滚筒齿轮及轴承严重磨损，为了解决"条头"，机器使用者不得不使 l_p（或 l_b）$> D_0$，凡此种种，实例很多。所以，实际使用时应该用下列二式计算滚筒包衬：

$$R_{印} = R_0 + \frac{1}{3}\lambda + \frac{1}{2}y$$

$$R_{橡自} = R_0 + \frac{2}{3}\lambda + \frac{1}{2}y$$

式中，y 为滚筒的应变、离让以及各种因素的中心距增大值。

就是说把 y 值平均分配于相邻两滚筒，以消除各种因素造成的 y 值的影响，大多数情况下，y 为正值，但偶尔也可能是负值。如果把 $R_{印}$ 分配正确了，则压力校正后 $R_{橡自}$ 也就合适了。

通过以上分析来论证合理包衬的必要性和重要性是具有一定指导意义的。除了可以用上述数学推导和论证来评价各种胶印机滚筒的印刷性能，还可以在印刷工艺中运用它来确定滚筒包衬的最佳值。能够较大限度地避免由于过量摩擦造成的各种故障；有利于印得高质量的印刷品，特别是 150 线以上的高网线的正确复制，有利于提高印版耐印率。特别是对印版耐印率来说，更有普遍的现实意义。因为我国各地印刷厂所承印的胶印产品批量大，印数多，印刷材料的质量还有一定限制，如果在工艺上对滚筒包衬严格地加以控制，就可以在材料、印版条件较差的情况下，取得优质、高产的印刷效果。

从累积速差计算式 $\Delta S = (R_1 - R_2)2\pi\frac{\theta}{360°}$ 来看，随着机器印刷速度日益提高，滚筒利用角 θ 将相应地递增，$\frac{\theta}{360°}$ 的数值将更加趋近于 1，这就是说，印刷面所经受的实际摩擦量将更加集中。所以，展望今后，现代化高速机必将普及，运用滚筒齿轮节圆相切、印刷面线速度一致的理论来指导生产，有助于预防高速机产生滚筒液压的工艺故障。

提倡 $Z = \lambda/3$ 的包衬方法，并不是说这个方法的绝对值不允许变动。如前所述，y 是个变量，那么印版滚筒和橡皮滚筒所分配到的包衬数应该随着 y 值的变动而做相应的变动。所以，有研究人员称此分配方式为 1/3（或 2/3）原则[31]。

在第 8 章，将谈到如果遇到图文宽度的套印误差时，可以在允许范围内改变 $R_{印}$、$R_{橡}$ 来调整，使之套准。这个允许范围为：低速机可为 +0.1mm，中速机约为 ±0.05mm，高速机要求更少些。有了标准值则使允差值能被有效地控制，在工艺过程做到数据化，取得主动权。

8 图文变形原理

在实际应用中，印刷压力主要依靠滚筒上橡皮布及其包衬的压缩变形来获得（也可以在滚筒包衬不变的情况下，改变两滚筒的中心距），包衬性质不同产生的压力也不同。按印刷工艺的基本要求，合理包衬滚筒，才能获得较高质量的印品。本章首先介绍印版的各种变形，其次介绍接触弧上相对位移计算及滚筒包衬的性能分析，主要介绍包衬厚度与相对位移的关系及其求算方法。最后介绍摩擦力的分配与转化，以及减少摩擦的途径。

8.1 印版的变形

胶印彩色印刷至少是四色套印。套印准确是胶印印刷保证质量的重要环节。为了做到套印尽量准确，必须控制印版的变形。胶印印版的版材主要用铝、锌等金属，这些金属的弹性模量都比较低，延展性较好，在外力作用下容易变形，而且在外力去掉以后变形不易恢复。油墨在印刷压力作用下转移到承印物表面，而印刷过程中，印版在印刷压力作用下必然要产生变形。

印刷前先要把印版安装到印版滚筒上，这个过程称为上版。本节主要讨论在上版过程中（把印版安装到印版滚筒上）印版的变形[9]。

8.1.1 弯曲变形

印版被安装到滚筒上，便由平板变成了圆筒，如图 8-1 所示。假定印版在滚筒的轴向（z 向）不受外力的作用，印版在 xOy 平面内的变形称为弯曲变形。下面讨论印版弯曲变形对印版表面各部分相对位置的影响。

印版在 xOy 平面内的弯曲变形可以近似地看成一个矩形截面直梁的纯弯曲变形，如图 8-2 所示。

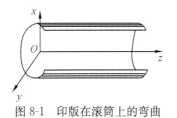

图 8-1 印版在滚筒上的弯曲

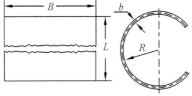

图 8-2 印版变曲变形简化图

按照材料力学的理论，直梁在纯弯曲过程中，任何一个横截面都保持其平面形状不变而转过一个角度，若设梁由纵向纤维所组成，则随着横截面的转动，梁的凹边纤维将缩短，梁的凸边纤维伸长，中间必有一层纤维长度不变，此即所谓的"中性层"。矩形截面梁的中性层位置与梁的几何中间层的位置是一致的。对于印版，中性层的长度即等于变形前印版的长度，印版上用于印刷表面即相当于梁的凸边外缘表面，这里变形最为严重。

设印版的长度为 L，B 为印版的宽度，印版的厚度为 b，印版滚筒半径为 R，定义式（8-1）为

$$k = \frac{L}{2\pi\left(R + \dfrac{b}{2}\right)} \tag{8-1}$$

式中，k 为印版的利用系数，参看图 8-2，便可用式（8-2）求得印版版面因弯曲而产生的绝对伸长 ΔL_1，利用式（8-3）求得相对伸长 $\Delta L_1/L$，即

$$\Delta L_1 = \left[2\pi\left(R + \frac{b}{2}\right)\right]k$$

$$= \frac{b}{2R + b}L \tag{8-2}$$

$$\frac{\Delta L_1}{L} = \frac{b}{2R + b} \tag{8-3}$$

从式（8-2）和式（8-3）可以看到，版面变形随印版利用系数的增大而增加；当版厚一定时，版面变形随印版滚筒半径的增大而减小；当印版滚筒半径一定时，版面变形随印版厚度增大而增加。

胶印高速轮转机的印刷速度很高，印版滚筒的半径比较小，要求提高印版的利用系数，结果使印版版面变形增大了。为了控制版面的变形，只好把印版做薄，例如，把 PS 版的厚度做到 0.30mm 或者更薄，做到 0.15mm。对于多层金属版，表面镀层不能过厚，否则会因版面变形过量致使铬层局部绷裂，形成密布的裂纹，引起印版空白部分的起脏，此外，还要求套印的各版有相同的厚度，而且厚薄均匀，这样各版的变形大小接近，才能套印准确。

8.1.2　拉伸变形

从图 8-3 可以看到，固定到印版滚筒上的印版受到以下几个外力作用，张紧印版的拉力 T、包衬给印版的摩擦力 f 和正压力 N。这些力合起来构成弯矩使印版产生弯曲变形，构成沿周向的拉力使印版产生拉伸变形，如图 8-3(a) 所示。

先来讨论印版拉伸变形的近似估算。

假定印版滚筒的半径相当大，印版上的一段近似地看成平面，又不考虑包衬给印版的摩擦力 f 和正压力 N，那么，印版的拉伸便可看成等截面直轴的拉伸，如图 8-3(b) 所示，相对变形 $\Delta L_2/L$ 可按式（8-4）计算。

$$\frac{\Delta L_2}{L} = \frac{T}{EA} \tag{8-4}$$

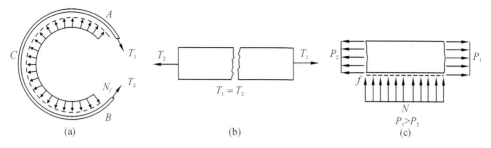

图 8-3　印版拉伸变形示意图

式中，E 是版材的弹性模量，常用单位是 N/cm^2 或 kg/cm^2；A 是印版的截面积。从式（8-4）可以看到，当版材的 E 和 A 一定时，印版由拉伸产生的相对变形 $\Delta L_2/L$ 与印版的张紧力 T 成正比；当印版的 T 和 A 一定时，$\Delta L_2/L$ 与 E 成反比；当 ΔT 和 E 一定时，$\Delta L_2/L$ 与 A 成反比。PS 版、平凹版等金属胶印印版的弹性模量都是一定的，所以要减少 $\Delta L_2/L$，只能从减小印版张紧力和增大印版截面积两方面考虑，印版不可拉得太紧，要以固定住不滑移为度，弹性模量小的印版不可做得太薄，否则会因截面积的大幅度下降而使印版产生过量的拉伸变形。应当指出，这些推论都是近似的和定性的。

接下来进一步来考虑印版拉伸变形的不均匀性。参看图 8-3(a)，由于张紧力 T 的作用，一方面印版要承受包衬给予的压力 N；另一方面，因为印版和包衬间有了相对移动的趋势，还存在包衬对它的摩擦力 f，f 的方向是沿印版滚筒周向的，指向如图 8-3(a) 所示。如果取印版的一段出来，把摩擦力 f 和正压力 N 考虑在内，受力图就如图 8-3(c) 所示。图 8-3(c) 中 P_1 和 P_2 表示这段印版的两个端面上所受的拉力。由于摩擦力的存在，平衡时必然有 $P_1 > P_2$。由此得到，从 A 点到 C 点（从 B 点到 C 点也一样），印版各断面上轴向应力（即单位面积上的拉力）是递减的，因而印版的拉伸变形也是递减的，A 和 B 点的拉伸变形最大，C 点没有变形。这就是印版拉伸变形的不均匀性。印版拉伸变形不均匀，结果可能使印版表面产生局部的过量变形甚至断损（在靠近 A、B 的地方）也可能影响印版各部分的相对位置。

8.1.3　其他变形

印版固定在印版滚筒上以后，其主要变形是拉伸和弯曲的组合，上面做了简略的分析。但是，在印版的安装和拆卸过程中，需要调节印版的位置，要敲击或拉动印版，印版便可能产生一些其他形式的变形。尽管这是特殊的情况，仍要尽量防止这些变形的发生。

当印版需要做轴向移动的时候，必须先行撤销对印版的周向张紧力，对印版周向的张紧力消除后，才可能使包衬对印版的摩擦力消失或减到足够小的程度。

否则在张紧力和摩擦力的干预下，当印版再受到轴向力 S 时，印版有可能出现如图 8-4 所示的非正常变形情况。

当印版需要周向移动的时候，要拉动印版的一端，就必须把印版另一端的张紧力撤销，这样才可能松动，而且不能用力过大，否则会造成印版拉伸变形大幅度增加。

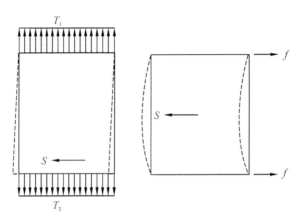

图 8-4　印版的非正常变形示意图

实际上，印版的轴向移动和周向移动要配合进行。经验表明，印版的周向移动距离与轴向移动距离之比等于印版长宽比（一般胶印机是 5：4）比较合适。

8.2　接触弧上的相对位移

8.2.1　圆压平

在接触宽度上印版与印刷纸张产生位移的计算，由于包衬材料和印版材料等方面的因素，要得到精确的求解方法尚有一定困难。

为使问题简单化，先以下面的假设出发，即在印刷过程中变形只产生在压印滚筒表面的包衬上。印版和印刷机各部件都是刚性的，接触时并不产生变形。

设压印滚筒以角速度 ω 顺箭头所示方面转动（图 8-5），印版以速度 V 沿 x 的箭头所示方向运动。在压印滚筒与印版接触宽度内的印刷纸张面上，任意取一点 B，则印刷纸张在 B 点沿 x 方向的速度应是 $V_B = \overrightarrow{BA} = \overrightarrow{BC}\dfrac{1}{\cos\alpha'}$。

而 $\overrightarrow{BC} = \omega \cdot OB = \omega\dfrac{R+Z-\lambda}{\cos\alpha'}$，所以 $V_B = \omega\dfrac{R+Z-\lambda}{\cos^2\alpha'}$。

式中，R 为压印滚筒肩铁半径（滚筒齿轮的节圆半径）；Z 为包衬包括印刷纸张超过肩铁的部分；α' 为 OB 与 CO 的夹角；λ 为包衬绝对变形的最大值（最大压缩变形量）。

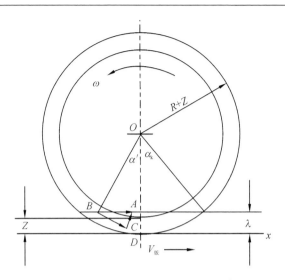

图 8-5 圆压平印刷机接触区的相对位移

显然 V_B 为一变量，在接触面上任意点 B 取在不同的位置有不同的值。版面的速度在压印过程中，任何圆压平印刷机都须满足

$$V_{版} = \omega R \tag{8-5}$$

在圆压平这种类型的印刷机中，ω 的值有常量也有变量，如二回转印刷机的版面，在压印过程中为一常量，做匀速运动。又如传停式印刷机，ω 为一变量。但因为 R 是一常量，由此沿版台运动的方向上就一定会出现一相对速度差 V_c，其大小为

$$V_c = V_{版} - V_B = \omega R - \omega \frac{R+Z-\lambda}{\cos^2\alpha}$$
$$= \omega\left(R - \frac{R+Z-\lambda}{\cos^2\alpha}\right) \tag{8-6}$$

瞬时相对位移为

$$\mathrm{d}S_c = V_c\mathrm{d}t = \omega\left(R - \frac{R+Z-\lambda}{\cos^2\alpha}\right)\mathrm{d}t$$

而

$$\mathrm{d}t = \frac{\mathrm{d}\alpha}{\omega}$$

$$\mathrm{d}S_c = \left(R - \frac{R+Z-\lambda}{\cos^2\alpha}\right)\mathrm{d}\alpha \tag{8-7}$$

在 $0\sim\alpha_k$（α_k 为最大接触角的一半）范围内，如果用 α_1 表示在相对速度差 $V_c=0$ 的一点时所对角度的 $1/2$（半角），那么假设在此点之前印刷纸张的速度大于印版速度，而过此点后就应该印版速度开始大于印刷纸张速度。其相对速度在该点前后应是一负一正。因为这两部分相对速度是在不同的瞬时内产生，对印迹变形

所产生的影响不能相抵消。因此，该点前后应分两部分积分，即对式（8-7）在 $0\sim\alpha_1$ 和 $\alpha_1\sim\alpha_k$ 内分别积分，且因图形的对称性，由式（8-7）得相对位移见式（8-8）和式（8-9）。

$$S_{c_1} = 2R\int_0^{\alpha_1}\mathrm{d}\alpha - 2(R+Z-\lambda)\int_0^{\alpha_1}\frac{\mathrm{d}\alpha}{\cos^2\varphi} = 2R\alpha_1 - 2(R+Z-\lambda)\tan\alpha_1$$

（8-8）

和

$$S_{c_2} = 2R\int_{\alpha_1}^{\alpha_k}\mathrm{d}\alpha - 2(R+Z-\lambda)\int_{\alpha_1}^{\alpha_k}\frac{\mathrm{d}\alpha}{\cos^2\alpha}$$
$$= 2R(\alpha_k-\alpha_1) - 2(R+Z-\lambda)(\tan\alpha_k-\tan\alpha_1)$$

（8-9）

式中，S_{c_1} 表示 $0\sim\alpha_1$ 范围内所出现的相对位移；S_{c_2} 表示 $\alpha_1\sim\alpha_k$ 范围内所出现的相对位移。

式（8-8）和式（8-9）即为圆压平印刷机上印刷纸张与印版在接触过程中印迹所产生的相对位移计算公式。其中，α_1 为式（8-6）中 $V_c=0$ 所对应的接触角（半角），所以有

$$V_c = \omega\left(R-\frac{R+Z-\lambda}{\cos^2\alpha_1}\right) = 0$$

$$\cos^2\alpha_1 = \frac{R+Z-\lambda}{R}$$

α_1 不难求出。而 α_k 为最大接触角（半角），有如下关系

$$\cos\alpha_k = \frac{R+Z-\lambda}{R+Z}$$

$$\alpha_k = \arccos\frac{R+Z-\lambda}{R+Z}$$

8.2.2 圆压圆

同样，为了使问题易于分析，如图 8-6 所示，先假设圆压圆印刷机的压印滚筒 O_1 与橡皮滚筒 O_2 的两个传动齿轮节圆半径是一样大；且承印材料的弹性模量远大于包衬材料的弹性模量，变形仅产生在橡皮滚筒表面。因此从它的轴向剖面来看（图 8-6），印刷纸张和橡皮布的接触是一段圆弧。因为从印刷纸张表面到压印滚筒中心 O_1，每一点的距离在接触角 α_k 所对应的范围内都不一样。所以在此接触区域内的线速度也就不可能取得一致。

可进行如下分析，如图 8-6 所示，在两滚筒接触表面上，任取一点 A，则有

$$V_{a_{O1}} = \omega\cdot O_1A = \omega(R+Z)$$

（8-10）

和

$$V_{a_{O2}} = \omega\cdot O_2A = \omega\frac{2R-(R+Z)\cos\alpha_{01}}{\cos\alpha_{02}}$$

（8-11）

式中，$V_{\alpha_{O1}}$ 为压印滚筒在 A 点的线速度；$V_{\alpha_{O2}}$ 为印刷纸在橡皮滚筒表面 A 点的切向速度；R 为压印滚筒和印版滚筒的传动齿轮节圆半径；Z 为印版滚筒半径大于它传动齿轮节圆半径的部分；ω 为两滚筒的角速度；α_{O1} 和 α_{O2} 为对应于 A 点两滚筒的接触角（图 8-6）。

为使橡皮滚筒上包衬的变形仅在径向，则速差 V_c（表示印刷纸张在橡皮滚筒表面 A 点沿着压印滚筒切线方向上的速度差）的矢量由式（8-12）表示：

$$\vec{V}_c = \vec{V}_{\alpha_{O1}} - \vec{V}_{\alpha_{O2}} \qquad (8\text{-}12)$$

根据余弦定理，速度的数量关系可用式（8-13）表示：

$$V_c^2 = V_{\alpha_{O1}}^2 + V_{\alpha_{O2}}^2 - 2V_{\alpha_{O1}}V_{\alpha_{O2}}\cos(\alpha_{O1} + \alpha_{O2}) \qquad (8\text{-}13)$$

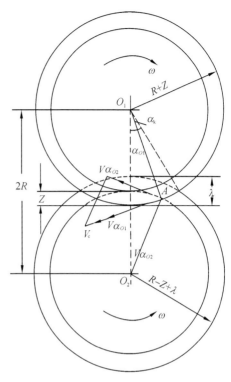

图 8-6　圆压圆印刷机接触区内的相对位移

但由于 $V_{\alpha_{O1}}$ 和 $V_{\alpha_{O2}}$ 之间的夹角比较小，且包衬的最大变形 λ 实际只有在 $0.2\sim$ 0.3mm 或在更小的情况下进行印刷。与两滚筒接触半径比较（即与 OA、$O'A$ 比较），λ 远小于 OA、$O'A$。故 α_{O1} 角可近似地看成 α_{O2} 角，令 $\alpha = \alpha_{O1} = \alpha_{O2}$，两者的速差（不考虑其两者的矢量）仅看成数量关系，则式（8-12）可改写为

$$V_c = V_{\alpha_{O1}} - V_{\alpha_{O2}} \qquad (8\text{-}14)$$

把式（8-10）和（8-11）代入式（8-14），得两滚筒在 A 点的相对速差为

$$V_c = \omega(R+Z) - \omega[(2R)^2 + (R+Z)^2 - 2 \times 2R \times (R+Z)\cos\alpha]$$
$$= \omega\{(R+Z) - [(2R)^2 + (R+Z)^2 - 4R(R+Z)\cos\alpha]\} \qquad (8\text{-}15)$$

它的瞬时位移是

$$\mathrm{d}S_c = V_c\mathrm{d}t = \{(R+Z) - [(2R)^2 + (R+Z)^2 - 4R(R+Z)\cos\alpha]\}\mathrm{d}\alpha \qquad (8\text{-}16)$$

对式（8-16）积分，且考虑图形的对称性，则有

$$S_{c_1} = 2\int_0^{\alpha_1}\{(R+Z) - [(2R)^2 + (R+Z)^2 - 4R(R+Z)\cos\alpha]\}\mathrm{d}\alpha$$
$$= 2\int_0^{\alpha_1}(R+Z)\mathrm{d}\alpha - 2\int_0^{\alpha_1}[(2R)^2 + (R+Z)^2 - 4R(R+Z)\cos\alpha]\mathrm{d}\alpha \qquad (8\text{-}17)$$

和

$$S_{c_2} = 2 \int_{\alpha_1}^{\alpha_k} \{(R+Z) - [(2R)^2 + (R+Z)^2 - 4R(R+Z)\cos\alpha]\} d\alpha$$

$$= 2(R+Z) \int_{\alpha_1}^{\alpha_k} d\alpha - 4R^2 \int_{\alpha_1}^{\alpha_k} d\alpha + (R+Z)^2 \int_{\alpha_1}^{\alpha_k} d\alpha - 4R(R+Z) \int_{\alpha_1}^{\alpha_k} \cos\alpha d\alpha$$

$$(8-18)$$

因为 α_1 为接触弧长上相对速度 $V_c = 0$ 的一点所对的中心角（半角），所以由式（8-15）得

$$\omega\{(R+Z) - [(2R)^2 + (R+Z)^2 - 4R(R+Z)\cos\alpha_1]\} = 0$$

$$\cos\alpha_1 = \frac{4R^2 + (R+Z)^2 - (R+Z)}{4R(R+Z)}$$

则

$$\alpha_1 = \arccos \frac{4R^2 + (R+Z)^2 - (R+Z)}{4R(R+Z)}$$

又 α_k 按余弦定理可知：

$$\cos\alpha_k = \frac{4R^2 + (R+Z)^2 - (R-Z+\lambda)^2}{4R(R+Z)}$$

则

$$\alpha_k = \arccos \frac{4R^2 + (R+Z)^2 - (R-Z+\lambda)^2}{4R(R+Z)}$$

8.2.3　相对位移与印迹变形

在接触表面印刷纸张与印版之间出现相对位移，印迹就变形拖长。拖多长这是接下来要讨论的问题。但这个问题比较复杂，这里试进行下面一些设想用图解来说明相对位移与印迹变形间的关系。

把印刷纸张与印版接触的表面划分为四个区间（见图 8-7）。1 和 4（$\alpha_k - \alpha_1$ 所对区间）表示压印滚筒快于印版的两个区间，对 1mm 长度的印迹来讲，在该区间产生的相对位移应是 $\dfrac{S_{c_3}}{2} \dfrac{1}{(\alpha_k - \alpha_1)} \dfrac{1}{R}$。2 和 3（$\alpha_1$ 所对区间）表示印版快于压印滚筒的两个区间，同样对每 1 mm 长度的印迹来讲，在此区间产生的相对位移应各是 $\dfrac{S_{c_1}}{2\alpha_1} \dfrac{1}{R}$。

今设想有 $a$mm 长的一段印迹经过此四个接触区间，在 $\dfrac{S_{c_1}}{\alpha_1}$ 与 $\dfrac{S_{c_2}}{\alpha_k - \alpha_1}$ 不同的关系下，来探讨纸面获得印迹的变化情况。

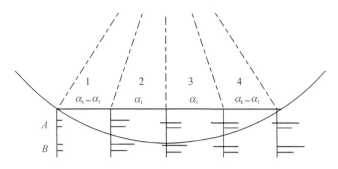

图 8-7 相对位移与印迹变形的关系

8.2.3.1 设 $\left|\dfrac{S_{c_1}}{\alpha_1}\right| = \left|\dfrac{S_{c_2}}{\alpha_k - \alpha_1}\right|$

（1）在 1 区间的两条同样长度的黑线（图 8-7 中 A）、上面的一条表示纸面印迹，下面的一条表示印版上的印迹，因为刚进入接触区，所以可认为尚没产生变化，纸面印迹与版面印迹是一样长的。

（2）在 2 区间的两条黑线，上面的一条表示经过 1 区间后，由于该区间压印滚筒快于印版，因此纸面的印迹拖长了 $\dfrac{S_{c_2} a}{2(\alpha_k - \alpha_1) R}$。伸长部分这里用一定的比例长度来表示。下面的一条仍为印版上的印迹长度，但表示已经完全进入 2 区间。

（3）在 3 区间的两条黑线，上面的一条表示经过 2 区间后，由于 2 区间是压印滚筒慢于印版之故，版面的印迹对纸面来讲，相对位移了 $\dfrac{S_{c_1} a}{2\alpha_1 R}$。因为是假设在 $\left|\dfrac{S_{c_1}}{\alpha_1}\right| = \left|\dfrac{S_{c_2}}{\alpha_k - \alpha_1}\right|$ 的情况下，所以有

$$\left|\frac{S_{c_1} a}{2\alpha_1 R}\right| = \left|\frac{S_{c_2} a}{2(\alpha_k - \alpha_1) R}\right| \tag{8-19}$$

因此可以这样来理解，印版的印迹只是在纸面的印迹上重复地移动，由原来对齐后面的印迹转移到对齐前面的印迹。也就是说纸面的印迹拖长部分 $\dfrac{S_{c_2} a}{2(\alpha_k - \alpha_1) R}$ 原在印版印迹前面，现在这部分在印版印迹后面。而对整个纸面印迹来讲，还是保持原来经过 1 区间后的长度。

（4）4 区间的两条黑线。上面一条线表示由于经过 3 区间印迹仍快于纸面，因此在纸面上出现新的印迹，其大小仍是 $\dfrac{S_{c_1} a}{2\alpha_1 R}$。所以此时纸面后面的印迹比印版印迹长了 $\dfrac{S_{c_1} a}{\alpha_1 R}$。

（5）在区间外面的两条黑线，表示已经脱离接触区后的纸面印迹和印版印迹。纸面印迹虽经过 4 区间时又向前相对位移 $\dfrac{S_{c_2}a}{2(\alpha_k-\alpha_1)R}$ 部分，但对印版上的印迹来讲，只是在原拖长部分上重复地移动而已，纸面印迹不复增长。

由此可知，在所设 $\left|\dfrac{S_{c_1}}{\alpha_1}\right|=\left|\dfrac{S_{c_2}}{\alpha_k-\alpha_1}\right|$ 的情况下，印版上一段 $a\,mm$ 长的印迹通过压印将伸长 $\dfrac{S_{c_1}a}{\alpha_1 R}$。

8.2.3.2　设 $\left|\dfrac{S_{c_1}}{\alpha_1}\right|=\left|\dfrac{S_{c_2}}{2(\alpha_k-\alpha_1)}\right|$

（1）印迹经过 1 到 2 区间，基本情况与图 8-7 中 A 相同（图 8.7 中 B）。纸面印迹相对印版印迹前移了 $\dfrac{S_{c_2}a}{2(\alpha_k-\alpha_1)R}$ 部分。

（2）印迹经过 2 到 3 区间，印版印迹相对纸面来讲前移了 $\dfrac{S_{c_1}}{2\alpha_1}\dfrac{a}{R}$。因为所设的是

$$\left|\frac{S_{c_1}}{\alpha_1}\right|=\left|\frac{S_{c_2}}{2(\alpha_k-\alpha_1)}\right|$$

所以有

$$2\left|\frac{S_{c_1}}{2\alpha_1 R}\right|=\left|\frac{S_{c_2}}{2(\alpha_k-\alpha_1)R}\right| \tag{8-20}$$

因此印版印迹虽前移了 $\dfrac{S_{c_1}}{2\alpha_1}\dfrac{a}{R}$ 部分，但仍没和纸面印迹前面部分对齐，尚相差 $\dfrac{S_{c_1}a}{2\alpha_1 R}$ 部分。纸面印迹还是保持在经过 1 区间后的长度。

（3）印迹由 3 区间到 4 区间，此时印版印迹又相对纸面前移了 $\dfrac{S_{c_1}}{2\alpha_1}\cdot\dfrac{a}{R}$ 部分，开始和纸面印迹前面部分对齐了。而纸面印迹后面多了 $\dfrac{S_{c_2}a}{2(\alpha_k-\alpha_1)R}$ 部分，这仍是原经过 1 区间时的拖长部分。

（4）经过 4 区间时纸面印迹又相对印版印迹前移了 $\dfrac{S_{c_2}}{2(\alpha_k-\alpha_1)}\cdot\dfrac{a}{R}$ 部分，但也只是纸面印迹对印版印迹重复移动而已，并不再拖长。

由此可知，在所设 $\left|\dfrac{S_{c_1}}{\alpha_1}\right|=\left|\dfrac{S_{c_2}}{2(\alpha_k-\alpha_1)}\right|$ 的情况下，印版上长为 $a\,mm$ 的一段

印迹通过接触区，纸面获得的印迹伸长将仍是$\dfrac{S_{c_1}}{\alpha_1}\dfrac{a}{R}$或$\dfrac{S_{c_2}a}{2(\alpha_k-\alpha_1)R}$。

8.2.3.3 结论

由上述图示可得出，在所设

$$\left|\frac{S_{c_1}}{\alpha_1}\right|\geqslant\frac{1}{2}\left|\frac{S_{c_2}}{\alpha_k-\alpha_1}\right|$$

的情况下，印迹的伸长都为

$$\Delta a=\frac{S_{c_1}}{\alpha_1}\frac{a}{R}\tag{8-21}$$

在所设$\left|\dfrac{S_{c_1}}{\alpha_1}\right|<\dfrac{1}{2}\left|\dfrac{S_{c_2}}{\alpha_k-\alpha_1}\right|$的情况下，印迹的伸长都为

$$\Delta a=\left|\frac{S_{c_2}}{\alpha_k-\alpha_1}+\frac{S_{c_1}}{\alpha_1}\frac{a}{R}\right|\tag{8-22}$$

式中，Δa 表示整个印迹绝对伸长；$\dfrac{S_{c_1}}{\alpha_1 R}$和$\dfrac{S_{c_2}}{(\alpha_k-\alpha_1)R}$表示每 1mm 印迹的绝对伸长。

8.2.4 接触宽度上滑移量的计算

在圆压平或圆压圆印刷机上，既然在印刷纸张与印版的接触表面有相对位移，就对印版印迹部分的磨损有一定影响。相对位移越大，印版磨损越快。相对位移对印版磨损的快慢有着一定的量值关系，这个量值称为滑移量，表示印版对印刷纸张或印刷纸张对印版相对滑移（擦）的大小。

滑移量的大小，在数值上应该就是相对位移，只是相对位移 S_{c_1} 和 S_{c_2} 在接触宽度内以 $V_c=0$ 的一点为界，有着正负之分。而滑移量无论在 $(\alpha_k-\alpha_1)$ 角度所对的接触区间或 α_1 角所对的接触区间，把相对位移都作为正值来看。它与印迹的绝对伸长 Δa 不一样，因为 Δa 在四个接触区间内有时有着互相重复遮盖的可能，而滑移量只要印刷纸张与印版之间有一点相对位移，不管方向是正是负，都对印版印迹部分磨损有影响，所以都应作为滑移量的量值计算，即滑移量可视作一个标量，不是矢量，因此滑移量的量值应该是

$$S_c=|S_{c_1}|+|S_{c_2}|\tag{8-23}$$

式中，S_c 表示总滑移量。

8.3 滚筒包衬的性能分析

8.3.1 包衬的性质

从前述 S_c 的数学推导可以得到启发，如果滚筒的 R 不变，λ 减少，则运算

所得结果必然会使滑移量相对应地减少，这当然也是一个减少滑动量的途径。有人认为："软性包衬λ值大则压力大，硬性包衬λ值小则压力小。"这是不够妥当的，如果按此逻辑推论，那么用铁版代替橡皮布，λ值等于零，不是压力更小了吗？恰恰相反，当采用硬性包衬时，为了使印迹结实，必然需要增加压力或者选用弹性好的橡皮布，才能减少λ值。如前所述，压力增加同样也对减小摩擦不利。因此权衡利弊，几十年来，成为国内外各种胶印机设计和制造中常思考的问题。在国际上，近些年来由于橡皮布的质量有了重大突破，在不损失橡皮布抗张力的前提下，减小了它的厚度，增加了它的弹性。例如，采用气垫橡皮布，使印刷面的摩擦可以通过橡皮布的性能改善而相对地减少，这又是一个新途径。再加上ＰＳ版基本普及，印版耐磨性能大大提高，又采用接触滚枕，所以采用硬性包衬方式的机器日渐增多。我国各地生产的机器从现实的材料和工艺条件出发，通过反复实践和讨论再实践，选用橡皮滚筒包衬厚度为3.25mm的中性包衬。以后凡是机器检修，通过磨削滚筒也大多数使包衬具有3.25mm左右的厚度。事实证明这是符合我们现有的技术条件的。但是可以预见，由于材料、印版及机器精度的不断提高，通过减少λ值来减少印刷面的摩擦，将是可以实现的。

胶印工艺中，除了少数机器，即使包衬总厚度已由机器制造厂设计所固定，但还是可以通过选用不同材料来改变它的软硬性质。

由下式

$$P = \frac{E\lambda}{L} \tag{8-24}$$

可以推论，如果P取一定值，则L（包衬厚度）、E（弹性模量）和λ都可能是变量，可以在一定允许范围之内调节。假设只改变L，采用弹性模量完全相同的包衬材料，必然使L值增大，λ值也相应地增大。如果要使λ值近似不变，则在L值增大时，必须采用弹性模量大的包衬材料。而且还可以进行更多的推论，这就是不同机型、不同包衬材料，可以改变滚筒包衬软硬性质及压缩形变的依据。

现在运用这些规律来分析各国各种类型胶印机滚筒设计中的L值，大致可以分为三种类型[31]。

（1）硬性包衬。L值在2mm以下的，它属于硬性包衬。例如，美国造的"HARRIS"胶印机和"HANTSCHO"卷筒纸胶印机等，它们的橡皮滚筒壳体直径比齿轮节圆直径小3.6mm（英制换算成公制），因此，L值为1.8mm，它只能包用厚度为1.65mm以下的橡皮布，再加入少量的垫纸，它只能是硬性包衬，机器使用中不能改变它的软硬性质。可以在很小的压缩厚度情况下获得相同的印迹。为了克服由此而产生的较大压力，它采用接触滚枕的结构形式，把部分压力分配在滚枕上，并利用滚枕间的滚压，使滚筒运转平稳，特别是保证线速度的严格一致和齿轮的安全使用。

（2）中性包衬。L 值在 2～3.5mm，属于中性包衬。

例如，国产的各型高速对开胶印机，联邦德国"ROLAND"和"HE IDEL-BERG"对开胶印机，它们的 L 值都是 3.25mm。包衬材料选用的灵活性比较大，多数机器采用滚压时不相接触的"测量滚枕"，也有采用"接触滚枕"的，如"HEIDELBERG"的 SPEED-MASTER 型它可以采用硬包衬的形式而有相应的印刷效果。

（3）软性包衬。L 值在 4mm 以上的，属于软性包衬。

例如，民主德国的 PZO-5、PZO-6 型全张胶印机和 HEO 型四开胶印机，它们只能改变为中性，而不能被使用者调节为硬性。

由于"硬性包衬"机器的制造精度和金属材料的耐磨性要求特别高，"软性包衬"的机器又不能在需要时调节为硬性，并且考虑到包衬材料选用广泛性，因此国产胶印机大多数采用"中性包衬"，L 值取 3.25mm，许多旧规格比较紊乱的胶印机，通过检修也皆使之纳入"中性包衬"的范畴，即 L 值取 3～3.5mm，多数也是 3.25mm。

对于"中性包衬"的胶印机，可以选择包衬如下。

中性偏软包衬用 1.60～1.85mm 的橡皮布下垫一张毡呢，再加一定厚度的垫纸。一般 λ 值为 0.20mm 左右。

中性偏硬包衬用 1.6～1.85mm 的橡皮布下垫厚为 0.5mm 的硬性绝缘纸，或者没有表面胶层的橡皮布基（硬垫）再加一定厚度的垫纸，一般 λ 值为 0.15mm 左右。

对于"软性包衬"的胶印机，可以选择包衬如下。

软性的与中性偏软相似，但它的垫纸厚度较大，一般 λ 值在 0.25～0.3mm，遇有粗糙的纸张，甚至超过 0.3mm。

软偏中性采取二张橡皮布，或者一张橡皮布再加若干张硬性的绝缘纸。其 λ 值与中性偏软相近，印刷性能也相似。

对于"硬性包衬"，它只能是硬性的，不可能改变，λ 值可以达到仅 0.1mm 左右。

至于印版滚筒的包衬厚度，也有所不同，最少的改变在 0.35mm 左右，最多的达到 0.75～0.8mm，这主要是适应不同的版基厚度，它与橡皮滚筒相滚压，即使是改变 0.8mm 的厚度，也还是被视为刚体，其 λ 值忽略不计。

8.3.2 包衬的印刷性能

8.3.2.1 硬性及中性偏硬包衬的印刷性能

网点清晰、光洁，再现性好，印制精细的艺术复制品最为适用。图形的几何形状变化少，特别是图文宽度的增量比较小；纸面受墨量较小，墨层厚度比"软性包衬"薄些；超过允许厚度，低调部分容易糊；表面摩擦多，则印版不耐磨，如果不是使用多层金属版或 PS 版，则印版耐印率较低；加减少量包衬厚度，则对印迹结实程度有影响，垫补橡皮布时容易起"硬口"；由于版面摩擦多，对机器的精度要求比较高，否则容易产生印版局部"花""糊""条头"等问题；凡遇输低"歪斜""摺角""多张"，容易轧坏橡皮布。

8.3.2.2　软性及中性偏软包衬的印刷性能

版面摩擦少，多数滑动量由于橡皮布位移消除，故印版使用寿命长，水斗溶液中的除感脂剂用量可以减少。印迹墨层可以印得较厚，即比较厚实，故比较适宜印制线条实地图文，对于印制版画、油画有较好艺术效果。橡皮布变形位移多，网点不够光洁，容易变形，印制高网线的精细产品，质量效果稍差。图文的宽度尺寸增量比较多。垫补橡皮布时不易起硬口、加减包衬，对印迹结实程度变化较少。输纸"歪斜"等不大会轧坏橡皮。其他与硬性包衬相反，可进行相对比较。

为此，必须全面地分析软硬包衬的优缺点，根据产品特点和质量要求，考虑到本厂所使用的印版版式以及其他各种条件，从对生产的利弊出发，适当改变滚筒包衬的软硬性质，不要机械地做不现实的规定。

8.4　包衬厚度与相对位移

从前面的讨论中，已经知道印迹的绝对伸长，以及对印版产生磨损有关的滑移量，都与接触宽度上的相对位移 S_{c_1} 和 S_{c_2} 有关。相对位移越大，印迹的绝对伸长和滑移量也越大。而相对位移 S_{c_1} 和 S_{c_2} 又与包衬的厚度有关，这就是我们讨论的中心问题，现在来研究包衬厚度与印迹的绝对伸长 Δa，以及滑移量 S_c 之间关系。

8.4.1　Z 值大小与图文变形的关系

从图 8-5 可知，Z 对圆压平这类印刷机来讲，就是超过压印滚筒肩铁的这部分包衬（包括印刷纸张在内）；或包衬小于滚筒肩铁的部分。由图 8-6 可见，圆压圆印刷机 Z 是指印版滚筒大小或小于它的传动齿轮节圆部分。

图 8-8 为圆压平印刷机压印滚筒包衬包裹的四种情况示意图。

分析图 8-8(a) 中 $Z > \lambda$ 的情况，因为

$$V_c = \omega \left(R - \frac{R + Z - \lambda}{\cos^2 \alpha} \right) = 0$$

时，有

$$\cos^2\alpha_1 = \frac{R+Z-\lambda}{R}$$

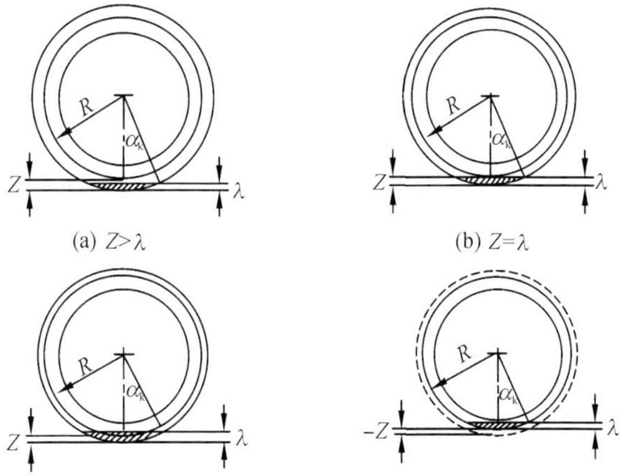

(a) $Z>\lambda$

(b) $Z=\lambda$

(c) $0<Z<\lambda$

(d) $Z<0$

图 8-8　圆压平印刷机压印滚筒包衬示意图

而 $Z>\lambda$ 时

$$\frac{R+Z-\lambda}{R} > 1$$

显然，α_1 不存在，就是说在接触宽度内，每一点在沿版面前进的方向上，印刷纸张的速度都快于印版的速度，所以也不存在 S_{c_1}。

图 8-8（b）是 $Z=\lambda$ 的情况，因为

$$V_c = \omega\left(R-\frac{R+Z-\lambda}{\cos^2\alpha}\right) = \omega\left(R-\frac{R}{\cos^2\alpha}\right) = 0$$

时，有

$$\cos^2\alpha = 1$$

显然 $\alpha_1=0$，就是说只有接触宽度内最中间的一点为 $V_c=0$，同样也不存在 S_{c_1}。由此可知，在 $Z\geqslant\lambda$ 时，印迹的绝对伸长是

$$\Delta a = \frac{S_{c_2}}{\alpha_k}\cdot\frac{a}{R}$$

滑移量为

$$S_c = |S_{c_2}|$$

例如，设压印滚筒的肩铁 $R=180\text{mm}$，最大变形 λ 取 0.3mm，包衬比肩铁大部分，Z 也等于 0.3mm 时，有

$$\alpha_k = \arccos\frac{R+Z-\lambda}{R+Z} = \arccos\frac{180}{180.3} = 0.057\,69$$

按式（8-8）求得：$S_c=|S_{c_2}|=0.023\,08$，那么印迹的绝对伸长应是

$$\Delta a = \frac{0.023\,08a}{0.057\,69\times180} = 0.002\,2a$$

也就是说，对 1mm 的印迹来讲，将伸长 0.002 2mm。

图 8-8(c) 是在 $0 < Z < \lambda$ 时的情况，因为 $V_c = 0$ 时，有

$$\cos^2\alpha_1 = \frac{R + Z - \lambda}{R}$$

$$\cos\alpha_k = \frac{R + Z - \lambda}{R + Z}$$

比较两式可知，$\alpha_k > \alpha_1$。说明在 α_k 所对的接触宽度内存在这样一点，即 $V_c = 0$ 的点。该点前后所产生的相对位移就有 S_{c_1} 和 S_{c_2}，而它们的符号正负相反。在此情况下，印迹的绝对伸长应是

$$\Delta a = \frac{S_{c_1}}{\alpha_1} \cdot \frac{a}{R}$$

或

$$\Delta a = \left| \frac{S_{c_2}}{\alpha_k - \alpha_1} + \frac{S_{c_1}}{\alpha_1} \right| \frac{a}{R}$$

滑移量为

$$S_c = |S_{c_1}| + |S_{c_2}|。$$

同样以压印滚筒肩铁 $R = 180\text{mm}$，λ 取 0.3mm 为例，包衬比肩铁包大部分，Z 取 0.2mm，可得

$$\alpha_1 = \arccos\sqrt{\frac{R + Z - \lambda}{R}} = \arccos\sqrt{\frac{179.9}{180}} = 0.023\ 57$$

$$\alpha_k = \arccos\frac{R + Z - \lambda}{R} = \arccos\frac{179.9}{180.2} = 0.057\ 71$$

按式（8-8）和式（8-9）求得 $S_{c_1} = 0.003\ 10$，$S_{c_2} = -0.014\ 68$。所以滑移量为

$$S_c = |S_{c_1}| + |S_{c_2}| = 0.003\ 10 + 0.014\ 68 = 0.017\ 82$$

而印迹伸长，因为 $\left| \dfrac{S_{c_1}}{\alpha_1} \right| < \dfrac{1}{2} \left| \dfrac{S_{c_2}}{\alpha_k - \alpha_1} \right|$，所以

$$\Delta\alpha = \left| \frac{S_{c_2}}{\alpha_k - \alpha_1} + \frac{S_{c_1}}{\alpha_1} \right| \frac{a}{R}$$

$$= \left| \left(-\frac{0.014\ 68}{0.034\ 14} + \frac{0.003\ 14}{0.023\ 57} \right) \right| \frac{a}{180}$$

$$= |(-0.43 + 0.133\ 22)| \frac{a}{180} = 0.001\ 65\,a$$

对每 1mm 长的印迹来讲，将伸长 0.001 65mm。

图 8-8 (d) 是 Z 取负值的情况。

(1) 当 $\dfrac{\sqrt{R^2 - 4R\lambda} - R}{2} < Z < 0$ 时，同 $0 < Z < \lambda$ 时一样在 α_k 所对的接触宽度内，能找到 $V_c = 0$ 的点。仍以 $R = 180\text{mm}$，$\lambda = 0.3\text{mm}$ 为例，取 $Z = -0.2\text{mm}$，

即比滚筒肩铁小了 0.2mm。同样可得到

$$\alpha_1 = \arccos\sqrt{\frac{R+Z-\lambda}{R}} = \arccos\sqrt{\frac{179.5}{180}} = 0.052\,73$$

$$\alpha_k = \arccos\frac{R+Z-\lambda}{R} = \arccos\frac{179.5}{180} = 0.057\,77$$

和 $S_{c_1}=0.035\,16$，$S_{c_2}=-0.00\,05$。所以滑移量为

$$S_c=0.035\,16+0.000\,5=0.035\,66$$

因为 $\left|\dfrac{S_{c_1}}{\alpha_1}\right| > \dfrac{1}{2}\left|\dfrac{S_{c_2}}{\alpha_k-\alpha_1}\right|$，所以

$$\Delta a = \frac{S_{c_1}}{\alpha_1}\frac{a}{R} = \frac{0.035\,16}{0.052\,73}\frac{a}{180} = 0.0037a$$

对每 1mm 长的印迹来讲，将伸长 0.003 7mm。

（2）当 $\dfrac{\sqrt{R^2-4R\lambda}-R}{2} < Z > \lambda$ 时，显然 α_1 也不存在，它和 $Z>\lambda$ 时的情况相反，在接触宽度内每一点在沿版面前进的方向上，印刷纸张的速度都慢于印版的速度。显然滑移量为 S_c 时印迹的绝对伸长量 Δa 将比 $\dfrac{\sqrt{R^2-4R\lambda}-R}{2} < Z < 0$ 时要大。

从上述几种情况分析来看，$\dfrac{\sqrt{R^2-2R\lambda}-R}{2} < Z < \lambda$ 范围内一定可以找到一个较理想的数值，使印迹的绝对伸长量和滑移量都较小。

8.4.2 圆压平印刷机上的滚筒包衬

由于各种印刷机设计上的不同，所以单纯地讲包衬包多厚为好是不能说明的问题。对圆压平印刷机来讲，应以滚筒肩铁为标准，然后再考虑比肩铁包大多少，这个问题就是上面讨论的 Z 的取值问题。

印刷厂中有着各种不同规格的圆压平。要决定某一部圆压平印刷机上的包衬厚度时，严格来讲，应根据该印刷机滚筒肩铁半径，并把 λ 作为一定值来看，取不同的 Z 值，逐个计算出印迹的绝对伸长量与滑移量，取其中较小的绝对伸长量和较小的滑移量时的 Z 值，作为该印刷机包衬比滚筒肩胛应包大多少的数据。

表 8-1 和表 8-2 为假设压印滚筒半径（肩铁）等于 180mm 和 267mm，最大绝对变形 λ 取 0.3mm，Z 取 $-0.3\sim+0.3$mm 情况下的各种数据。

表 8-3 和表 8-4 是根据表 8-1 和表 8-2 的数据计算所得的每 1mm 印迹的绝对伸长。

表 8-1　$R=180$mm，$\lambda=0.3$mm 时的计算结果

Z	α_1	$\tan\alpha_1$	α_k	$\tan\alpha_k$	S_{c_1}	$-S_{c_2}$
-0.3	0.057 767 15	0.057 831 49	0.057 791 25	0.057 855 7	0.046 233 59	0.000 000 14
-0.2	0.052 729 06	0.052 777 99	0.057 775 17	0.057 839 54	0.035 164 6	0.000 499 36
-0.1	0.047 157 95	0.047 192 94	0.057 759 11	0.057 823 43	0.029 160 59	0.002 053 68
0	0.040 836 18	0.040 858 89	0.057 743 05	0.057 807 32	0.016 337 58	0.004 788 99
0.1	0.033 339 54	0.033 351 9	0.057 727 08	0.057 791 23	0.008 891 16	0.008 867 95
0.15	0.028 871 54	0.028 879 56	0.057 718 99	0.057 783 18	0.005 775 51	0.011 546 15
0.2	0.022 357 243	0.023 576 8	0.057 710 99	0.057 775 14	0.003 142 88	0.014 684 37
0.3	—	—	0.057 694 98	0.057 759 09	—	0.023 077 44

表 8-2　$R=267$mm，$\lambda=0.3$mm 时的计算结果

Z	φ_2	$\tan\varphi_2$	φ_k	$\tan\varphi_k$	S_{c_1}	$-S_{c_2}$
-0.3	0.047 422 33	0.047 457 91	0.047 435 54	0.047 471 27	0.037 948 16	0.000 009 72
-0.2	0.043 287 76	0.043 314 82	0.047 426 76	0.047 462 35	0.028 863 18	0.000 409 09
-0.1	0.038 715 33	0.038 734 69	0.047 417 88	0.047 453 45	0.020 657 11	0.001 684 87
0	0.033 526 36	0.033 538 93	0.047 408 99	0.047 444 55	0.013 411 52	0.003 928 09
0.1	0.027 372 48	0.027 379 32	0.047 400 11	0.047 435 64	0.007 199 7	0.007 300 07
0.15	0.023 704 52	0.023 708 96	0.047 395 68	0.047 431 2	0.004 740 66	0.009 480 59
0.2	0.019 354 06	0.019 356 48	0.047 391 24	0.047 426 76	0.002 580 08	0.012 058 67
0.3	—	—	0.047 382 38	0.047 417 87	—	0.018 953 26

表 8-3　$R=180$mm，$\lambda=0.3$mm 时的计算结果

Z	-0.2	-0.1	0	0.1	0.15	0.2	0.3
Δa	0.0037	0.002 96	0.002 22	0.001 48	0.001 11	0.001 65	0.002 22
S_c	0.035 66	0.027 21	0.021 13	0.017 76	0.017 32	0.017 82	0.023 08

表 8-4　$R=267$mm，$\lambda=0.3$mm 时的计算结果

Z	-0.2	-0.1	0	0.1	0.15	0.2	0.3
Δa	0.002 49	0.002	0.0015	0.000 99	0.000 74	0.001 11	0.0015
S_c	0.029 27	0.022 34	0.017 34	0.0145	0.014 22	0.014 63	0.018 95

从这四个表中数据的情况来分析，它们有着如图 8-9 所示的关系。图 8-9(a)的纵坐标表示滑移量 S_c，图 8-9(b) 的纵坐标表示每 1mm 印迹的绝对伸长量 Δa。而两图的横坐标都表示 Z/λ，其图形似开口向上顶点在 $\dfrac{Z}{\lambda}=\dfrac{1}{2}$ 直线附近的一条曲线，有极小值，就是图形的顶点。

不同的 R 有不同的顶点，图中虚线表示 R 为 180mm 时的图形，实线表示 R 为 267mm 时的图形。因为印迹的绝对伸长量 Δa 与 R 呈反比关系，所以 R 越大，顶点越向下移。

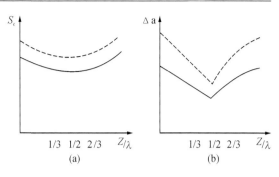

图 8-9　S_c 与 Z/λ，Δa 与 Z/λ 关系曲线

从图 8-8 来看，显然 $Z=0.5\lambda$ 时，印迹的绝对伸长量和滑移量最小，所以 Z 取 0.5λ 时最好。如果印刷质量允许印迹的绝对伸长量在 0.0015mm 范围内，则对压印滚筒肩铁的半径 R 为 180mm 的印刷机来说，Z 值可在 λ（1/3～2/3）的范围内变动；而对 R 为 267mm 的印刷机来说，Z 值恰可在 0～λ 内变动。这就是说，滚筒越小，它要求包衬 Z 值的范围越靠近 0.5λ。

同时图 8-9（b）又说明一个问题，因为不同半径 R 印迹的绝对伸长不同，所以对套印叠色要求高。如四色版一类印件，最好用同类型滚筒半径相同的印刷机来套色，否则叠成的网纹将会产生不同程度的条纹或套印不准。

现在再讨论包衬的厚度就较容易了，因为 Z 就是印刷纸张表面到滚筒肩铁的距离，只要包衬的最大变形 λ 决定后（λ 越小，绝对伸长和滑移量将会更小，这里不做讨论），一般在 0.3mm 左右，所以包衬厚度只要比滚筒肩铁包大 0.5λ 再减去印刷纸张厚度的尺寸即可。具体地讲，假设 λ 为 0.3mm，Z 就是 0.15mm，如果印刷纸厚为 0.07mm，那么包衬应比滚筒肩铁包大 0.08mm。

一般滚筒肩铁比它的筒身大 1.5mm，所以实际包衬厚度就应该是 1.58mm。因为印迹的绝对伸长在 0.0015mm 范围内时，对一般产品都是允许的，所以包衬厚度的误差在一定范围内可以增减，全张印刷机将允许在 ±0.15mm 以内，对开印刷机则允许在 ±0.05mm 以内，而四开印刷机其误差范围就更小了。

8.4.3　圆压圆印刷机的包衬厚度

表 8-5 是假设压印滚筒与印版滚筒传动齿轮的节圆为 180mm，λ 为 0.3mm，取 Z 等于 0mm、0.05mm、0.10mm、0.15mm 和 0.20mm 时，计算所得的各项数据。表 8-6 则是根据表 8-5 的数据计算的。

表 8-5　$R=180$mm，$\lambda=0.3$mm 时计算所得数据

Z	α_k	$\dfrac{\sin\alpha_k}{\cos^2\alpha_k}$	$\mathrm{lntan}\left(\dfrac{\alpha_k}{2}+45°\right)$	α_1	$\dfrac{\sin\alpha_1}{\cos^2\alpha_1}$	$\mathrm{lntan}\left(\dfrac{\alpha_1}{2}+45°\right)$
0	0.040 841 107	0.040 901 57	0.040 856 106	—	—	—
0.05	0.040 833 461	0.040 890 256	0.040 844 778	0.013 607 454	0.013 609 554	0.013 607 891

续表

Z	α_k	$\dfrac{\sin\alpha_k}{\cos^2\alpha_k}$	$\operatorname{lntan}\left(\dfrac{\alpha_k}{2}+45°\right)$	α_1	$\dfrac{\sin\alpha_1}{\cos^2\alpha_1}$	$\operatorname{lntan}\left(\dfrac{\alpha_1}{2}+45°\right)$
0.1	0.040 822 192	0.040 878 939	0.040 833 546	0.019 241 918	0.019 247 856	0.019 243 059
0.15	0.040 810 919	0.040 867 619	0.040 822 219	0.023 564 075	0.023 574 982	0.023 566 222
0.2	0.040 799 642	0.040 856 296	0.040 810 986	0.027 207 454	0.027 224 245	0.027 210 805

表 8-6　根据表 8-5 所计算的数据

Z	0	0.05	0.1	0.115	0.125	0.135	0.15	0.2	0.25
S_{c_1}	—	0.0018	0.005 15	—	—	—	0.009 44	0.014 51	—
$-S_{c_2}$	0.024 98	0.018 16	0.013 33	—	—	—	0.009 43	0.006 35	—
S_c	0.024 98	0.019 97	0.018 48	—	—	—	0.018 87	0.020 87	—
Δa	0.0034	0.002 97	0.001 95	—	—	—	0.002 22	0.002 96	—

虽然没有把尽可能多的 Z 值进行计算。但在表 8-5 这五列数据中已可以看出，它与表 8-3 和表 8-4 具有类似的性质。即 Z 趋近于 0.125 时，印迹的绝对伸长和滑移量都会出现极小值。

圆压圆印刷机上的 Z 值，在推导接触弧长上相对位移时，把它表示为印版大（或小）于滚筒传动齿轮节圆半径的部分。而压印滚筒的大小包括印刷纸张在内为 $R-Z+\lambda$。即比节圆包大 $\lambda-Z$。

以 λ 为 0.3mm，印刷纸厚为 0.07mm 为例，比节圆包大（0.3mm、0.125mm、0.07mm）应为 0.105mm。

从表 8-6 的情况来看，允许误差在 ±0.05mm 范围质量将不会影响太大。

8.4.4　图文变形量的计算

从理论上讲，圆压圆印刷机的滚筒设计原则是：所有滚筒的半径相等（$R_p = R_b = R_i$）。但是，在实际生产中，由于印版厚度不同，纸张厚度不同和橡皮滚筒的包衬厚度也在变化，因此相当于滚筒的半径变化了 ΔR。那么，在这个半径 ΔR 的变化中，就会引起图文变形[32]。下面，分几种情况来进行讨论。

1）当 $R_p \geqslant R_b = R_i$ 时（或 $R_p \leqslant R_b = R_i$ 时）

如图 8-10(a) 所示，印版滚筒的半径大于其他两个滚筒的半径，在运转中，三个滚筒的转速 ω 是相等的，很显然，会引起图文在印刷机走纸方向上变形量的发生，使图文变小，小网点丢失。从网点来看，使得网点在滚筒周向（滚筒圆周方向）上缩小，变成椭圆形（椭圆的长轴在滚筒母线方向）网点。同理，当印版滚筒的半径小于其他两个滚筒的半径时，会导致图文在滚筒周向上被拉长，图文增大；网点变成长轴在滚筒母线方向上的椭圆网点。

2）当 $R_b \geqslant R_p = R_i$ 时（或 $R_b \leqslant R_p = R_i$ 时）

如图 8-10(b) 所示，橡皮滚筒的半径大于其他两个滚筒的半径，在相同的转速 ω 下，由印版转到橡皮滚筒的图文会被拉长；被拉长的图文再转到压印滚筒的承印材料表面后，又被缩短；所以图文总的尺寸没有发生变化，只是图文网点的形状发生了变化，由原先的圆形网变成了曲边四边形的网点。同理，当橡皮滚筒小于其他两个滚筒时，也会使图文网点尺寸不变，但使得网点的形状发生了变化，由原先的圆形网变成了曲边四边形的网点。

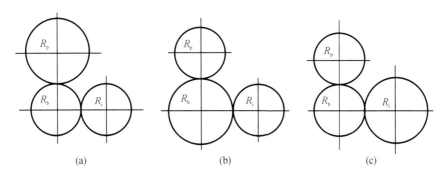

图 8-10 滚筒包衬厚度变花引起的图文变形量

3）当 $R_i \geqslant R_b = R_p$ 时（或 $R_i \leqslant R_b = R_p$ 时）

如图 8-10(c) 所示，压印滚筒的半径大于其他两个滚筒的半径，在相同的转速 ω 下，由橡皮滚筒转移到压印滚筒承印材料表面上的图文会被拉长，使圆网点变成了椭圆网点，椭圆的长轴在滚筒的周向，使图文尺寸增大；同理，在 $R_i \leqslant R_b = R_p$ 时，从橡皮滚筒转移到压印滚筒上承印材料表面的图文网点会变小，使图文尺寸缩小，其网点的长轴在滚筒的母线方向。

综上所述，来计算由于包衬厚度（或半径改变）而引起的图文变形量。设滚筒半径为 R，改变（可以是大于 R，也可以是小于 R）后的半径为 R'，滚筒的包角为 Φ，ΔL 为图文该变量，滚筒利用系数为 $K = \dfrac{\Phi}{2\pi}$，则

$$\Delta L = K(2\pi R' - 2\pi R)$$
$$= 2\pi \Delta R K \tag{8-25}$$

把 K 代入式（8-25）得

$$\Delta L = \Delta R \Phi \tag{8-26}$$

式（8-26）就是因滚筒半径发生改变（或包衬厚度改变）而引起的图文变形量计算公式。需要注意的是，如果式（8-25）的结果是负值，就必须根据具体情况来分析图文变形发生在速度前端还是后端。但是无论发生在哪端，都是图文实际增大（或缩小）的量。而根据式（8-26）计算时，就不必考虑负号的问题，但需考虑图文是增大还是缩小。

8.5　滚筒滚压中的摩擦力及其分配转化

8.5.1　滚压中的摩擦力及其方向

由图 8-11 可以看到，滚筒在静压力下，根据静力学的规则可以将静压力 P 和 P' 分解为 Q、N 和 Q'、N' 等各两个分力，一种力 N、N' 指向橡皮滚筒的圆心，就是对橡皮滚筒的正压力，而另一种 Q、Q' 则沿橡皮滚筒的切线方向，就是橡皮布受到的切向摩擦力，滚筒在静压力作用下，摩擦力 F 与正压力 N 成正比，用式（8-27）表示。

$$F = fN \tag{8-27}$$

式中，f 为摩擦系数。

从而可以知道 N 越大，摩擦力也越大。上述公式也同样适用于动摩擦，但在相同条件下，静摩擦系数略大于动摩擦系数。在滚筒滚压时，如前所述会有速差存在，故 Q 和 Q' 不可能相等，就是说由于滚筒的接触过程有不同步的因素存在，就有可能出现：

$$Q > Q'$$

或者

$$Q < Q'$$

如图 8-11 所示，当 $R_A < R_B$ 时，$V_A < V_B$，滚筒 B 就对滚筒 A 的表面有推挤的滑动摩擦力，如 $R_{印} < R_{橡}$，则 $Q > Q'$，橡皮布在摩擦力 Q 的作用下发生形变，并在接触弧的后方区域的形变增加，而在前方区域的形变减少，这时全反作用力也稍向后侧偏移，为了说明这种变形的偏移，图上加以夸大，并称为"后凸包"。

而且随着速差和压力大小的不同情况，差值还有相应的不同，如果 Q' 趋近于 Q 不存在图 8-12 所示的关系，则滚筒受压状态下不同步。在 Q 的作用下，根据牛顿第三运动定律可知：一个物体，当它在另一个物体的表面上滑动时，总要受到一个阻碍滑动的力的作用，这种力称为滑动摩擦力，滑动摩擦力的方向，总是跟滑动趋向相反。当然 $V_B > V_A$ 时滑动趋向是顺运转方向，那么滚筒 B 的表面必然受到相反方向的摩擦力，在图示摩擦力 F_a 沿圆周的切线方向推挤下，橡皮布会在接触弧的后缘发生"凸包"，这种"凸包"可以称为"后凸包"或者称为橡皮布的"挤伸形变"。

反之，如果 $R_A > R_B$，如图 8-12 所示，而且 R_A 与 R_B 之差超过了压缩形变厚度，那么 $V_A > V_B$，滑动摩擦力的方向相反，这时有

$$Q' > Q$$

在摩擦力 Q' 的作用下，橡皮布会受到与图 8-12 所示的方向的与前相反的推

挤。这样橡皮布在接触区的前缘发生"凸包"，为了与"后凸包"相区别，这种"凸包"称为"前凸包"，或者称为"潜进形变"。

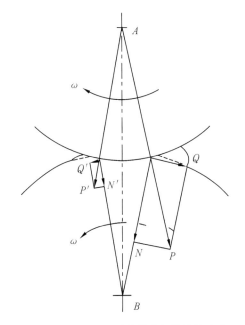

图 8-11 $R_A < R_B$ 时力的分解及摩擦方向

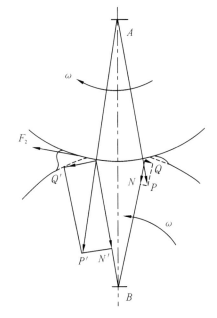

图 8-12 $R_A > R_B$ 时力的分解及摩擦方向

上面叙述的 Q 或 Q' 的方向，必须十分明确地了解它是胶皮滚筒表面所受的摩擦力方向。

为了便于分析印版滚筒表面所受到的摩擦力方向，因为摩擦力的方向总是与运动趋势的方向相反，如图 8-13 所示当 $R_A > R_B$ 时，A 滚筒表面所受的摩擦力为逆运转方向。

因为滚筒之间滚压时，两个滚筒表面都要受到摩擦力，它们的摩擦力大小相等，方向相反，同时存在又同时消失。所以印版滚筒或压印滚筒所受的摩擦力与胶皮滚筒正好相反。

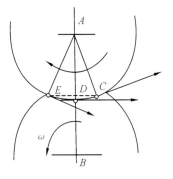

图 8-13 $R_A > R_B$ 时 A 滚筒表面所受的摩擦力方向

了解滚筒表面所受的摩擦力的方向很重要，可以从各种有关的现象推测滚筒之间的大小快慢，或者从滚筒包衬后的半径大小，预测由速差发生的各种现象。观察到橡皮滚筒的摩擦方向，即可推知印版滚筒的摩擦方向。反之看到印版滚筒的摩擦方向。也可推知橡皮滚筒的摩擦方向。

如果机器的滚筒规格是精确的，调节使用也是合理的，橡皮滚筒与压印滚筒之间的摩擦方向与上述一样，但有下列区别。

（1）印张的"咬口"有咬牙控制着，所以当 $R_压 > R_橡$ 引起的速差，部分可能在纸张被挤宽上消除，这时纸张形变状况随着它的性质不同而变化，敏感弹性变大的纸张，被挤宽后作用力消除，即恢复原状。塑性形变大的纸张被挤宽后不能再恢复原状而增宽了。

如果滚筒咬牙的咬力不足，纸张在滚压过程中就可能受挤而位移发生微量的从咬牙被挤出的现象，所以压印滚筒咬牙的咬力常要求大些就是这个原因以及剥离张力的缘故。

（2）当 $R_压 < R_橡$ 时。因橡皮滚向表面的摩擦系数不同，橡皮布的摩擦系数远比钢铁大，滑动量可由纸张的背面与压印滚筒表面摩擦中消除，这时图文形状及印张上的网点点形变化方面无明显影响，所以工艺过程中如把印版滚筒的包衬厚度等量地移入橡皮滚筒，图纹宽度会有变化，而单在橡皮滚筒中加入同样的厚度，并不能见到同样多图形尺寸的变化。PB 稍大网点印迹变形并不明显，就是这个道理。

8.5.2　包衬的背面与表面摩擦

8.5.2.1　表面和背面摩擦的分配

由压缩形变和半径不等所引起的滑移量，在一般情况下，并不是全部在表面摩擦方面消除。橡皮布的挤伸形变或者潜进形变，实质上就是它的位移结果，位移—复位，又位移—再复位，其循环位移和复位过程，就是它的背面摩擦。这与墨辊不同，因为墨辊表面胶层与辊芯成为一体，而橡皮布与滚筒是包绕在上面的。这时存在相当复杂的力的关系，另一滚筒对它施加作用力，而橡皮布又有抗张力，它的背面在绷紧情况下，又转化为正压力，会阻挠位移的发生（总称为抗张阻力）不同的摩擦力和抗张阻力，构成了不同的橡皮布位移，也就是出现不同的表面和背面摩擦的分配。

关于分配状况可以从滚筒滚压中的摩擦力 Q 和橡皮布的抗张阻力（W）之间的平衡关系说明：

当 $W > Q$ 时，$S_表 > S_背$；反之，$W < Q$，则 $S_表 < S_背$。

其中，$S_表$ 为橡皮布的表面摩擦；$S_背$ 为橡皮布的背面摩擦。

除了硬性包衬的背面摩擦量较少，通常两者是同时存在的，而且滚筒之间的累积滑动量（ΔS）为

$$\Delta S = S_表 + S_背 \tag{8-28}$$

橡皮布在摩擦力推挤下的位移（即背面摩擦）量与下列因素有关。

（1）橡皮布抗张力的不同，抗张力大，位移小。

（2）橡皮布的绷紧程度的不同，绷得越紧，位移越小。

（3）包衬的总厚度及材料性质的不同，就是说软性包衬位移多，硬性包衬则相反。

由此可知，软、硬性包衬不同印刷性能的形成原因也就比较清楚了。

由于弹性很强的橡皮布在承受推挤力时，会因受挤伸而增大它的抗张阻力，所以应把 W 视为"变量"。故在滚压时，抗张阻力可能在推挤力的作用下由小变大，故在 W 和 Q 相近似时，可以由 $W<Q$ 逐渐转化为 $W>Q$。

如果这种转化在每转一次中反复地出现，这样表背面摩擦就会间隙性地在印刷表面发生，重复地交替做周期性的转化：

$$S_表 \rightarrow S_背 \rightarrow S_表 \rightarrow S_背 \rightarrow \cdots$$

称为"蠕动形变"。

这种"蠕动形变"现象并不是罕见的，当滚筒包衬的大小明显不等时，就是说半径之差超过了压缩形变厚度，甚至超过很多，或者压力过大时，都会出现。

如果滚筒在压印一周的范围以内始终保持抗张阻力大于推挤力，或者推挤力大于抗张阻力，就是单纯的表面摩擦或背面摩擦。

胶印工艺的技术要求：橡皮布在推挤力作用下，如果发生明显的背面摩擦，就必须使压力消失的瞬间（即滚筒的非印刷面或称"空档"）立即复位，高速机滚筒的利用系数越来越高，复位的允许时间也随之越短，包角也越大，而背面阻力也大，因比对橡皮布的质量要求和滚筒包衬的精确性等都更趋严格。因为各次压印的质点不重合，也会造成严重后果，使产品质量变坏。

8.5.2.2 橡皮布表面和背面摩擦的转化

上述蠕动形变实际上是表面和背面摩擦力严重时的自然转化，如果在摩擦力不太大的情况下，W 值有所改变时，当然它也可能自然转化。由此可以得到启发，当某些产品有需要，或者其他条件限制"表面摩擦"对生产有影响时，可以通过放松橡皮布的绷紧程度或者换用软性包衬，使之部分地转化为"背面摩擦"；反之，"背面摩擦"的矛盾突出时，则可采取相反的措施，使之转化为表面摩擦。

8.6 摩擦的危害与减少摩擦的方法

8.6.1 摩擦的害处

滚筒滚压时如果印刷面之间存在过量的摩擦，它的后果会以多种现象反映出来，从前述的规律可以知道，摩擦力是有方向的矢量，由多方面因素引起的摩擦就会因滑动量及其方向不同而出现不同现象，摩擦的双方（相滚压的滚筒）是同时承受摩擦力的，而且方向相反，橡皮布在有方向的摩擦力的作用下，又可能存在表面和背面不同的摩擦，还会形成表面和背面相互交替的摩擦现象；尤其有的后果是由累积滑动量造成的，而有的后果则是印刷面的质点通过接触弧已经发生了，再加上其他客观因素的影响等。所以同样是由过量摩擦造成的后果，往往会有许多不同的现象，有的从表面粗看起来，好像是"毫不相干"的，其实有着密切的内在联系，它们又可能由于客观条件改变而发生相互的转化。所以了解摩擦规律是十分重要的，只要充分地认识前述的规律，才有可能从各种现象掌握它们的来龙去脉，识别根据的原因，从而做到有效而及时地解决这故障，特别是可以从印版或橡皮布表面的摩擦迹象和方向测知滚筒之间大小、快慢的关系，做到这样，在工艺技术上就十分主动了，就能预防或及时解决各种形式的"心脏"（滚筒）病。

过量摩擦的害处是表现在多方面的，主要的有下列几种[33]。

（1）由于压力过大所造成的过量摩擦，导致滚筒轴承和轴颈承受过太的压力和摩擦，加速它们的磨损。使机器使用寿命降低，对于机件的材料耐磨性差的，危害尤为严重。

（2）与（1）同样原因，还会使橡皮布早期"蠕变"，很快地失去弹性，这样橡皮布的耐用率就低。

（3）使印版的图文基础及空白部分的砂眼加速磨损，耐印率降低。特别是硬性包衬，摩擦比较集中在表面，故印版尤其容易磨损。网点图文被磨损后，细点子丢失、形成"花版"，低调区域糊脏形成"脏版"，或称"糊版"。

（4）表面摩擦过量，反映在印迹点形变化上，轻微时用高倍放大镜观察稍呈链状，网点被拉长，引起有方向的扩张，网点扩大后显色较多，工艺上不得不减少墨层厚度，这就会使产品的画面平淡，干瘪，色彩陈旧，轮廓不崭，层次不清，质量效果低劣。

（5）比较明显的过量表面摩擦，由于滚筒表面同时受到较大的相对摩擦，网点会发展成为椭圆，这种后果在新版初印时已呈现，以后可能在版面引起相对应的脏糊，而更趋严重，这就是印迹"铺展"。

（6）特大的表面摩擦量，图文属于"实地空心字或线"，而且油墨极性较强，颜料颗粒粗而硬，起到磨料的作用，会使印迹大面积地或面积虽小而均匀地发生"毛"的现象，印刷术语称为"长胡须"，它是印版所受摩擦力的结果，印版受到什么方向的摩擦，就会产生什么方向的"毛"，向咬口方向的"毛"称为"倒毛"，向拖梢方向则称为"顺毛"，如果已经掌握了滚筒大小、快慢的规律，了解了印版表面在正负速差所承受的不同方向的摩擦力，这"毛"是极易搞懂的。而且可以从"毛"的方向知道滚筒之间速差的方向，从而准确、有效地解决问题。如果印版表面受到特大的指向咬口（按运转方向）的摩擦力，必然是橡皮滚筒的速度大了；反之，则是印版滚筒的速度大了。但是，不要把"双印""网点椭圆"及由"条头"转化的"毛"与之混淆，把简单明白的现象搞得复杂化。

（7）"双印"的根本上是由本次印迹与上一转次的橡皮布上的剩余墨层不相重合所造成的，所以具体原因是比较多的。由速差引起的橡皮布背面摩擦多，而又能瞬时复位的双印也是发生双印的原因之一。有时摩擦量虽不太大，但橡皮布绷得太松，也会产生"双印"，所以，不要混淆。尽管也可以从"双印"的方向推想到速差的方向，但不要认为各种"双印"都是过量摩擦所引起。

（8）橡皮布的背面摩擦量大，还会使橡皮布下面的垫纸和毡呢发生位移，位移量累积到一定距离就成为"逃纸逃呢"，同样，也可以从"逃"的方向测知滚筒之间的速差方向，但是它是由橡皮布所受的摩擦力所致，如果往前"逃"（朝咬口方向），说明印版滚筒快了；反之，则是橡皮滚筒快了。正因为摩擦现象不可能消灭，所以，同样理由摩擦力虽不太大，橡皮布绷得太松，也同样会"逃"。仅是位移距离较小而已。如果垫纸及呢左咬口处被紧固，而 $V_{印} > V_{橡}$，则转化为垫纸"绉弓"。

（9）在较大的摩擦量作用下，如果具备形成间隙性的橡皮布表面和背面摩擦的交替出现，则这时版面产生相对应的间隙性表面摩擦，于是类似齿痕的"蠕动痕"就出现了，这是间隙性的版面磨损或印迹"挤铺"，也必须与齿痕相区别。

8.6.2　减少摩擦的基本方法

通过前述的分析可知，滚压过程中要绝对消除摩擦是不可能的，但是可以（也应该）最大限度地减少。

减少摩擦的基本途径有以下几种[34]。

必须强调使用"理想压力"，在印迹足够结实的基础上，尽最大可能减少印刷压力，这是技术水平较高的重要标志之一，也是保证优质高产的重要条件。

在尽量避免增加压力的条件下，减少橡皮布的压缩形变。迄今为止，采用硬性包衬而又把压力的一部分分配在接触滚枕上，是有效的，但是这却对机器的制造精度和金属材料的耐磨性要求更高。

滚筒包衬时，必须严格地按照线速度的理论，指导生产实践，合理地包衬滚筒。

选用弹性好的橡皮布，如气垫橡皮布。

9 油墨转移方程及其应用

油墨从墨斗里由传墨辊传出，再在许多匀墨辊的剪切作用下，被展布成均匀的膜，经过着墨辊传到印版表面图文上。印版表面图文区的油墨经过中间橡皮布表面，再转移到承印材料的表面上，便完成了油墨转移[35]的全部过程。

本章先介绍衡量输墨装置的性能指标，分析在理想条件下油墨在墨辊间的分离状态，分析了墨辊上墨膜分配规律。主要阐述油墨转移方程的建立和应用，油墨转移方程的参数赋值及油墨转移方程的修正。介绍油墨从印版转移到承印物表面这一过程中，对印品质量直接有关的一些问题。其中包括印刷材料的性能，印版、印刷机。印刷速度、印刷压力等。这些条件的变更是导致印品质量变化的主要原因。介绍胶印、照相凹印的油墨转移。

油墨转移一般指油墨从印版或橡皮布表面向承印物表面的转移，是印刷的基本过程，其本身就是印刷。附着于涂料纸上的墨膜厚度大约是 $2\mu m$；附着于新闻纸上的墨膜厚度是 $2\sim5\mu m$。如果在 $1\mu m$ 厚的墨层上增减 $0.1\mu m$ 的细微差数，将会使印刷品发生 ±0.1 密度的变化，这一变数，超出了印刷厂所能允许的质量范围，这就要求 15 000r/h 的单张纸印刷机或 20 000~30 000r/h 的卷筒纸印刷机的输墨系统，以很高的供墨精度，向印版均匀地传送油墨。

9.1 输墨装置的性能指标

输墨装置[36]工作特性的好坏主要用油墨层的均匀程度来衡量，而油墨层的均匀程度可用着墨系数、匀墨系数、打墨线数、储墨系数和着墨率五个指标来反映。

1）着墨系数（K_i）

所有着墨辊面积之和与印版面积之比称为着墨系数，以式（9-1）表示。

$$K_i = \frac{\pi L \sum d_i}{F_p} \tag{9-1}$$

式中，L 为墨辊长度；$\sum d_i$ 为着墨辊直径之和；F_p 为印版面积；分子代表所有着墨辊面积之和。

着墨系数 K_i 反映了着墨辊传递给印版油墨的均匀程度。显然，比值越大，着墨均匀度越好。实践证明，为了良好地着墨，设计着墨部分时要使 $K_i>1$。

2）匀墨系数（K_c）

匀墨部分墨辊面积之和与印版面积之比称为匀墨系数，以式（9-2）表示。

$$K_c = \frac{L\pi(\sum d_s + \sum d_c)}{F_p} \tag{9-2}$$

式中，$\sum d_s$ 为匀墨部分串墨辊和重辊（硬质墨辊）直径之和；$\sum d_c$ 为匀墨部分匀墨辊（软质墨辊）直径之和。

匀墨系数 K_c 反映了匀墨部分把墨斗传来的较集中的油墨迅速打匀的能力，K_c 值越大匀墨性能越好。实践证明，为了得到良好的匀墨性能，匀墨系数 K_c 应该为 3～6。

3）打墨线数（N）

打墨线数就是在匀墨部分进行油墨转移时，匀墨辊接触线的数目，以 N 表示。打墨线数 N 越大（也就是墨辊数量越多），表示墨辊上油墨层被分割的次数就越多，油墨越容易被打匀。

由匀墨系数可知，匀墨系数越高，匀墨性能越好。为了增大匀墨系数 K_c，一般采用增加墨辊数量的方法，而不是采用增大匀墨辊直径的方法。这样做不仅使匀墨部分体积增大不多，更重要的是增加了打墨线数，提高了匀墨性能。

4）储墨系数（K_g）

匀墨部分和着墨部分墨辊的总面积与印版面积之比称为储墨系数，以式（9-3）表示，即

$$K_g = \frac{\pi L \sum d}{F_p} \tag{9-3}$$

式中，$\sum d$ 为全部墨辊直径之和。

储墨系数 K_g 反映了输墨装置中墨辊表面的储墨量。储墨系数越大，墨辊表面储墨量越大，印一张印品印版上消耗的墨量与墨辊上积储的墨量之比越小，自动调节墨量的性能就越好，从而能保证一批印品墨色深浅一致。但 K_g 不能过大，否则下墨太慢，开始印刷时墨色浅，短暂停车后再印时，印品墨色深。

5）着墨率（a_i）

如前所述，要求储墨系数大于 1 和一定数量的打墨线数，因此着墨辊一般设 3～6 根。为了使印版得到均匀的墨层，每根着墨辊供给印版的墨量并不相等，某根着墨辊供给印版的墨量与全部着墨辊供给印版总墨量的比值称为该墨辊的着墨率，以 a_i 表示。

$$a_i = \frac{第 i 根着墨辊向印版提供的墨量}{所有着墨辊向印版提供的总墨量} \times 100\% \tag{9-4}$$

式中，a_i 为第 i 根着墨辊的着墨率。

各着墨辊的着墨率可通过图 9-1 来分析。油墨从墨斗中经过墨斗辊、传墨辊、串墨辊、匀墨辊传至墨辊Ⅰ。墨辊Ⅰ实际上是一分流墨辊，它分两路向 A 组着墨辊和 B 组着墨输送油墨。就它们与印版滚筒车相接触的顺序而言，A 组辊在前，B 组辊在后。为了使印版表面着墨均匀，应当让前面的 A 组辊先供给主要的墨量，后面的 B 组辊供给较少的墨量，而 B 组的主要作用是打匀印版上的墨层。也就是说，按照印版滚筒的转动方向，前面的 A 组着墨辊的着墨率很大（应在

80%以上），而后面的很小。

在计算每根着墨辊的着墨率之前，先分析一对辊子接触对滚时的传墨情况。

图 9-2 为一对墨辊的传墨简图。图中给墨辊就是靠近出墨辊的辊，受墨辊就是靠近印版的辊，给墨辊向受墨辊对滚传墨。

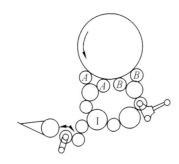

图 9-1　着墨率的分析

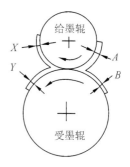

图 9-2　墨辊传墨简图

9.2　油墨的传递转移

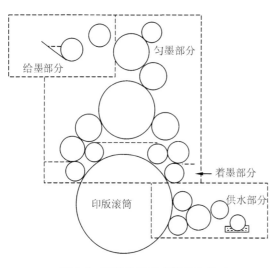

图 9-3　胶印机输墨系统基本构成

油墨转移，广义的指从墨斗到匀墨辊，各匀墨辊之间，着墨辊到印版，印版到承印物表面的整个行程间的油墨转移。因此，油墨在印刷机上的行为可以分成三个行程，图 9-3 示意了给墨行程、分配行程以及向承印物表面的转移行程。若取掉供水部分，则变成了凸版印刷机的输墨系统。照相凹版印刷机输墨系统中的匀墨、着墨部分，可以认为被印版滚筒上附装的刮刀所代替。

9.2.1　给墨

给墨装置采用图 9-4 所示的装置，用一个间歇摆动的传墨辊，以慢速转动的墨斗辊向快速旋转的匀墨辊传递油墨。给墨量由给墨辊旋转的角度、墨斗刀片和墨斗辊形成的间隙来调节。

油墨的流动性与"堵墨"从图 9-4 中可以看出。墨斗中的油墨在墨斗辊周围受到很大的切变应力，这里墨斗辊的油墨除自身的重力外，再没有起作用的力，油墨只能靠重力流向墨斗辊。重力或分子运动的力，很难克服油墨的屈服值，给墨行程易发生"堵墨"现象。

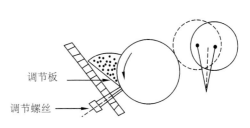

图 9-4　给墨装置

"堵墨"与下列因素有关。

（1）油墨的屈服值和触变性过大时，易堵墨。

（2）τ_B/η_p 值大时，则墨丝短，易堵墨。

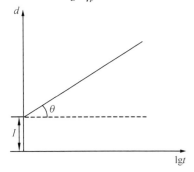

图 9-5　油墨直径与时间的关系

（3）用平行板黏度计测得油墨扩展直径 d 与时间 t 的 d-$\lg t$ 曲线（图 9-5），其方程由式（9-5）表示。

$$d = \mathrm{SL}\lg t + I \qquad (9\text{-}5)$$

式中，SL 为油墨的丝头长短（无量纲）。若图 9-5 的直线斜率 $\mathrm{SL} = \tan\theta$ 时，则墨丝短，易堵墨。一般的极限值为 3。

解决堵墨的方法：在墨斗中装置搅拌器，以破坏油墨的内部结构；或用墨刀将油墨充分调练之后，再放入墨斗；也可以用黏度低的调墨油稀释油墨，改变油墨的触变性。

9.2.2　油墨分配及其计算

印刷机输墨系统的匀墨辊，把来自传墨辊的油墨结构充分破坏后，延展成均匀的薄膜，经着墨辊传递到印版上。

匀墨辊由金属辊和橡胶辊间隔排列组成。墨辊相互的接触面积不超过全墨辊面积的 5%。金属窜墨辊沿其轴的方向，可做大约 3cm 的窜动，保证了油墨在墨辊径向及轴向分布的均匀性。

油墨在各墨辊间受的切变应力很大，而且相当复杂，呈不连续状态。较大的切变应力作用于油墨的时间占各墨辊整个周期的 1/20 左右，其余时间油墨的触变性几乎不出现恢复现象。

9.2.2.1　油墨分裂率与转移率

输墨系统中，所有的匀墨辊和着墨辊的表面速度都是相同的（即便有差别，与印版滚筒表面速度相一致，也只在百分之几以内）。油墨在墨辊间的传递，是由相邻两个墨辊上的墨层连续分离来完成的。

图 9-6 中，给墨辊 A 是靠近传墨辊的墨辊，受墨辊 B 是靠近印版的辊，A、

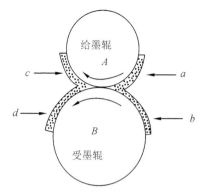

图 9-6　墨膜分裂比例

B 的表面相当光滑，并具有非吸收性能。若油墨通过 A、B 辊隙前（入口），A 辊上的墨层厚度为 a，B 辊上剩余的墨层厚度为 b；油墨通过 A、B 辊隙后（出口），A 辊的油墨厚度为 c，B 辊的油墨厚度为 d。显然有式（9-6）存在。

$$a+b=c+d \tag{9-6}$$

则油墨分裂率由式（9-7）求得。

$$f=\frac{d}{c} \tag{9-7}$$

在适当的印刷压力下，墨辊间的油墨分离处于稳定状态时，任何墨辊间的油墨分裂率 f =1，即油墨通过辊隙后，分离在每一个墨辊上的墨层厚度相同，为通过辊隙前全部墨膜厚度的 1/2。

油墨转移率 f_0 反映了转移到受墨辊表面墨量的多少，见式（9-8）。

$$f_0=\frac{d}{a+b} \tag{9-8}$$

转移率 f_0 越大，转移到受墨辊表面的墨量就越大。

9.2.2.2　墨辊上墨量的分配规律

1）墨辊上墨量的计算

按照图 9-7 所示的输墨装置简图，在正常的印刷压力下，假定印版的覆盖面积为 100%，依照每对墨辊接触前后的墨层厚度关系（入口处墨量等于出口处墨量），可计算出墨辊的着墨量[9]。

例1　设：x_0 是印版上剩余的油墨层厚度；x_1、x_2、x_3、x_4、x_5 和 x_6 是图 9-7 中各墨辊的墨层厚度；且 $x_6-x_5=100$（输入输墨系统的墨量）；转移到纸面上的墨层厚度（输出墨量）为 100。

列出下列方程组：

$$x_6-x_5=100$$
$$x_6+x_4=2x_5$$
$$x_2+x_5=2x_4$$
$$x_1+x_3=2x_2$$
$$x_0+100+x_4=2x_3$$
$$x_0+x_2=2x_1$$
$$x_1+x_3=2(100+x_0)$$

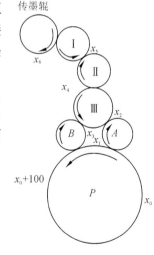

图 9-7　输墨装置简图

解此联立方程组。由于方程中为 6 个未知数，而方程的数量为 8 个，所以先用代入法，把方程的数量变为等于未知数的数量，然后进行求解（求解的方法可以是代入消元法，也可以按照矩阵的初等变换进行求解），（按油墨从印版到传墨辊的顺序排列）得：

$$x_1 = x_0 + 50 \qquad x_4 = x_0 + 200$$
$$x_2 = x_0 + 100 \qquad x_5 = x_0 + 300$$
$$x_2 = x_0 + 150 \qquad x_6 = x_0 + 400$$

如果知道了纸上最终所转移的墨层厚度，就可以按照上面的计算方法，计算出理想输墨系统整个墨辊系统的墨膜厚度（或单位面积上的墨量）。

计算结果表明：各墨辊间的油墨分裂，是以一定的百分比出现的。依照墨辊顺序出现的墨膜厚度增减梯度，只有在传递油墨时才出现。在非印刷状态时，附着在墨辊上的油墨将重新分配，使每根墨辊具有同等的墨层厚度，故开始印刷时，着墨辊上的墨层比所需的墨层厚。

2）着墨率计算

经常看到在油漆工油漆物体表面时，最初刷的几刷搅有足够的油漆量，且用力较重，其目的是供给被油漆表面足够的油漆。然后刷的几刷，则不添加油漆，只是轻刷细拖而过，其目的是均匀油漆。

同样的道理，胶印机的着墨辊，按印版的旋转方向，如图 9-8 所示，大致可以分成 A、B 两组着墨辊。前面的 A 组辊（靠近着水辊的一组）以供给印版油墨为主要目的；后面的 B 组辊，以辗均印版上油墨为主要目的。图 9-9（a）为非对称排列，图 9-9（b）为对称排列。

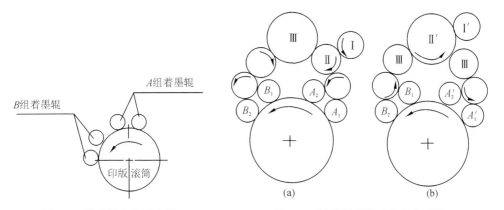

图 9-8　着墨辊分组示意图　　　　　图 9-9　墨辊排列的对称与非对称

用式（9-4）计算图 9-7 中 A 和 B 两根着墨辊的着墨率 a_A 和 a_B。

$$a_A = \frac{x_1 - x_0}{100} \times 100\%$$
$$= \frac{x_0 + 50 - x_0}{100} \times 100\%$$

$$=50\%$$

$$a_B = \frac{x_0 + 100 - x_1}{100} \times 100\%$$

$$= \frac{x_0 + 100 - (x_0 + 50)}{100} \times 100\%$$

$$= 50\%$$

显然 A、B 两根着墨辊的着墨率相等。

例 2　如图 9-10 所示，同样可得下列方程：

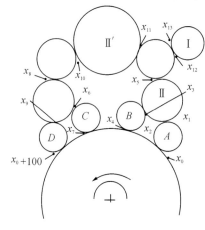

图 9-10　四根着墨辊的输墨装置简图

$$x_0 + x_1 = 2x_2$$
$$x_2 + x_3 = 2x_4$$
$$x_2 + x_3 = 2x_1$$
$$x_1 + x_{12} = 2x_5$$
$$x_4 + x_5 = 2x_3$$
$$x_{11} + x_{13} = 2x_{12}$$
$$x_4 + x_6 = 2x_7$$
$$x_7 + x_9 = 2(x_0 + 100)$$
$$x_7 + x_9 = 2x_6$$
$$x_{10} + x_6 = 2x_8$$
$$x_0 + 100 + x_9 = 2x_9$$
$$x_8 + x_{11} = 2x_{10}$$
$$x_5 + x_{10} = 2x_{11}$$
$$x_{13} - x_{12} = 100$$

解出上述联立方程，可得

$$x_2 = x_0 + \frac{250}{6}$$

$$x_4 = x_0 + \frac{250}{3}$$

$$x_7 = x_0 + \frac{550}{6}$$

则

$$a_A = \frac{x_2 - x_0}{100} \times 100\% = 41.67\%$$

$$a_B = \frac{x_4 - x_2}{100} \times 100\% = 41.67\%$$

$$a_C = \frac{x_7 - x_4}{100} \times 100\% = 8.33\%$$

$$a_D = \frac{x_0 + 100 - x_7}{100} \times 100\% = 8.33\%$$

显然：$a_A + a_B + a_C + a_D = 100\%$

通过上述求解可知，第一组着墨辊（A 和 B）向印版提供的墨量占总墨量的 83.34%，其主要任务是完成向印版的着墨；而第二组着墨辊的作用是弥补第一组墨辊着墨的不均匀性，并进一步打匀油墨，起到补漏拾遗的作用。所以两组着墨辊的作用有所不同。同时也告诉我们，传墨路线短的（墨辊数量少的）那一组，主要作用是着墨，而另一组仅起辅助作用。

9.2.3 油墨转移行程

此行程是传墨的基本行程，在印刷的一瞬间，印版或橡皮布上的墨膜分裂成两部分，一部分残留在印版或橡皮布上，另一部分附着在纸张或其他承印材料表面，经过干燥，完成油墨转移的全过程。

9.2.3.1 油墨的附着

油墨附着于纸张或其他承印物表面的现象很复杂，大体可以归纳为以下两大类。

（1）机械投锚效应：纸张或其他承印材料表面有凹凸和空隙，油墨流入其中，犹如机械投锚而附着。

（2）二次结合力：二次结合力主要包括色散力、诱导力和取向力。纸张与油墨的结构如表 9-1 所列。油墨和纸张均为非对称型分子，当它们相互靠近时，固有偶极之间的同性相斥，异性相吸。当两个分子在空间按异极相邻状态取向时，产生取向力；并因有非极性般物质混入，又产生色散力，从而使油墨附着于纸张上。油墨于纸张之间的二次结合力越大，附着越良好。简言之，亲水性分子或疏水性分子本身易发生牵引效果，而亲水性分子和亲油基相互排斥。

表 9-1　油墨与纸张的结构

	亲水性部分	中　间	疏水性部分
油墨 （连接料——麻仁油）	游离脂肪酸的羧基脂肪酸在油脂的酯基胶剂中存在的松香羧基铝原子 矿物性填料	碳链的二重结合 松香中的共轭二重结合	剩余的长碳链部分 松香中剩余碳链结合部分

油墨与承印材料的附着，往往因油墨、承印材料和印刷方式的不同而有所差异。

铜版纸因有亲水性的黏土、淀粉、酪素等涂料层，故与疏水性强的油墨附着比非涂料纸难。但涂料层的毛细管吸收油墨中的连接料，这样便以机械投锚效应辅助了二次结合力的附着不足。

照相凹印或柔性印刷，使用挥发干燥型油墨，油墨的附着没有机械投锚效果，只能依赖于油墨和承印材料的二次结合力。当用微极性的油墨在非极性的聚乙烯、聚丙烯薄膜上印刷时，油墨附着相当困难，故在印刷前，要进行表面处理、氯处理、氧化剂等处理，使承印材料表面极性化，便于油墨附着。

9.2.3.2 油墨的润湿

为了使油墨皮膜具有强的附着力，除使油墨皮膜分子和承印材料充分靠近外，首先须将油墨充分地润湿。

设 γ_{sg}、γ_{lg}、γ_{sl} 各代表固体、液体、固-液界面的表面自由能，当式（9-9）成立时，润湿充分：

$$\gamma_{sg} > \gamma_{sl} + \gamma_{lg} \cos\theta \tag{9-9}$$

如果油墨本身凝聚所需的功为 W_e，附着时的功为 W_a，因凝聚力小致使油墨本身切断，存在式（9-10）。

$$W_e < W_a \tag{9-10}$$

从附着面将油墨取走时，需满足式（9-11）。

$$W_a < W_e \tag{9-11}$$

又设油墨、被印刷面和附着面的表面自由能各为 γ_I、γ_P、γ_{IP}，油墨切断时，产生两个油墨表面，则有式（9-12）和式（9-13）。

$$W_e = 2\gamma_I \tag{9-12}$$

$$W_a = \gamma_P + \gamma_I - \gamma_{IP} \tag{9-13}$$

将（9-12）和式（9-13）代入（9-10）和式（9-11）

当油墨自身切断时，满足式（9-14）。

$$\gamma_P > \gamma_I + \gamma_{IP} \tag{9-14}$$

当油墨自印刷面分离时，存在式（9-15）。

$$\gamma_P < \gamma_I + \gamma_{IP} \tag{9-15}$$

以上是油墨在理想的平滑表面润湿、分离的情况。实际上油墨的附着，除受承印材料的表面粗糙与油墨分子间的二次结合力影响以外，印刷压力这一强大的外力，具有强制性压印功能，使油墨的附着情况变得相当复杂。

9.2.3.3 油墨转移系数

设印刷前印版上单位面积的油墨量为 $x(g/m^2)$，印刷后转移到纸面上单位面积的油墨量为 $y(g/m^2)$（也可以用膜层厚度表示），则转移到纸上的墨量与印版上残留的墨量之比称为油墨转移系数，用 V 表示，见式（9-16）。

$$V = \frac{y}{x-y} \tag{9-16}$$

图 9-11 为凸版印刷的油墨转移量曲线。图中 A 为油墨完全附着于纸面上的理想曲线，B 为实地凸版印刷的油墨转移量曲线。当印版和凹凸不平的纸面相接触时，若油墨量过少，则不能均匀地附着于整个纸面，随着印版墨量的增多，逐

渐将纸面覆盖完全。纸张的平滑度越高，B 曲线越接近 A 线。

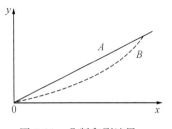

图 9-11 凸版印刷油墨转移量曲线

9.2.4 油墨转移率及其测量

9.2.4.1 油墨转移率

印刷后转移到纸面上的油墨量 y（g/m^2 或厚度 μ）与施于印版上的油墨量 x（g/m^2 或厚度 μ）之比，称为油墨转移率，用 f_0 表示，见式（9-17）。式（9-17）与前述的式（9-8）具有相同的含义，只是表示形式不同。

$$f_0 = \frac{y}{x} \tag{9-17}$$

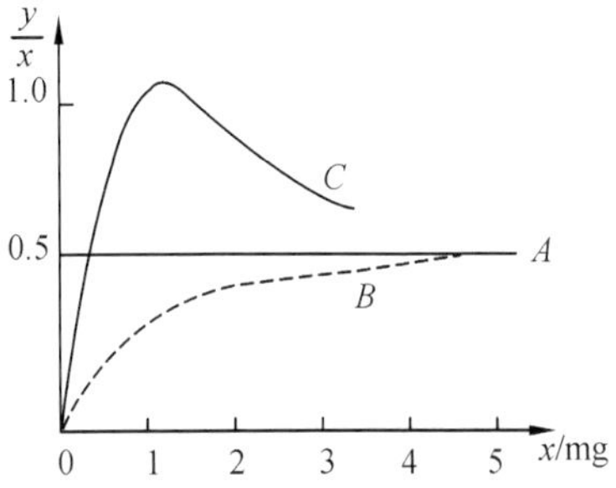

图 9-12 是油墨转移率曲线。B 是塑料薄膜、金属箔等非吸收承印材料的油墨转移率曲线。C 是表面具有吸收性承印材料（如纸张）的油墨转移率曲线。

图 9-12 油墨转移率曲线

9.2.4.2 油墨转移率的测定

目前多用印刷适性试验机，在固定的印刷压力、印刷速度下，用以下两种方法来测定油墨转移率。

（1）测定印刷前与印刷后印版的重量，计算差数。

设：印刷前印版重量为 $G(g/cm^2)$；印刷前印版加印墨的重量为 $G_S(g/cm^2)$；印刷后印版重量为 $G_P(g/cm^2)$。计算由式（9-18）表示。

$$f_0 = \frac{G_S - G_P}{G_S - G} \tag{9-18}$$

（2）测定印刷前后纸张的重量，计算差值。

设：印刷前纸张的重量为 $G_C(g/cm^2)$，印刷后纸张的重量为 $G_D(g/cm^2)$，可用式（9-19）进行计算。

$$f_0 = \frac{G_D - G_C}{G_S - G} \tag{9-19}$$

第二种方法必须在恒温、恒湿的条件下，使纸张水分充分平衡后，f_0 才能精确测定。否则，纸张吸收或放出的水分往往超过油墨本身的重量。

9.3　油墨转移方程的建立及应用

9.3.1　油墨转移方程的建立

　　油墨转移过程是印版与纸张接触的瞬间印刷油墨从印版转移到纸张上的过程。由于纸张表面存在粗糙不平的地方，使印版上的油墨不能与纸张的表面充分接触，所以，从印版转移到纸张上的油墨量，将取决于印版上油墨与纸张表面接触的面积，以及在接触面积内从印版转移到纸张上的油墨量。如果从印版转移到单位面积纸张上的油墨量为 y，在印版上的油墨与纸张表面的接触区域内从印版转移到单位面积纸张上的油墨量为 Y，式（9-20）表示了这样的变化规律。

$$y = FY \tag{9-20}$$

中，F 为在单位面积的纸张上，印版上的油墨与纸张表面的接触面积，称为接触面积比。

　　印版上的油墨与纸张表面的接触面积将取决于印版上油墨量的多少以及纸张表面在印刷压力下与印版上油墨的接触程度。当印版上的油墨量较少时，油墨不能填满纸张表面的凹陷处，印版上的油墨与纸张表面的接触面积较小；随着印版上的油墨量的增加，印版上的油墨与纸张表面的接触面积增大，直至印版上的油墨与纸张的表面完全接触，此时的接触面积比 F 等于 1。印版上的油墨与纸张表面的接触面积随印版上油墨量的变化率与纸张表面未与油墨接触的空白部分的面积成正比，由此建立微分方程为

$$\frac{\mathrm{d}F}{\mathrm{d}x} = k(1 - F) \tag{9-21}$$

式中，k 为比例系数；F 为接触面积比；x 为印版上的油墨量。对式（9-21）微分方程进行分离变量，得

$$\frac{\mathrm{d}F}{1 - F} = k\mathrm{d}x \tag{9-22}$$

对式（9-22）进行积分，其结果为

$$\frac{\mathrm{d}(1 - F)}{1 - F} = -k\mathrm{d}x$$

$$\ln(1 - F) = -kx + C$$

$$F = 1 - \mathrm{e}^{-kx + C} \tag{9-23}$$

式中，C 为积分常数。当印版上没有油墨时，其接触面积比为零，根据这个初始条件可知，积分常数 C 等于零，由式（9-23）得到接触面积比为

$$F = 1 - \mathrm{e}^{-kx} \tag{9-24}$$

　　在油墨转移的过程中，在印版上的油墨与纸张表面的接触区域内，从印版转

移到纸张上油墨量 Y 的一部分是在短暂的压印时间内从印版上填入纸张表面凹陷处的油墨量 Y_1，另一部分是印版与纸张表面之间剩余的自由油墨在分裂时以一定的比例从印版向纸张表面转移的油墨量 Y_2，如图 9-13 所示。如果在印刷过程中印版上的油墨填满纸张表面凹陷处的极限油墨量为 b，那么，在实际的印刷过程中，从印

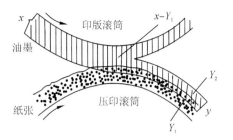

图 9-13　印刷油墨的转移过程

版上填入纸张表面凹陷处的油墨量 Y_1 必然小于极限油墨量 b，有式（9-25）成立：

$$Y_1 = \varphi b \qquad 0 \leqslant \varphi \leqslant 1 \tag{9-25}$$

式中，φ 为从印版上填入纸张表面凹陷处的油墨量与极限油墨量的比值，它与印版上的油墨量 x 以及极限油墨量 b 的大小有关。比值 φ 随印版上油墨量 x 的变化率与纸张表面凹陷处未填满油墨的容积成正比，与极限油墨量成反比，由此建立微分方程为

$$\frac{\mathrm{d}\varphi}{\mathrm{d}x} = \frac{1}{b}(1 - \varphi) \tag{9-26}$$

对式（9-26）进行分离变量积分，积分结果由式（9-27）表示。

$$\frac{\mathrm{d}\varphi}{1 - \varphi} = \frac{1}{b}\mathrm{d}x$$

$$\frac{\mathrm{d}(1 - \varphi)}{1 - \varphi} = -\frac{\mathrm{d}x}{b}$$

$$\ln(1 - \varphi) = -\frac{x}{b} + C$$

$$\varphi = 1 - \mathrm{e}^{-\frac{x}{n} + C} \tag{9-27}$$

式中，C 为积分常数，根据 x 等于零时，φ 为零的初始条件，得到积分常数 C 等于零，则比值 φ 的表达式如式（9-28）所示。

$$\varphi = 1 - \mathrm{e}^{-\frac{x}{b}} \tag{9-28}$$

把式（9-28）代入式（9-25），由此得到从印版上填入纸张表面凹陷处的油墨量为

$$Y_1 = \varphi b = b(1 - \mathrm{e}^{-\frac{x}{b}}) \tag{9-29}$$

这时，在印版与纸张表面之间剩余的自由油墨量为

$$x - Y_1 = x - b(1 - \mathrm{e}^{-\frac{x}{b}}) \tag{9-30}$$

式中，这部分油墨以一定的比例分裂（分裂率为 f），从印版转移一定比例的油墨到纸张上。如果分裂后从印版转移到纸张表面的油墨量为 Y_2，如式（9-31）所示：

$$Y_2 = f(x - Y_1) = f[x - b(1 - e^{-\frac{x}{b}})] \tag{9-31}$$

式中，f 为分裂后转移到纸张表面的油墨量与印版和纸张之间剩余自由油墨总量的比值，称为分裂率（也称为分裂比）。由此得到在印版上的油墨与纸张表面接触的单位面积内在压印区从印版转移到纸张上的油墨量为式（9-29）和式（9-31）之和，即式（9-32）：

$$Y = Y_1 + Y_2 = b(1 - e^{-\frac{x}{b}}) + f[x - b(1 - e^{-\frac{x}{b}})] \tag{9-32}$$

把式（9-32）代入式（9-20），就得到从印版转移到单位面积的纸张上的油墨量为式（9-33）：

$$y = FY = (1 - e^{-kx})\{b(1 - e^{-\frac{x}{b}}) + f[x - b(1 - e^{-\frac{x}{b}})]\} \tag{9-33}$$

式（9-33）表示了印版上的油墨量与转移到纸张上的油墨量之间的关系，称为油墨转移方程[9]。

9.3.2 油墨转移方程的应用

1）油墨转移系数 V 的计算

如果将油墨认为是一个均匀的分散体系，就可以用平均墨层厚度来代替油墨量，油墨转移方程仍然是成立的。如图 9-14 所示的油墨转移曲线为按照油墨转移方程所表示的印版上的平均墨层厚度与转移到纸张上的平均墨层厚度之间的关系。把式（9-33）代入式（9-16），得到油墨转移系数 V 的完全表达式为

$$V = \frac{y}{x - y}$$

$$= \frac{(1 - e^{-kx})\{b(1 - e^{-\frac{x}{b}}) + f[x - b(1 - e^{-\frac{x}{b}})]\}}{x - (1 - e^{-kx})\{b(1 - e^{-\frac{x}{b}}) + f[x - b(1 - e^{-\frac{x}{b}})]\}} \tag{9-34}$$

2）油墨转移率 f_0 的计算

根据油墨转移方程式（9-34），代入式（9-17）可得到油墨转移率为

$$f_0 = \frac{y}{x} = \frac{1 - e^{-kx}}{x}\{b(1 - e^{-\frac{x}{b}}) + f[x - b(1 - e^{-\frac{x}{b}})]\} \tag{9-35}$$

由此得到表示印版上的平均墨层厚度与油墨转移系数之间关系的油墨转移系数曲线如图 9-15 所示。

由此得到表示印版上的平均墨层厚度与油墨转移率之间关系的油墨转移率曲线如图 9-16 所示。

油墨转移方程中的比例系数 k 值的物理意义是表示纸张表面在印刷过程中与印版上的油墨接触时所显示的平滑程度。纸张表面的平滑度越高，在印刷时纸张表面与印版上油墨的接触程度就越好，k 值就越大。如图 9-17 所示，对于不同平滑度的纸张，其接触面积比 F 随印版上的油墨量 x 变化的曲线．但是 k 值不但与

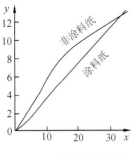
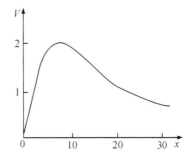

图 9-14　油墨转移曲线　　　　　　　　图 9-15　油墨转移系数曲线

纸张本身的平滑度有关，而且还受到改变印版上的油墨与纸张表面的接触状况因素的影响，这些影响因素包括印刷压力、印刷速度和油墨的流动特性等。k 值受印刷压力的影响是因为纸张在印刷压力下产生变形，使纸张的平滑程度发生变化，从而改变了纸张表面与印版上油墨的接触面积；k 值受印刷速度的影响是因为印刷速度的变化改变了纸张表面与印版上油墨的接触时间，使纸张表面与印版上油墨的接触面积发生变化；k 值受油墨流动特性的影响是因为油墨流动特性的改变使流入纸张表面凹陷处的油墨量发生变化，从而使纸张表面与印版上油墨的接触面积发生变化。用 k 值评价纸张表面的平滑程度，考虑了在印刷过程中各种因素，对于纸张表面所显示的平滑程度的影响，更符合印刷的实际情况，所以将 k 值称为纸张的印刷平滑度系数。

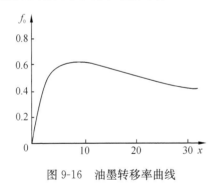
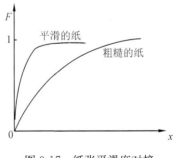

图 9-16　油墨转移率曲线　　　　　图 9-17　纸张平滑度对接
　　　　　　　　　　　　　　　触面积比的影响

　　油墨转移方程中的极限油墨量 b 表示在印刷过程中当印版上的油墨与纸张表面接触的瞬间在纸张上固着的油墨量。由于压印的时间很短，可以认为极限油墨量 b 只表示在压印的瞬间填满纸张表面凹陷处的油墨量，而渗透进入纸张毛细孔的油墨量则可忽略不计。所以，极限油墨量 b 主要受到印刷压力与印刷速度的影响，印刷压力越大或印刷速度越慢，则极限油墨量 b 值就越大。油墨中连接料的黏度也影响到极限油墨量的大小，但由于在压印的瞬间纸张表面的毛细孔吸收油墨的时间很短，所以，特别在高速印刷中油墨中连接料的黏度对于极限油墨量的影响是比较小的。

　　油墨转移方程中的分裂比 f 表示印版与纸张表面之间的自由油墨分裂的性能。显然，分裂比 f 受油墨流动特性的影响最大，同时也受到油墨中颜料的分子结构的影响。分裂比 f 的大小还与纸张表面的平滑度与纸张的吸收性有关，对于吸收性大的表面粗糙的纸张，分裂比 f 有变小的趋势。印刷速度对于分裂比 f 也有比较大的影响，印刷速度越慢印版与纸张表面之间的自由油墨的分裂处就越靠近墨层的中央，使分裂比 f 趋近于 0.5。

　　油墨转移方程的建立，对于定量描述印刷的油墨转移过程，建立了一个比较实用的数学模型，对于印刷适性的研究具有重大意义。

9.4　方程的参数赋值

　　建立的油墨转移方程对于平滑度较高的涂料纸的应用非常成功，油墨转移量的计算数据与实验数据相当吻合，但油墨转移方程对平滑度较低的非涂料纸的适用性较差，油墨转移量的计算数据与实验数据有些差别。因此，一些研究人员对确定油墨转移方程中参数的赋值方法进行了探讨。到目前为止，已经提出了近似法、实验法、逼近法、三角形形心法和优化法等多种赋值方法[9]，其目的是力求使油墨转移方程对非涂料纸的计算数据具有较高的精度，能够与实验数据比较吻合，从而扩大油墨转移方程的适用范围。

　　油墨转移方程中有印刷平滑度系数 k、极限油墨量 b 和分裂比 f 这三个参数。其中，印刷平滑度系数 k 主要是当印版上的油墨量较小时影响从印版转移到纸张上的油墨量；极限油墨量 b 主要是当印版上的油墨量中等时影响从印版转移到纸张上的油墨量；分裂比 f 主要是当印版上的油墨量较大时影响到从印版转移到纸张上的油墨量。所以，对于油墨转移方程的参数赋值时，需要选择不同大小的油墨转移量的实验数据分别进行计算，以便使参数的赋值更符合于实际的印刷条件。

9.4.1　近似法

　　对于油墨转移方程，当印版上的油墨量 x 较大时，可以近似地认为
$$e^{-kx} \rightarrow 0; \quad e^{-\frac{x}{b}} \rightarrow 0$$
则油墨转移方程式（9-33）就近似地变成直线方程，见式（9-36）：
$$y = b + f(x-b) \tag{9-36}$$
由式（9-36）整理可以得到
$$y = fx + b(1-f) \tag{9-37}$$
式中，直线的斜率为 f，截距为 $b(1-f)$。

　　在一定的印刷条件下，也就是以一定的印刷压力、印刷速度以及选定的纸张

和油墨进行印刷时，所得到的油墨转移的实验曲线在印版上的油墨量 x 较大时趋近于一条直线，如图 9-14 所示的两种纸张油墨转移曲线中就可以见到这一直线段。如果油墨转移曲线中这段直线段的斜率为 s，截距为 I，那么就可以得到极限油墨量 b 和分裂比 f 的值为式（9-38）和式（9-39）：

$$f = s \tag{9-38}$$

$$b = \frac{I}{1-f} = \frac{I}{1-s} \tag{9-39}$$

用上述赋值方法求得油墨转移方程中的参数 b 和 f 值以后，就可以将当印版上的油墨量较小时，所得到的油墨转移量的实验数据，代入油墨转移方程式（9-33）得式（9-40）：

$$e^{-kx} = 1 - y / \{ b(1 - e^{-\frac{x}{b}}) + f[x - b(1 - e^{-\frac{x}{b}})] \} \tag{9-40}$$

对式（9-40）两边求对数，变换得

$$k = -\frac{2.3026}{x} \lg \{ 1 - y / [b(1 - e^{-\frac{x}{b}})] + f(x - b + be^{-\frac{x}{b}}) \} \tag{9-41}$$

由式（9-41）求得纸张的印刷平滑度系数 k。为了提高参数 k 的精度，需要选择当印版上的油墨量较小时的几组油墨转移量的实验数据代入上式求得 k，然后取平均值作为参数 k 的赋值。

表 9-2 所示的油墨转移量的实验数据是在胶印打样机上获得的。对于铜版纸，选择两组印版上油墨量

表 9-2　油墨转移量的实验数据

纸张种类	铜版纸						新闻纸					
印版油墨量 $x/\mu m$	1	2	3	5	10	15	1	2	3	5	15	20
纸张油墨量 $y/\mu m$	0.54	1.06	1.49	2.30	4.30	6.30	0.25	0.83	1.58	3.20	8.90	10.55

较大时的实验数据（10，4.30）和（15，6.30）代入直线方程的两点式，可得

$$\frac{y - 4.30}{4.30 - 6.30} = \frac{x - 10}{10 - 15}$$

$$y = 0.4x + 0.3$$

由此可得到油墨转移方程的参数 f 和 b 值为

$$f = 0.4; \quad b = \frac{0.3}{1 - 0.4} = 0.5$$

再从表 9-2 中选择铜版纸的三组印版上的油墨量较小时的油墨转移量的实验数据（1，0.54）、（2，1.06）和（3，1.49），代入式（9-41），得

$$k_1 = 1.7089; \quad k_2 = 1.7285; \quad k_3 = 1.6958$$

求其平均值，得油墨转移方程的参数 k 为：

$$k = \frac{k_1 + k_2 + k_3}{3} = \frac{1.7098 + 1.7285 + 1.6958}{3} = 1.7111$$

同理，根据实验数据可求得新闻纸的油墨转移方程的参数分别为

$$f=0.33，b=5.90，k=0.347\ 5。$$

应用近似法对于平滑度较高的涂料纸（如铜版纸）的油墨转移方程的参数赋值是比较精确的，例如，上述求得的铜版纸的油墨转移方程的参数为 $k=1.711\ 1$ 和 $b=0.5$。

下面，来验证舍去指数项部分，对计算结果的影响。当 $x=5\mu m$ 时，可得

$$e^{-kx}=e^{-1.711\ 1\times5}=0.000\ 2$$

$$e^{-kx}=0.000\ 1$$

上述计算结果表明，舍去指数项部分，几乎不影响计算结果的正确性。所以，省略上述两项后再根据油墨转移曲线在 $x=10\sim15\mu m$ 时，其直线段的斜率和截距，来确定的参数 b 值和 f 值是比较精确的。

近似法对于平滑度较低的非涂料纸（如新闻纸）的油墨转移方程的参数赋值具有较大的误差。例如，上述求得的新闻纸的油墨转移方程的参数为 $k=0.347\ 5$ 和 $b=5.90$，当 $x=5\mu m$ 时，可得

$$e^{-kx}=e^{-0.347\ 5\times5}=0.176\ 0$$

$$e^{-\frac{x}{b}}=0.428\ 5$$

所以，省略上述两项后确定的参数 b 和 f 值具有较大的误差，必须采用 x 很大的实验数据来计算参数 b 和 f 值，而这在实践中是很难做到的。也说明纸张表面越粗糙，影响就越大。

9.4.2　实验法

由于油墨的流动特性影响油墨转移的过程，特别是当印版上的油墨量较大时，油墨的流动特性是影响油墨转移过程的决定性因素，也就是主要影响分裂比 f 的大小。所以，可以根据油墨流动特性的实验数据，应用经验公式确定分裂比 f 的赋值。

影响分裂比 f 的油墨流动特性主要有连接料的黏度. 油墨的塑性黏度和屈服值，以及油墨中颜料的多少等因素。

油墨中连接料的黏度影响到油墨转移的分裂比。如果单纯使用连接料进行油墨转移的实验，就会发现只有黏度较低的接近于牛顿流体的连接料在转移过程中的分裂比才接近于 0.5，而一般情况下连接料的分裂比小于 0.5，并且其分裂比随着连接料黏度的增大而下降。如图 9-18 所示，黏度从 0.6Pa·s 到 25Pa·s 的连接料在转移过程中其分裂比变化的情况，当连接料的黏度从 6Pa·s 增大到 25Pa·s 时，其分裂比从 0.48 下降到 0.38。显然，连接料黏度的大小影响本身分裂比的大小，也必然影响油墨在转移过程中的分裂比的大小。

油墨的塑性黏度和屈服值都影响油墨转移的分裂比。油墨转移的分裂比随着

油墨的塑性黏度的增大而下降。图 9-19 所示为两种采用不同连接料的黑色凸印油墨的分裂比随其塑性黏度变化的情况。油墨屈服值是油墨又一个重要的流动特性。实验证明，油墨的分裂比也是随着油墨屈服值的增大而下降的。如图 9-20 所示为油墨转移的分裂比随油墨的屈服值变化的情况。由图可见，油墨转移的分裂比与油墨的塑性黏度和屈服值之间都不是线性的关系，但是实验证明，油墨转移的分裂比与油墨的拉丝短度呈线性关系。油墨的拉丝短度是表示油墨在转移过程中拉伸成丝的特性，油墨的塑性黏度越大或屈服值越小，则油墨越容易拉伸形成较长的墨丝，所以，将油墨的屈服值与塑性黏度之比称为油墨的拉丝短度。如图 9-21 所示为油墨转移的分裂比随油墨的拉丝短度线性变化的关系。

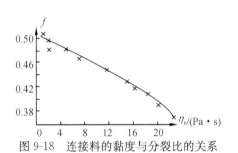

图 9-18　连接料的黏度与分裂比的关系

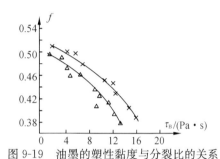

图 9-19　油墨的塑性黏度与分裂比的关系

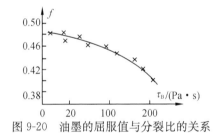

图 9-20　油墨的屈服值与分裂比的关系

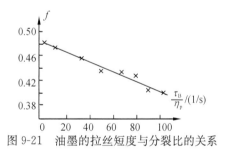

图 9-21　油墨的拉丝短度与分裂比的关系

根据上述分析和大量的实验数据表明，由油墨流动特性的实验数据确定油墨转移分裂比 f 的经验公式为

$$f = f_v - \frac{\tau_B}{\eta_P} 10 \left[\frac{C_1(\lg\eta_P - \lg\eta_0)}{\Phi\lg\eta_0} + C_2 \right] \tag{9-42}$$

式中，f_v 为油墨中连接料的分裂比；τ_B 为油墨的屈服值；η_P 为油墨的塑性黏度；η_0 为连接料的黏度，Φ 为油墨中颜料与连接料的体积比；C_1 和 C_2 为常数，其中：$C_1 = -0.624$，$C_2 = -1.240$。

由经验公式确定分裂比 f 以后，就可以选择当印版上的油墨从小到大时，所得到的几组油墨转移量的实验数据，求得极限油墨量 b 的平均值。由油墨转移方程的近似直线方程式（9-36），可得到极限油墨量的表达式为

$$b = \frac{y - fx}{1 - f} \tag{9-43}$$

由上述赋值方法求得油墨转移方程的参数 f 和 b 以后，参数 k 的赋值方法与近似法完全相同的。

表 9-3 为油墨的流动特性及油墨转移的实验数据。将油墨流动特性的实验数据代入求分裂比 f 的经验公式，得

$$f = 0.397$$

表 9-3   油墨流动特性及油墨转移的实验数据

测试项目	η_p(P)	τ_B/ (dyne/ cm^2)	F	f_v	η_0(P)	x_1，y_1	x_2，y_2	x_3，y_3	x_4，y_4	x_5，y_5
实验数据	81.7	683	11.8 %	0，452	42	1，0.54	2，1.06	3，1.49	5，2.30	15，6.30

将油墨转移量的三组实验数据 （2，1.06）、（5，2.30）和（15，6.30）代入求取 b 的公式，得

$$b_1 = 0.441\ 1; \quad b_2 = 0.522\ 4; \quad b_3 = 0.572\ 1$$

由此求得油墨转移方程中的参数 b 为

$$b = \frac{b_1 + b_2 + b_3}{3} = \frac{0.441\ 1 + 0.522\ 4 + 0.572\ 1}{3} = 0.511\ 9$$

由此求得油墨转移方程中的参数 k 为

$$k = \frac{k_1 + k_2 + k_3}{3} = \frac{1.691\ 8 + 1.701\ 7 + 1.712\ 7}{3} = 1.702\ 0$$

应用实验法确定油墨转移方程的参数时，由于考虑了油墨的内部结构和流动特性对于分裂比 f 的影响。因此，根据经验公式求出的 f 更符合实际情况，也就是确定了油墨转移曲线的直线段的斜率。对于平滑度较低的非涂料纸，即使没有 x 很大的实验数据，也可以根据油墨转移方程的近似直线公式求得参数 b 的平均值。由此确定的参数 f 和 b 与近似法相比是比较精确的，特别是 f，相当精确，但参数 b 与 k 仍然具有一定的误差。

9.4.3　逼近法

由于近似法和实验法在确定油墨转移方程的参数 b 时，不但省略了 e^{-kx} 项，而且省略了包含参数 b 的 $e^{-x/b}$ 项，从而使参数 b 赋值的精度下降，特别是对于极限油墨量 b 值较大的非涂料纸，参数 b 赋值的精度较低，由此也影响参数 k 的精度。逼近法则认为，当印版上的油墨量 x 较大时，在油墨转移方程中可以省略 e^{-kx} 项，但不能省略包含参数 b 的 $e^{-x/b}$ 项，则油墨转移方程式（9-33）可近似地变为

$$y = b(1 - e^{-x/b}) + f[x - b(1 - e^{-x/b})] \tag{9-44}$$

由式（9-44）可以得到

$$y = fx + b(1 - f)(1 - e^{-x/b}) \qquad (9\text{-}45)$$

对式（9-45），两边同除以 x 得

$$\frac{y}{x} = b(1 - f)(\frac{1 - e^{-x/b}}{x}) + f \qquad (9\text{-}46)$$

式中，y/x 与 $(1-e^{-x/b})/x$ 呈线性关系；在这个直线方程中，斜率为 $b(1-f)$，截距为 f。

在上述方程中，设 $(1-e^{-x/b})/x$ 项中参数 b 的假定值为 b_0，选择当印版上的油墨量较大时所得到的油墨转移量的实验数据代入上述方程中，求得 y/x 与 $(1-e^{-x/b})/x$ 的直线函数的斜率为 s，截距为 I，则

$$f = I; b = \frac{s}{1 - f} = \frac{s}{1 - I}$$

当然，由此求得的参数 b 与假定值 b_0 是不一定相同的。所以，需要多次设假定值 b_0 进行重复计算，分别求得所对应的参数 b 和 f。

参数 b 可以通过作图赋值，如图 9-22 所示。图中横坐标为 b_0，纵坐标为 b，则假定值 b_0 与相对应的计算值 b 就可以在这个坐标系中确定一个点，多次设假定值 b_0 与相对应求得的 b 值就可以在这个坐标系中得到几个点，将这些点连起来就形成一条直线，由这条直线与代表假定值 b_0 和相对应求得的 b 相等的直线的交点就可以确定参数 b。

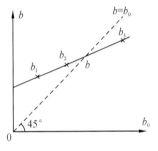

图 9-22 参数 b 的作图赋值

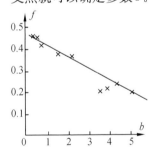

图 9-23 极限油墨量 b 与
分裂比 f 的关系

同样，参数 f 也可以通过作图法赋值。这是根据极限油墨量 b 与分裂比 f 呈线性关系而求得参数 f 的。因为极限油墨量 b 与纸张表面的平滑度、纸张的吸收性以及油墨的黏度有关，而分裂比 f 也与纸张表面的平滑度、纸张的吸收性以及油墨的流动特性有关，所以极限油墨量 b 与分裂比 f 之间存在内部的相互关系。实验证明，参数 b 与 f 之间存在近似线性的关系，如图 9-23 所示为实验所得的极限油墨量 b 与分裂比 f 之间的关系。利用参数 b 与 f 之间的线性关系就可以确定参数 f。如果横坐标为参数 b，纵坐标为参数 f，将对应着多次假定值 b_0 所求得的 b 和 f 在这个坐标系里得到几个点，将这些点连起来就形成一条直线，再根据上述的作图法所确定的 b 求得在这条直线上所对应的 f，由此确定了参数 f。

对于参数 k 的赋值则与近似法和实验法相同，就是选择当印版上的油墨量较小时所得到的几组油墨转移量的实验数据，求得 k 的平均值作为纸张的平滑度系数 k 的赋值。

对于表 9-2 所列的某种新闻纸，选择当印版上的油墨转移量较大时所得到的两组油墨转移量的实验数据（15，8.90）和（20，10.55），设定假定值 b_0 分别为 6、9 和 12，则可求得相应的 y/x 和（$1-\mathrm{e}^{-x/b_0}$）$/x$ 的数据，然后利用这两者的线性关系，应用直线方程的两点式求得 b 和 f，相应的数据如表 9-4 所列。

表 9-4　油墨转移方程的逼近法赋值数据

b_0	6		9		12	
(x, y)	(15, 8.90)	(20, 10.55)	(15, 8.90)	(20, 10.55)	(15, 8.90)	(20, 10.55)
y/x	0.593 3	0.527 5	0.593 3	0.527 5	0.593 3	0.527 5
$(1-\mathrm{e}^{-x/b_0})/x$	0.061 2	0.048 2	0.054 1	0.044 6	0.047 6	0.040 6
b	7.064 2		9.049 3		11.005 7	
f	0.283 5		0.203 2		0.145 9	

根据表 9-4 中假定值 b_0 与对应的计算值 b 和 f 的关系，就可以通过作图法赋值，如图 9-24 和图 9-25 所示，由此求得 $b=9.2$，$f=0.21$。选择表 9-2 中印版上的油墨量较小时的三组油墨转移量的实验数据（1，0.25）、（2，0.83）和（3，1.58），在油墨转移方程中代入 b 和 f，求得参数 k 的平均值为：

$$k = \frac{k_1 + k_2 + k_3}{3} = \frac{0.302\ 4 + 0.300\ 4 + 0.296\ 8}{3} = 0.299\ 8$$

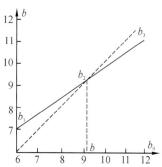

图 9-24　用逼近法作图确定 b

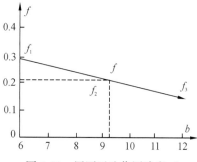

图 9-25　用逼近法作图确定 f

应用逼近法确定油墨转移方程的参数时，由于只略去了 e^{-kx} 项，并且没有使用经验公式，因此，对于非涂料纸，特别是吸收性较大的非涂料纸，参数赋值的精度与近似法和实验法相比有所提高。但是，由于在参数赋值时仍然略去了 e^{-kx} 项，所以，逼近法对于表面平滑度比较差的非涂料纸的参数赋值还存在一定的误差。另外，逼近法还存在作图误差。

9.4.4 三角形形心法

为了进一步提高油墨转移方程中参数的赋值精度，提出了直接从油墨转移方程赋值的三角形形心法。在油墨转移方程中，既不省略 e^{-kx} 项，也不省略 e^{-x/b_0} 项，经变换形式后得

$$f = \frac{\dfrac{y}{1-e^{-kx}} - b(1-e^{-x/b})}{x - b(1-e^{-x/b})} \tag{9-47}$$

式中设参数 k 的假定值为 k_0，并将任一组油墨转移量的实验数据 (x, y) 代入式（9-47），则得到 $f = F(b)$ 的关系式，并由此在横坐标为 b、纵坐标为 f 的直角坐标系中绘制出一条曲线。

如果选择当印版上的油墨量较大时所得到的三组油墨转移量的实验数据 (x_1, y_1)、(x_2, y_2) 和 (x_3, y_3)，代入上述方程中，就得到三条 $f = F(b)$ 的曲线，它们两两相交，三个交点的坐标分别为 (b_{12}, f_{12})、(b_{23}, f_{23}) 和 (b_{31}, f_{31})，以这三个交点为顶点形成一个三角形，其形心坐标为式（9-48）和式（9-49）：

$$b = \frac{b_{12} + b_{23} + b_{31}}{3} \tag{9-48}$$

$$f = \frac{f_{12} + f_{23} + f_{31}}{3} \tag{9-49}$$

三角形形心法认为，以式（9-48）和式（9-49）求得的三角形的形心坐标，即为参数 b 和 f 的最佳值。

求得 b 和 f 后，选择当印版上的油墨量较小时的几组油墨转移量的实验数据，求得参数 k 的平均值。将此 k 值与假定值 k_0 相比较，如果两者不等，则需重新设定 k_0 值，重复上述计算步骤，直至 k 与 k_0 相等，将这时求得的参数的 b、f 和 k 作为最佳赋值。当然，如此烦琐的重复计算，只能由电子计算机来求解，其程序流程如图 9-26 所示。

对于表 9-2 所列的某种新闻纸，设假定值 $k_0 = 0.2$，选择当印版上的油墨量较大时所得到的三组油墨转移量的实验数据，求得参数 b 和 f，然后，选择当印版上的油墨量较小时所得到的三组油墨转移量的实验数据，求得 k，由计算机对比 k 与 k_0，进行反复计算，求得

$$b = 11.156\,8, \quad f = 0.175\,3, \quad k = 0.282\,9$$

此时，$k_0 = 0.2828$，$k - k_0 = 0.0001$，满足精度要求。

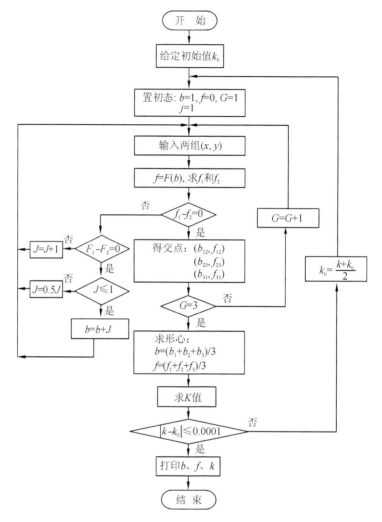

图 9-26　三角形形心法的程序流程图

9.4.5　优化法

虽然三角形形心法对于油墨转移方程的参数赋值具有较高的精度，但是，上述四种赋值方法都有一个共同的问题，就是利用当印版上的油墨量较小时几组油墨转移量的实验数据，采用平均法求取参数 k 来拟合油墨转移曲线，存在平均法所固有的误差，而这一段油墨转移曲线正是研究实际油墨转移过程的关键之处。为了进一步提高参数的赋值精度，提出了以最小二乘法建立目标函数，利用优化方法中的单纯形法，用电子计算机寻优赋值。

如果得到油墨转移的实验数据为 x_i、y_i（i=1，2，3，…，m），则印版上的

油墨量 x_i 为被测量 x 的估计值，选定参数值 k_j、b_j、f_j，利用油墨转移方程，可得到对应于 x_i 的油墨转移量的估计值为 y_i，用式（9-50）表示。

$$y'_i = f(x_i, V_j) \tag{9-50}$$

式（9-50）中，$V_j = [k_j, b_j, f_j]^{\mathrm{T}}$ 是由赋值参数组成的三维向量。

对应于油墨转移量的测量值为 y_i，则测量值为 y_i 的剩余误差，表示为

$$F_i(V_j) = (x_i, V_j) - y_i \tag{9-51}$$

根据最小二乘法的原理，剩余误差的平方和最小时，测量的结果最可信赖，也就是由此求得的参数 $V^* = [k^*, b^*, f^*]^{\mathrm{T}}$ 是最佳赋值，由此建立目标函数为

$$f(V_j) = \sum_{i=1}^{m} F_i 2(V_j) = \sum_{i=1}^{m} [f_i(x_i, V_j) - y_i]^2 \tag{9-52}$$

式（9-52）是一个无约束的非线性规划问题，只要选取适当的 $V^* = [k^*, b^*, f^*]^{\mathrm{T}}$，就可以使目标函数达到最小，其数学模型为

$$\min f(V_j) V_j > 0 \tag{9-53}$$

对于式（9-53）所表示的计算目标函数最优值的问题，可用单纯形法直接求解，就是在三维欧氏空间内任取四个顶点，形成一个四面体，算出各个顶点的目标函数，比较各个目标函数值，找出最小点和最大点，然后丢掉最大点，向最小点方向按一定规则形成一个新的四面体，再找出最小点和最大点，重复上述步骤，直至逐渐缩小四边形而最终得到一个最优点。具体解法如下。

（1）首先设定 k_0、b_0，f_0 值为初始点 V_0^1 的向量，再根据等距离的原则确定各顶点 V_0^2，V_0^3 和 V_0^4 的向量，构成初始单纯形。

（2）将 V_0^1、V_0^2、V_0^3 和 V_0^4 分别代入油墨转移方程，再利用印版油墨量的实验数据 x_i 对每个 V_0 求出 m 个 y'_i 值。

（3）将 m 个 y'_i 和实验数据 y_i 代入目标函数，求出对应每个 V_0 的函数值 $f(V_0)$。

（4）将各顶点的目标函数值 $f(V_0)$ 进行比较，决定下一步为反射、扩张或压缩，从而构成一个新的单纯形，各顶点的向量为 V_1^1、V_1^2、V_1^3 和 V_1^4。

（5）重复上述计算步骤，直至求出使目标函数为最小的 $V^* = [k^*, b^*, f^*]^{\mathrm{T}}$。

当然，对于上述繁杂的计算，只有计算机才能求解，其程序流程如图 9-27 所示。

对于表 9-2 所列的某种新闻纸，由计算机进行反复计算，求得

$$k = 0.3, \quad b = 10, \quad f = 0.17$$

由优化法确定的参数赋值，其赋值精度最高。

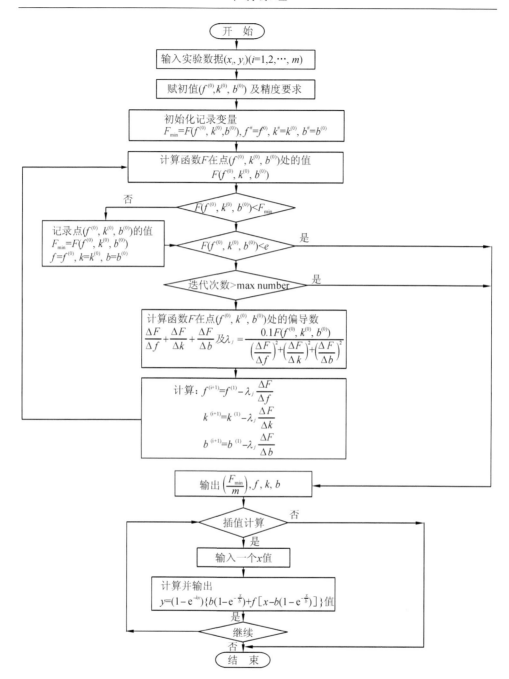

图 9-27 优化法的程序流程图

9.5   方程的修正

对于油墨转移方程，即使在参数的赋值精度很高的条件下，要同时适合于涂料纸和非涂料纸的油墨转移过程，也是有一定困难的。特别是对于接触面积比假设为印版油墨量 x 的指数函数的真实性还存在疑问。为此，一些研究人员试图修改油墨转移方程的数学模型，或者试图建立新的油墨转移方程的数学模型，以便使得到的油墨转移方程更接近于实际的油墨转移过程。到目前为止，已经提出了二次项修正法、指数修正法、扩大系数修正法、概率分布修正法和纸面形状修正法等多种修正油墨转移方程的方法[9]。其目的都是不管对于涂料纸还是非涂料纸，都能够使油墨转移量的计算数据与实验数据比较吻合，并且使油墨转移方程中的参数比较容易赋值。

9.5.1   二次项修正法

对于油墨转移方程，认为其中的接触面积比 F 随印版上油墨量 x 的变化率，不但与纸张表面未与油墨接触的空白部分的面积成正比，而且与印版上的油墨量成正比。由此，建立微分方程为

$$\frac{\mathrm{d}F}{\mathrm{d}x} = 2a^2 x(1-F) \tag{9-54}$$

式中，$2a^2$ 为比例系数。

对式（9-54）的微分方程进行分离变量积分，得

$$\frac{\mathrm{d}F}{1-F} = 2a^2 x \mathrm{d}x;$$

$$\ln(1-F) = -a^2 x^2 + c;$$

$$F = 1 - \mathrm{e}^{-a^2 x^2} + c \tag{9-55}$$

式中，c 为积分常数。当印版上没有油墨时，其接触面积比为零。根据这个初始条件可知，积分常数 c 等于零。所以得到接触面积比为的数学表达式为

$$F = 1 - \mathrm{e}^{-a^2 x^2} \tag{9-56}$$

把式（9-56）代入式（9-33），得到修正后的油墨转移方程为

$$y = FY = (1 - \mathrm{e}^{-a^2 x^2})\{b(1 - \mathrm{e}^{-x/b}) + f[x - b(1 - \mathrm{e}^{-x/b})]\} \tag{9-57}$$

在油墨转移方程中引入 $a^2 x^2$ 的二次项代替原来的 kx 一次项，从实验结果来看比较适合于实际的油墨转移过程。比例系数 a 是与纸张的平滑度和吸收性有关的常数，单位为 m^2/g，表示在一定的印刷条件下，每克油墨所能覆盖的纸张面积，称为油墨覆盖力。

油墨覆盖力 a 可以由经验公式（9-58）求得。

$$a = \frac{V_{\max} + 1}{V_{\max} X_{\max}} \tag{9-58}$$

式中，$V_{\max}$ 为油墨转移系数曲线的最大值，$X_{\max}$ 为对应油墨转移系数曲线中 $V_{\max}$ 的印版油墨量。根据经验公式（9-58）得到的油墨覆盖力 a 的计算数据与实验数据的对比如表 9-5 所示。

表 9-5　油墨覆盖力 a 的计算数据与实验数据

纸张种类	a 的计算数据/(m^2/g)	a 的实验数据/(m^2/g)
高级铜版纸	0.91	1.00
铜版纸 A	0.71	0.83
铜版纸 B	0.68	0.80
铜版纸 C	0.63	0.82
铜版纸 D	0.56	0.55
胶版纸	0.20	0.18
凸版纸	0.20	0.18

经二次项修正的油墨转移方程，不但其数学模型更接近实际的油墨转移过程，而且其中的参数 a 可以由经验公式比较精确地赋值，从而使油墨转移方程的参数赋值比较简单，也具有一定的精度。

9.5.2　指数修正法

综合油墨转移方程中接触面积比为一次项或二次项指数的特点，实验结果表明，接触面积比更适合式（9-59）：

$$F = 1 - e^{-(kx)^n} \tag{9-59}$$

把式（9-59）代入式（9-33），得到修正后的油墨转移方程为

$$y = [1 - e^{-(kx)^n}]\{b(1 - e^{-x/b}) + f[x - b(1 - e^{-x/b})]\} \tag{9-60}$$

实验证明，指数 $n=1.5$ 比 $n=1$（或 $n=2$）更能够使油墨转移方程对于油墨转移量的计算数据与实验数据相吻合。

9.5.3　扩大系数修正法

在油墨转移过程中，在纸张表面与油墨存在一定的接触面积比，使油墨从印版转移到纸张表面。但是，油墨转移过程是在印刷压力下完成的，在接触面积内的油墨必然在印刷压力下向未与印版上的油墨接触的纸张表面扩展。当印版上的油墨量为 x 时，如果从接触面积内扩展出来的油墨量为 q，则得到修正后的油墨转移方程为

$$y = FY = (1 - e^{-kx})\{b(1 - e^{-x/b}) + q + f[x - q - b(1 - e^{-x/b})]\} \tag{9-61}$$

从印版上的油墨与纸张表面的接触面积内扩展出来的油墨量 q，不但与印版

上的油墨量 x 和纸张的平滑度有关，而且与温度、油墨的黏度、网点周长、网点面积百分比以及印刷压力有关。实验证明，从接触面积内扩展出来的油墨量 q 可由经验公式（9-62）近似地求得。

$$q = \sqrt{x^2 + c^2} - c \qquad (9\text{-}62)$$

式中，c 为与接触面积内油墨扩展程度有关的系数，称为扩大系数。根据纸张表面平滑度的大小，在零到无穷大的范围内变化。

对于平滑度极高的涂料纸，扩大系数 c 趋于无穷大，则扩展油墨量 q 趋于零，油墨转移方程保持原式；对于平滑度较低的非涂料纸，通过在油墨转移方程中引入扩大系数 c，可以使油墨转移方程更接近于非涂料纸的油墨转移过程，使其对于非涂料纸的油墨转移量的计算数据与实验数据能较好地吻合。

9.5.4 概率分布修正法

纸张表面的凹凸不平是随机的，其概率分布影响印刷的油墨转移过程，如果将纸张表面与印版上油墨的接触面积比 F 简单地以印版上的油墨量 x 的指数形式表示，就不能够精确地描述实际的油墨转移过程。所以，应该作为一种随机现象来考察接触面积比 F 与印版油墨量 x 之间的关系。根据实验的结果，假设接触面积比 F 与印版油墨量 x 之间的关系，满足对数正态分布的规律，存在如下关系：

$$F(\lg x) = \frac{1}{\sqrt{2\pi}} \int_{-\infty}^{\lg x} \frac{(\lg x - \mu)^2}{2\sigma^2} \mathrm{d}(\lg x) \qquad (9\text{-}63)$$

式中，μ 和 σ 分别为随机变量 $\lg x$ 的数学期望和均方差。

在对数概率坐标系中，横坐标为对数坐标，纵坐标是根据标准正态分布为一条 $45°$ 直线而确定的正态分布函数坐标。在这个坐标系中，任何符合对数正态分布的函数都满足线性关系。表 9-6 所列为接触面积比与印版油墨量的实验数据，将其绘制到对数概率坐标系中，如图 9-28 所示。根据图中所得到的两者之间非常好的线性关系可以证明，接触面积比与印版油墨量之间满足对数正态分布规律的假设是符合实际油墨转移过程的，是完全正确的。

表 9-6 接触面积比 F 的实验数据

铜版纸		胶版纸		新闻纸	
印版油墨量 $x/\mu m$	接触面积比 F	印版油墨量 $x/\mu m$	接触面积比 F	印版油墨量 $x/\mu m$	接触面积比 F
0.16	0.148	0.36	0.020	0.55	0.081
0.30	0.366	0.39	0.065	0.83	0.150
0.46	0.711	0.66	0.081	1.20	0.364
0.62	0.745	0.78	0.199	1.56	0.492

铜版纸		胶版纸		新闻纸	
印版油墨量	接触面积比	印版油墨量	接触面积比	印版油墨量	接触面积比
$x/\mu m$	F	$x/\mu m$	F	$x/\mu m$	F
0.79	0.863	1.38	0.426	2.28	0.711
0.95	0.855	1.69	0.549	2.90	0.771
1.08	0.925	2.34	0.811	3.75	0.906
1.39	0.953	2.98	0.865	4.49	0.924
1.71	0.951	3.32	0.928	4.99	0.971
2.04	0.966	4.45	0.958	6.28	0.983
2.35	0.978	5.15	0.977	—	—
2.66	0.987	5.77	0.972	—	—
3.12	0.991	—	—	—	—

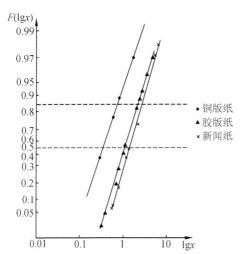

图 9-28　用对数概率坐标系绘制的接触
面积比与印版墨量的关系

从对数概率坐标系中，根据概率论可知，$F=0.5$ 时所对应的 $\lg x_\mu$ 为数学期望 μ，$F=0.8413$ 时所对应的 $\lg x_\sigma$ 值为数学期望 μ 加上均方差 σ 则求得：

$$\mu = \lg x_\mu \tag{9-64}$$

$$\sigma = \lg x_\sigma - \mu = \lg x_\sigma - \lg x_\mu$$
$$= \lg(x_\sigma / x_\mu) \tag{9-65}$$

根据式（9-64）、式（9-65）和图 9-28，可求得对应新闻纸的接触面积比的对数正态分布的参数为

$$\mu = \lg 1.6 = 0.2041$$

$$\sigma = \lg(3.2/1.6) = 0.3010$$

将接触面积比 F 关于 $\lg x$ 的函数式变换为关于 x 的函数式，则得到

$$F(x) = \frac{1}{\sqrt{2\pi}\sigma} \int_{-\infty}^{\lg x} e^{-\frac{(\lg x-\mu)^2}{2\sigma^2}} d(\lg x)$$

$$= \frac{1}{\sqrt{2\pi}\sigma} \int_0^x e^{-\frac{(\lg x-\mu)^2}{2\sigma^2}} \frac{\lg e}{x} dx$$

$$= \frac{\lg e}{\sqrt{2\pi}\sigma} \int_0^x \frac{1}{x} e^{-\frac{(\lg x-\mu)^2}{2\sigma^2}} dx \tag{9-66}$$

在直角坐标系中，$F(x)$ 所表示的曲线如图 9-29 的实线所示，虚线为 $F(x) = 1 - e^{-kx}$ 所表示的曲线，两者可进行比较。

由此得到接触面积比为对数正态分布所确定的油墨转移方程为式（9-67）：

$$y = FY = \frac{\lg e}{\sqrt{2\pi}\sigma} \int_0^x \frac{1}{x} e^{-\frac{(\lg x - \mu)^2}{2\sigma^2}} dx \{b(1 - e^{-x/b}) + f[x - b(1 - e^{-x/b})]\}$$

$$(9-67)$$

式中，共有 μ、σ、b、f 四个参数，而参数 μ 和 σ 可由对数概率坐标系中的 $F(\lg x)$ 的实验曲线确定，这样，参数 b 和 f 的赋值就比较容易了，而且误差也很小。

纸张的印刷平滑度不但取决于纸张的表面平滑度，而且取决于纸张在印刷的瞬间所表现的流变特性。纸张表面的凹凸不平满足正态分布的规律，而在印刷压力下则又满足对数正态分布的规律，就很好地证明了这一点。所以，可以根据在印刷压力下印版上的油墨覆盖纸张表面的难易程度来决定纸张的印刷平滑度。

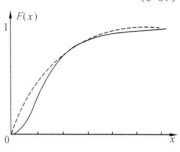

图 9-29　接触面积比与印版
油墨量的两种关系

根据接触面积比随印版上油墨量的变化率，和纸张表面未与印版上油墨接触的空白部分面积成正比，建立微分方程为

$$\frac{dF}{dx} = \frac{1}{\alpha}(1 - F) \qquad (9-68)$$

式中，α 为比例常数，对式（9-67）两端采用分离变量积分，得

$$\int_0^{\infty} dF = \int_0^{\infty} \frac{1}{\alpha}(1 - F) dx$$

$$1 = \frac{1}{\alpha} \int_0^{+\infty}(1 - F) dx \qquad (9-69)$$

$$\alpha = \int_0^{+\infty}(1 - F) dx \qquad (9-70)$$

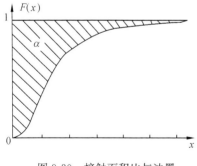

图 9-30　接触面积比与油墨
覆盖阻力的关系

由图 9-30 可知，α 等于图中阴影部分的面积。面积越大，印版上的油墨就越不容易覆盖纸张的表面，所以，可用 α 的大小来表示油墨覆盖纸面的难易程度，称为纸面的油墨覆盖阻力。以此作为衡量纸张的印刷平滑度的尺度，α 越大，则表示纸张的印刷平滑度越低。

将接触面积比 $F(x)$ 对 x 进行求导，可得到随机变量 x 的概率分布密度为

$$\varphi\ (x)\ =F'\ (x)\ =\frac{\lg e}{\sigma x\ \sqrt{2\pi}}\mathrm{e}^{-\frac{(\lg x-\mu)^2}{2\sigma^2}} \tag{9-71}$$

对式（9-69）积分，可得

$$
\begin{aligned}
\alpha &= \int_0^{+\infty}(1-F)\mathrm{d}x \\
&= \left[x(1-F)\right]_0^{+\infty}-\int_0^{+\infty}x\mathrm{d}(1-F) \\
&= \int_0^{+\infty}x\mathrm{d}F = \int_0^{+\infty}x\varphi(x)\mathrm{d}x \\
&= \int_0^{+\infty}\frac{\lg e}{\sigma\ \sqrt{2\pi}}e^{\frac{(\lg x-\mu)^2}{2\sigma^2}}\mathrm{d}x \\
&= e\frac{\mu}{\lg e}+\frac{1}{2}\left(\frac{\sigma}{\lg e}\right)^2
\end{aligned} \tag{9-72}
$$

根据表 9-6 所列的接触面积比 F 的实验数据，在对数概率坐标系中求得 μ 和 σ，代入式（9-72），即可计算出 α 值，表 9-7 所列为以此求得的三种纸张的油墨覆盖阻力 α。以前油墨转移方程中表示纸张印刷平滑度的参数 k 是根据假设求得的，而且计算复杂，赋值误差也较大，而油墨覆盖阻力 α 值是根据实验和理论求得的，赋值精度较高，更具有实用意义。

表 9-7　纸张的油墨覆盖阻力值

纸张种类	铜版纸	胶版纸	新闻纸
油墨覆盖阻力 α	0.49	1.7	2.0

9.5.5　纸面形状修正法

在前面所述的修正油墨转移方程的方法中，为表现纸张表面与印版上的油墨接触的瞬间所反映的印刷平滑度特性而选择的一些函数，已经成功地应用于描述实际的油墨转移过程，但仍然在有些场合与实际数据不符。这是因为这些修正方法都是在原来油墨转移方程的基础上进行的修正和变更，而本质上对油墨转移过程物理现象并没有增加任何新的解释。为此，在重新考察油墨转移过程物理现象的基础上，提出了油墨转移方程的纸面形状修正法。

首先假设纸张表面的粗糙不平是由均匀分布的凸峰和凹谷形成的，并且在印刷压力下的纸张表面凸峰的水平面上，其凸峰的表面积等于凹谷的表面积；凹谷的平均深度为 R，实际上比 R 深（或比 R 浅）的凹谷的数量是很少的。

当印版上的油墨量较小时，在压印时间内从印版上转移到纸张上的油墨量为 y_1，其中一部分是渗透入纸张表面凸峰的毛细孔而固着的油墨量 y_p；另一部分是流入纸张表面凹谷内的油墨在印版与纸张表面之间分离后留下的油墨量 y_v。如图

9-31 所示，如果渗透入纸张表面凸峰的毛细孔而固着的油墨量 y_p 与印版和纸张表面之间的自由油墨量成正比，这个自由油墨量为印版上的油墨量 x 与附着在印版表面的油墨量 x' 之差。由此可得

$$y_p = a(x - x') \tag{9-73}$$

式中，a 为与油墨的流变特性和纸张的吸收性有关的比例系数。假设流入纸张表面凹谷内的油墨在印版与纸张表面之间的分裂比为 f_1，则有

$$\begin{aligned} y_1 &= y_p + y_v \\ &= a(x-x') + f_1[(x-x') - a(x-x')] \\ &= a(x-x') + f_1(1-a)(x-x') \end{aligned} \tag{9-74}$$

当印版上的油墨量较大时，在压印时间内从印版上转移到纸张上的油墨量为 y_2。这时，渗透入纸张表面凸峰的毛细孔内的油墨量达到极限值，这个极限油墨量为 b。同时，油墨填满纸张表面的凹谷，这部分油墨在印版与纸张表面之间以一定的分裂比 f_2 分离，则留在纸张表面凹谷的油墨量为 f_2R。这样，留在纸张表面凸峰处的自由油墨量为 $x - x' - b - f_2R$，这部分自由油墨在印版与纸张表面之间以一定的分裂比 f 分离，如图 9-32 所示。由此可得

$$\begin{aligned} y_2 &= b + f_2R + f(x - x' - b - f_2R) \\ &= (1-f)(b + f_2R) + f(x-x') \end{aligned} \tag{9-75}$$

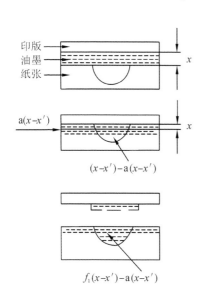

图 9-31 印版油墨量小的油墨转移过程

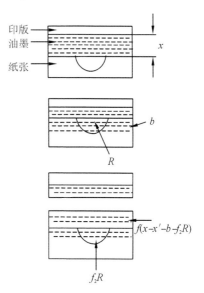

图 9-32 印版油墨量大的油墨转移过程

由式（9-75）可见，当油墨没有填满纸张表面凹谷时的油墨分裂比与油墨填满纸张表面凹谷时的油墨分裂比是不同的，并且在纸张表面凸峰的墨层分离与在

纸张表面凹谷的墨层分离也是不同的。但是，它们相互之间存在内在的联系。假设 S_v 和 S_v' 分别为油墨没有填满纸张表面凹谷和填满纸张表面凹谷的着墨面积，S_p 为纸张表面凸峰的着墨面积，则

$$f_1 = f \frac{S_v}{S_p} ; \qquad f_2 = f \frac{S_v'}{S_p}$$

由于在印刷压力下，在纸张表面凸峰的水平面上，其凸峰的表面积等于凹谷的表面积，如图 9-33 所示。所以，纸张表面凸峰的着墨面积为

$$S_0 = \pi (\sqrt{2}R)^2 - \pi R^2 = \pi R^2$$

假设纸张表面的凹谷是由圆柱形、半球形和圆锥形平均组合而成的，如图 9-34 所示。那么，当油墨填满纸张表面凹谷时的着墨面积为

$$S_v' = \frac{S_柱' + S_球' + S_锥'}{3}$$

$$= \frac{(\pi R^2 + 2\pi R^2) + 2\pi R^2 + \pi R \cdot \sqrt{2}R}{3}$$

$$= 2.138\pi R^2$$

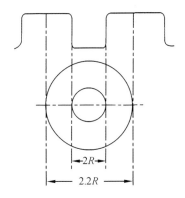

图 9-33　纸面凸峰和凹谷的表面积

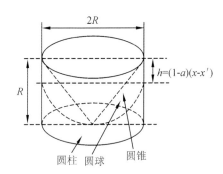

图 9-34　纸面凹谷的形状

当油墨没有填满纸张表面的凹谷时，油墨只填入凹谷 b 的深度，这个深度就等于印版和纸张表面之间的自由油墨量与渗透入纸张表面凸峰毛细孔内的油墨量之差。为 $(x-x') - a(x-x')$。那么，当油墨没有填满纸张表面凹谷时的着墨面积为

$$S_v = \frac{S_柱 + S_球 + S_锥}{3}$$

$$= \frac{2\pi Rh + 2\pi Rh + \pi R\sqrt{2}h}{3}$$

$$= 1.805\pi Rh = 1.805\pi R(1-a)(x-x')$$

由此可得

$$f_1 = f\frac{S_v}{S_p} = \frac{1.805f}{R}(1-a)(x-x')$$

$$f_2 = f\frac{S'_v}{S_p} = 2.138f$$

由此可得

$$y_1 = a(x-x') + \frac{1.805f}{R}(1-a)^2(x-x')^2$$

$$y_2 = (1-f)(b+2.138fR) + f(x-x')$$

当油墨恰好填满纸张表面的凹谷时，油墨转移率达到最大值 R_{max}，对应的印版上的油墨量为 X_{max}，则定义赫维赛德（Heviside）函数为

$$\psi(x) = \begin{cases} 0, x \leqslant X_{max} \\ 1, x > X_{max} \end{cases} \tag{9-76}$$

由此得到油墨转移方程为

$$y = y_1 - \Psi(x)(y_1-y_2) \tag{9-77}$$

也就是当印版上的油墨量小于 X_{max} 时，$\Psi(x)=0$，油墨转移量 $y=y_1$；当印版上的油墨量大于 X_{max} 时，$\Psi(x)=1$，油墨转移量 $y=y_1-(y_1-y_2)=y_2$。所以得到完整的油墨转移方程为

$$y = [a(x-x') + \frac{1.805f}{R}(1-a)^2(x-x')^2] - \psi(x)\{[a(x-x') +$$

$$\frac{1.805f}{R}](1-a)^2(x-x')^2 - [(1-f)(b+2.138fR) + f(x-x')]\}$$

$$\tag{9-78}$$

式（9-78）所述的油墨转移方程特别适用于凹印的油墨转移过程，因为凹版的着墨孔内附着了大量油墨，在印刷时有一部分不是自由转移的油墨，所以对凹印来说，方程中印版上附着的油墨量 x' 较大，x' 的值可以在实验中应用光滑的没有吸收性的材料进行印刷而得到。对凸印和平印而言，印版的表面比较平滑，附着的油墨量很少，可以近似地认为等于零，则油墨转移方程为

$$y = [ax + \frac{1.805f}{R}(1-a)^2x^2] - \psi(x)\{[ax + \frac{1.805f}{R}(1-a)^2x^2$$

$$- [(1-f)(b+2.138fR) + fx]\} \tag{9-79}$$

在式（9-78）所述的油墨转移方程中有四个参数，即油墨分裂比 f、纸张吸收性系数 a、纸面平均粗糙度 R 和极限油墨量 b。当印版上的油墨量大于 X_{max} 时，油墨转移方程为

$$y = (1-f)(b+2.138fR) + fx \tag{9-80}$$

式（9-80）是一个线性方程，由印版上的油墨量大于 X_{max} 的两组油墨转移量的实验数据可得到一条直线方程，其斜率为 s，截距为 I，则

$$f = s; \qquad b = \frac{I}{1-f} - 2.138fR$$

由此就确定了参数 f。

　　由油墨转移量的另一组实验数据可求得印版油墨量 x 和相应的油墨转移率的实验数据，通过计算机用迭代法求，得转移率的最大值 R_{max}，从而求得对应的油墨转移量的最大值为 x_{max} 和 y_{max}，代入油墨转移方程为

$$y_{max} = ax_{max} + \frac{1.805f}{R}(1-a)^2 x_{max}^2$$

由此可得

$$R = \frac{1.805f(1-a)^2 x_{max}^2}{y_{max} - ax_{max}} \qquad\qquad (9\text{-}81)$$

将式（9-81）代入油墨转移方程，得

$$y = ax + \frac{1.805f(1-a)^2 x^2}{1.805f(1-a)^2 x_{max}^2}(y_{max} - ax_{max}), \qquad x < x_{max}$$

由此解得

$$a = \frac{y x_{max}^2 - x^2 y_{max}}{x x_{max}(x_{max} - x)}, \quad x < x_{max}$$

　　将一组当印版上的油墨量小于 x_{max} 时所得到的油墨转移量的实验数据代入上式，就可求得参数 a 的平均值。由此也可求得参数 R 的值为

$$R = \frac{1.805f(1-a)^2 x_{max}}{y_{max} - ax_{max}}$$

同时，也求得参数 b 的值为

$$b = \frac{I}{1-f} - 2.138fR$$

　　应用纸面形状修正法所建立的油墨转移方程，通过分别考虑印版上的油墨量大小不同的油墨转移过程的物理现象，并且考虑使用不同印版的油墨转移过程，有机地合成同一个油墨转移方程，并且参数的赋值也很容易，赋值精度高，所以，由此建立的油墨转移方程的应用范围较广，适用性强，所描述的油墨转移曲线与实验曲线更为吻合。

9.6　影响油墨转移的因素

　　影响油墨转移的因素[37]很多，其主要因素有承印材料、油墨、印版、印刷机的结构、印刷速度、印刷压力等。

9.6.1　承印材料

　　表 9-8 是在印刷压力为 23kg/cm^2，印刷速度 1m/s 的情况下，用网线版、黑

墨在不同的承印材料上所测得的油墨转移参数。

表 9-8 承印材料与油墨转移率

承印材料	f	$b/(g/m^2)$
凸版纸	0.32	0.36
铜版纸	0.30	1.85
铜版纸	0.40	1.11
胶版纸	0.40	0.90
玻璃卡铜版纸	0.40	0.85
玻璃卡纸	0.45	0.33
聚乙烯薄膜	0.50	0.00
铝 箔	0.50	0.00

注：承印材料表面吸收性越小，表面平滑度越高，则 $f \approx 0.50$，$b \approx 0.00$。

图 9-35 为不同的承印材料，在一定的印刷压力和印刷速度下的油墨转移率曲线。

铜版纸等表面光滑的纸张，y/x 随 x 的增加，曲线向着极大值迅速地上升，达到峰值后，平缓地下降，如图中 A 所示。

吸收性大的凸版用纸，y/x 随 x 的增加，曲线缓慢地上升，峰值不明显，达到最大值后，平坦地下降。如图 9-35 中 B 所示。

无吸收地平滑薄膜，曲线无峰值，印版上墨量多时，则在 $y/x = 50\%$ 时，曲线平行于 x 轴。

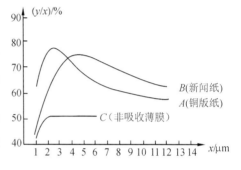

图 9-35 不同纸张油墨转移率曲线

9.6.2 印版

印版上油墨量 x 值大时，油墨转移几乎不受版材影响，印版上油墨量 x 值小时，版材对 f 有影响，油墨转移量发生变化。（b 与版材几乎无关）其中高分子树脂版油墨转移性能最好，见表 9-9。油墨转移随实地版、线条版、网线版的表面着墨要素的减少而减少。

表 9-9 版材与油墨转移

纸张	凸版纸		胶版纸	
油墨	凸印油墨		胶印油墨	
印刷前印版上的油量/(g/m²)	9	11	6	8
油墨转移率（y/x）/% 铜版	43	50	40	51
铝版	45	50	43	51
锌版	47	50	47	52
高分子树脂版	50	51	52	52

相同有效面积的网点印版与实地印版比较时，其边缘长度可达 20～30 倍。网点边缘因受印刷压力向外挤出的油墨，不应标为油墨转移量的一部分，故用网线版印刷时，油墨转移方程应做一修正，写成式（9-82）的形式。

$$y = F(x)\{b\Phi(x) + f[x - q - b\Phi(x)]\} \tag{9-82}$$

式中，q 为 x 和网点周围长度或网点有效面积的函数，可以用式（9-83）表示。

$$q = \sqrt{\chi^2 - C^2} - C, \quad 0 < C < \infty \tag{9-83}$$

实地版：

$$\because \quad C = \infty, \quad \therefore \quad q = 0$$

$$\therefore \quad y = F(x)\{b\Phi(x) + f[x - b\Phi(x)]\} \tag{9-84}$$

当网点面积比≈60%时，$C \approx 5$。

9.6.3 机器的结构

油墨转移率与压印滚筒、印版滚筒的曲率有关。从曲率小的印版滚筒，向平面转移时，油墨转移性好。表 9-10 给出了三种结构印刷机的油墨转移率。从表 9-10 中的数据不难看出，油墨转移率不但受机器结构的影响，同时也受油墨性能的影响。

表 9-10 印刷机类型与油墨转移率 y/x （单位：%）

油墨	印刷机		
	平压平	圆压平	圆压圆
连接料（320P）	41.2	37.9	35.5
油墨（127P）	42.6	42.5	41.5

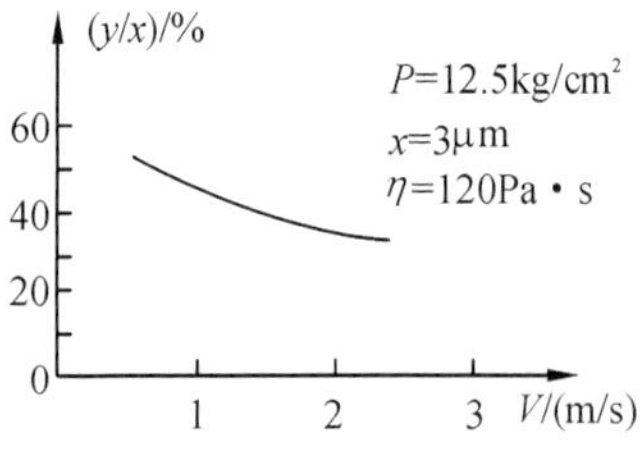

图 9-36 印刷速度与油墨转移

9.6.4 印刷速度

印刷速度增加，印版与纸张接触时间减少，固定化油墨量 b 相对减少，y/x 值变小，转移性能变坏。图 9-36 表明，随着印刷速度的增加，油墨转移率在逐渐减小。

9.6.5 印刷压力

印刷压力增加，油墨转移率增加，但油墨转移率达到最大值时，继续增加印刷压力，油墨转移率反而下降，最后趋近于固定值。图 9-37（a）反映了油墨转移率随印刷压力的增加而增加。图 9-37（b）表明，随着印刷压力的增加，不同印刷材料在不同印刷压力作用下，油墨转移率变化的不一致。吸收性材料随着压力的增加而转移率下降，但下降到一定值时，就不会再下降；而非收性材料在压力较小时，随压力的增加，转移率增加，但增加到一定值时，就不会再增加，会达到一个稳定的值。总之，不论哪种材料，当压力到达一定值后，转移率都会趋于稳定。那么，印刷工艺过程就是要确定这个开始不再变化的压力值，把它作为工艺压力，就能保证印刷品的质量不会因印刷压力而发生变化。

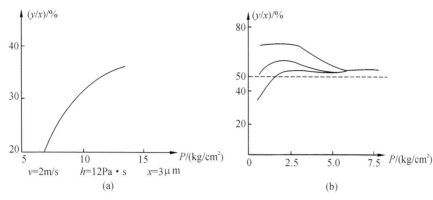

图 9-37　印刷压力与油墨转移

9.6.6　油墨的流动性

将流动性不同的油墨，用印刷压力 10 kg/cm²，印刷速度 1m/s 在胶版上印刷，测得的数据绘制成油墨转移曲线，得到油墨流动性与油墨转移率的关系如下。

（1）油墨的黏着度与油墨转移率无直接关系，如图 9-38 所示。

（2）相对密度大的油墨，转移性较好，如图 9-39 所示。

（3）油墨屈服值 τ_B 对油墨转移率无大影响，如图 9-40 所示。

（4）塑性黏度越高，油墨转移率越小，如图 9-41 所示。

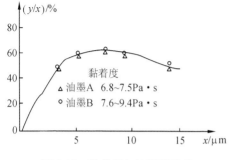

图 9-38　黏着度与油墨转移率

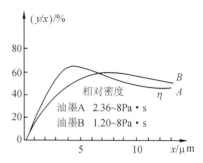

图 9-39　油墨相对密度与转移率

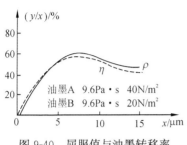

图 9-40　屈服值与油墨转移率

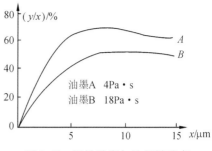

图 9-41　塑性黏度与油墨转移率

9.7　胶印的油墨转移

胶印润湿的特点是润湿液润湿印版的空白部分，以一定的液膜厚度，使空白部分拒墨。但在高速印刷中，印版的图像部分也会着以润湿液，着墨辊必须在被润湿的图像部分很好地涂敷油墨，才能获得良好的印迹。

9.7.1　胶印模式

胶印油墨转移的关键，表现在图像着墨过程中，为保证胶印油墨的顺利进行，马丁（Mattin）和西维尔（Silver）提出了以下的胶印模式。

（1）用于辊子和印版的各种固体材料，必须有一定的界面张力，它们能被润湿液和油墨优先浸润。印版的空白部分，必须在有油墨的情况下，被润湿液优先润湿的材料所组成印版的图像部分，必须在有润湿液存在的情况下，被油墨优先润湿的材料组成。

（2）油墨和润湿液必须是互不相溶的，但却是可混合的。在一定程度上形成一种有限混合物或可控乳剂。就是说，润湿液以微细的水珠分散在油墨中，使水在油墨中乳化，这样便为排除图像部分的润湿液提供了一条途径。

（3）油墨和润湿液都是通过一系列传递到印版上的。辊子表面对润湿液和油墨分别表现出不同的润湿特性，表 9-11 列出了辊隙间膜层的状态，其中有 16 种不同的辊隙结合状态，因都是对称排列，实际上只有五种结合状态。

当辊隙间只有一种流体时（润湿液或油墨）时，在辊隙出口处流体膜层分裂，每个辊子上膜层的厚度是辊隙进口处膜层总厚度的 1/2。

当辊隙间有油墨和润湿液两种流体时，膜层所发生的情况见表 9-11。

（4）为了在纸上构成必要的印刷密度，印刷到纸面上的油墨厚度为 1～3μm。

用马丁和西维尔的胶印模式，可以解释胶印的油墨转移及转移中所出现的一些现象。

表 9-11 两个墨辊间隙出口处膜层情况

墨辊特征→		一号辊优先用油墨润湿		一号辊优先用润湿液润湿	
↓	在辊隙入口的膜层	a. 油墨	b. 润湿液	c. 油墨	d. 润湿液
二号辊优先被油墨润湿	a. 油墨	a—a 一号墨膜 二号墨膜	a—b 同 b—a	a—c 同 c—a	a—d 与 d—a 相反
二号辊优先被油墨润湿	b. 润湿液	b—a 一号含有乳化的润湿液膜层 二号含有乳化的润湿液墨层	b—b 同 a—a	b—c 与 c—b 相反	b—d 同 b—a
二号辊优先被润湿液润湿	c. 油墨	c—a 同 a—a	c—b	c—c 同 a—a	c—d 同 d—a
二号辊优先被润湿液润湿	d. 润湿液	d—a 一号在含有乳化润湿液的墨层上有润湿液，二号润湿液膜层	d—b 同 b—b	d—c	d—d 同 b—b

9.7.2 普通胶印的油墨转移

9.7.2.1 印版供水式装置

普通胶印采用图 9-42 所示的润版装置向印版供水，用镀铬辊或绒辊做水辊，可以被不含酒精的润湿液优先润湿。

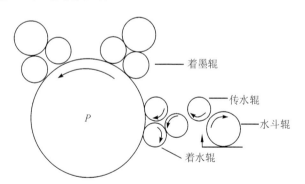

图 9-42 印版供水式润湿装置

9.7.2.2 油墨转移与水墨平衡

胶印利用油水相斥的原理进行油墨转移。在高速印刷中，着水辊滚转过印版时，除印版空白部分附着润湿液膜以外，图像部分也会着以水分，此水分在墨辊滚转的瞬间，被挤入油墨，与油墨强制混合，以微细的水珠分散在油墨中，故胶印的油墨转移过程中油墨乳化是必然的。按照马丁和西维尔的胶印模式，胶印油墨要吸收适量的水分，才能在墨辊、印版间进行良好的传递。

图 9-43 是印版供水式润版装置在胶印印版上的着墨过程状态图。辊隙间膜层的状态如图 9-43 所示。

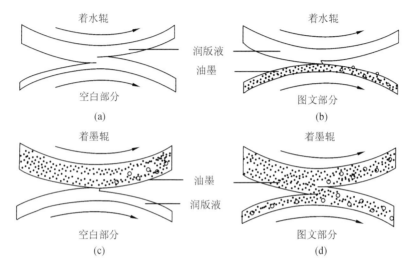

图 9-43　胶印油墨的传递过程

印版经过润湿和着墨以后，同橡皮布滚筒相接触，着墨图像以及空白部分的润湿液被转移到橡皮布上，其油墨转移率约为 50%。橡皮滚筒再与压印滚筒相接触，着墨图像被转移到纸张表面，油墨转移率约为 76%。总油墨转移率为 38%，比凸印、凹印的油墨转移率低。

实验证明：完全排水的 A 油墨，在胶印中传递性能很差，不能印刷。含水量太多的 C 油墨也不适合印刷。B 油墨是最佳的印刷油墨，约能乳化 30% 的水。

在胶印机上进行测量，结果表明：润湿液以 $1\mu m$ 以下直径的微滴，分散在油墨中，乳化量在 15%～26%，印版水膜厚度为 $1\mu m$，印版墨层厚度为 $2\mu m$，即水膜厚度是墨膜厚度一半时，达到理想的水墨平衡状态。

理想的水墨平衡状态，在印刷过程中受各种因素的影响，如油墨乳化、润湿液、纸张、油墨的性质和版面供水的均匀程度等，产生各种各样的印刷弊病，分析起来，可以归纳为以下的三大类。

（1）油墨的印刷适性被破坏。当印版上的水量过多时，水分被挤进油墨的机会将增多，瞬时的油墨乳化量会超过所允许的油墨乳化值，发生深度乳化，引起以下的印刷弊病。

①干燥速度降低：1g 油墨中，介入 10% 的水分，以 $1\mu m$ 的水层分布时，将以 $6\,000cm^2$ 的表面积与连接料相接触，这一庞大的界面，不仅与油相相对，而且

使润湿液中的药品与油墨中的干燥剂分子接触机会增加,二者发生化学反应使干燥剂分子失效,油墨干燥迟缓。

②颜料粒子凝集:颜料在连接料中所占的面积很大,如树脂性油墨,20%以上的颜料量,以 $1\mu m$ 以下的粒径分散时,比用同样的水分散时所占的界面大 10 倍。在印刷机的墨辊表面上,颜料与水各以自己所占的接触面积受到展练。颜料粒子表面因具有亲水性,容易被水濡湿,这样为水所包围的颜料粒子,因静电引力簇集成蜂巢状的结构,油墨的流动性被破坏,最后成为牛脂状,失去转移性能,堆积在墨辊和橡皮滚筒表面。

③黏着力下降:微细的水珠在油墨中大量分散,墨膜的分裂面积将减少,又水为低黏性流体,故使油墨的黏着力下降。在多色湿压湿印刷中,各色油墨虽然有良好的黏着力,但会因油墨的严重乳化而失去平衡,使叠印恶化。

④墨色减淡:一般来说,介入多少水分,油墨的浓度就要下降多少,故而使颜色减淡,并失去光泽。

(2)非线画部分产生浮污:胶印印版的非线画部分附着油墨,使印刷品污染,称为浮污或着色。常见的浮污有以下几种。

①油墨渗出:着水的表面张力为 γ_{wg},油墨的表面张力为 γ_{og},油墨和水的表面张力为 γ_{ow},当 $\gamma_{wg} > \gamma_{og} + \gamma_{ow}$ 时,印版图像部分的油墨被润湿液引出,向外扩散,使画线边缘的油墨渗出,呈现一层薄薄的颜色,得不到清晰的印迹。

油墨渗出的程度以 Spreadiny 系数 S 表示:

$$S = \gamma_{wg} - (\gamma_{og} + \gamma_{ow})$$

②版面着浮色:当 $\gamma_{wg} > \gamma_{og} + \gamma_{ow}$ 时,扩散在润湿液中的油墨,因辊子的间歇压伸及搅拌作用,成为 O/W 型乳化液,使印版的空白部分着色,引起浮污。

良好的胶印油墨,应能允许一定的水分介入,并很快地达到平衡;但不良的胶印油墨会无限地乳化,此时润湿液中所含的 $(NH_4)_3PO_4$、NH_4NO_3 以及复杂的胶质化合物,使 W/O 型乳化液发生"转相",而成为 O/W 型,墨滴浮游于水中,并自由地游向版面非线画部分,使空白部分着色。

③油墨水浸:油墨中的颜料粒子,因油墨的深度乳化而发生凝聚时,水所包围的颜料容易向版面的水相移动,浮游在其中,使非线画的空白部分污化。此现象为油墨水浸,是颜料由油相进入水相的浮污,不同于油相所包的颜粒粒子所引起的版面浮色。

(3)非线画部分产生油污:非线画部分的油污,是印版的亲水性薄膜吸附油墨引起的。用润湿液无法清除。

油污和浮污不同,油污在印版或印张上出现点是固定的,浮污的出现点往往不固定,严重时,可以使印版的非线画部分全部污化。

①亲水性薄膜损伤性油污:阿拉伯树脂是有机高分子碳水化合物,是阿拉伯

酸（X—COOH）及其钙、镁和钾盐的混合物，胶液在酸的作用下（如磷酸）发生下列反应：

$$X—COOK + H_3PO_4 \longrightarrow X—COOH + KH_2PO_4$$
$$X—(COO)_2Ca + H_3PO_4 \longrightarrow 2X—COOH + CaHPO_4$$
$$X—(COO)_2M_g + H_3PO_4 \longrightarrow 2X—COOH + MgHPO_4$$

游离出的 X—COOH 将和锌版发生反应，生成 X—(COO)$_2$Zn 固着于金属表面形成亲水性薄膜。此薄膜在水辊、着墨辊、橡皮滚筒的加压及摩擦下逐渐被破坏。在印刷中，若润湿液不足以补足损伤的亲水薄膜，油墨便被吸附，造成亲水层损伤性油污。

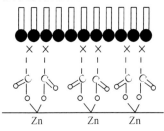

图 9-44　油污产生的原因

②脂化性油污：印版空白部分的亲水薄膜由 X—(COO)$_2$Zn 吸附膜而形成。当印版上供水量少时，油墨将向水相浸入，此时油墨中的 R—COOH（脂肪酸，树脂酸）被金属表面的亲水膜吸附，使亲油性基 R—转向表面，如图 9-44 所示。在印版的非线画部分有了油墨的附着点，逐渐产生脂肪性油污，也称墨斑。

油墨中的表面活性剂越多，酸值越大，越容易引起脂化性油污。

综上所述，控制油墨的乳化量，维持油墨与润湿液之间的平衡，是胶印不同于其他印刷方式的特点。

9.7.2.3　润湿液的控制

按照马丁和西维尔的胶印模式，印版空白部分的水膜应是墨膜厚度的 1/2，故水量的消耗要比墨量的消耗少，但实际上润湿液的消耗量往往超过油墨的消耗量，主要原因是润湿液进入印刷机以后，通过以下三种途径消耗掉：被传递到纸张的空白部分；在油墨中乳化并传递到纸张的图像部分；通过间隙时，因剪切应力产生了热量，以及在辊隙出口处压力低而蒸发。从上面水量的消耗过程可以看出，水量的转移要比墨量的转移复杂，加之水的流动性大，很容易蒸发，在胶印机上消耗的途径较多，因而水量的控制比墨量的控制更难。

目前，胶印的用水量还没有定量的方法来控制，只能根据纸张的性质、油墨的抗水性及乳化值的大小、印迹墨层的厚度、版面图纹部分的面积及分布情况、印版的类别印刷速度、周围环境的温湿度，在不影响墨层密度及版面不挂脏的情况下，水和墨的用量减少到最低限度来印刷。严防墨大、水大以及油墨与润湿液之间彼此忽高忽低的不平衡状态。

9.7.3　墨辊供水式胶印

最常见的是标准的达格仑（Dahlyren）润版装置，如图 9-45 所示。润湿液中加入少量的酒精或异丙醇，使普通润湿液的表面张力从 54dyne/cm 降低到 29dyne/cm，减小用水量，提高润湿液的润湿能力，便于很快地达到水墨平衡。这种装置实际上采用的是水墨齐下的润湿方式，由于润湿液的表面张力低，所以容易实现水墨平衡。最新研究结果表明，一种新型五滚筒胶印机输墨装置[38]，不但能使水墨尽快平衡，而且可使油墨传输更加均匀。

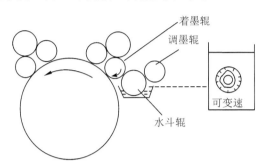

图 9-45 达格仑墨辊供水润版装置

10　颜色复制的基本原理

印刷颜色复制主要根据彩色油墨黄、品、青在色料中的独立性来实现的。印刷工艺的设计和改进，都是以提高印刷品的质量为目的的。印刷品的质量主要表现在：调子再现性，图像清晰度和表面状况。本章首先介绍网点在彩色再现中的呈色机理；主要介绍彩色复制的理论；介绍了印刷相对反差及其求算方法；重点介绍完成彩色再现的 END 方法。

现代印刷主要由凸版印刷、平版印刷、凹版印刷、网版（滤过版）印刷和特种印刷等所组成，它们各以不同的印版来区别命名。凸印的印版，着墨部分的图文凸出印版平面；凹印的印版，其图文则低于版面；平印的印版，其着墨部分的图文与不着墨的空白部分，在版面上几乎处于同一平面。

平版印刷有石版印刷、珂珞版印刷、胶印印刷等。现在，石版印刷已经淘汰，珂珞版印刷也已很少应用，而胶印印刷则使用广泛，发展迅猛，以致人们已经把胶印通称平版印刷（简称平印）。

胶印能以较小的压力，在各种固体平板表面印取结实、柔和的印迹，更有利于印刷大面积的彩色图画。胶印印刷比其他印刷具有下列优点：生产周期短；产品质量好；生产效率高；材料消耗低；可供印刷的产品范围广。所以，胶印的产量和产值在整个印刷工业中的比例正在不断上升。胶印工厂已经遍及全国城乡。此外，传统的以凸版为主的书刊印刷和包装装潢印刷领域，也已部分被胶印替代。

胶印发展的趋势是：胶印机逐步向高速、多色全自动以及电子遥控方向发展。除了平版纸胶印机还将日渐增多四色、八色的超高速卷筒纸胶印机。锌皮平凹版将被 PS 铝版所取代。高效率、分色效果好的电子分色机日渐普及，而且型号年年翻新，功能越来越全。自动拷晒机也日渐增多。油型油墨已被亮光快干树脂油墨所取代，且已生产适于四色机使用的快固着油墨，以及适用于卷筒纸机进行高速印刷的低黏度油墨。纸张的品种也有增加，质量也有提高。

10.1　胶印工艺流程

10.1.1　胶印的特点

胶印的工艺特点[39]主要有下列六点。

（1）利用油水不相混溶的自然规律。

油、水不相混溶是自然规律，到处可以见到。荷叶、荷花出自污泥而不染。

鸭子、水獭等喜水的禽兽，入水而不沾湿皮毛、生活自如，都是利用这个油水不相混溶的自然规律。

油、水不相混溶的规律也是胶印的主要基本规律。

（2）利用液体和固体之间具有选择性吸附的规律。

采用各种不同的固体材料，利用它们对水和油具有选择性吸附的性质——不同的润湿性质，有目的地用作版材、传墨印刷表面或传水润湿版面。随着电镀工业的发展，通过镀膜，使不同固面或同一面构成亲油或亲水金属膜层。由于化学工业的发展，越来越多优良的高分子聚合物可被利用作为固体的材料，或者在金属表面涂布膜层，改变固体表面的润湿性质。

平版印刷是利用上列油和水不相混溶，油、水对不同的固体表面具有选择性吸附能力的两个自然规律，通过技术处理，用以制作使在同一平面的印版上构成亲油疏水的图文部分和亲水疏油的空白部分。印刷中，先用水润湿版面，使空白部分不吸附油墨，然后再涂布油墨，使版面只有图文部分吸附油墨，从而达到转印的目的。

（3）网点成色。

以光色理论做指导，运用网点重叠和并列的手段，以三原色或三原色加黑（四色）的理论，通过照相分色或电子分色，把图画的色彩分解成网线角度不同的黄、品红、青、黑四种色版，然后用四色印版，套印交叠再现出无数众多的色彩，获得色彩无限丰富的艺术复制品。

（4）间接印刷。

胶印印版上的油墨不直接传递到印张，而是先通过中间弹性滚筒。滚筒表面所包覆的是亲油、吸墨性好的橡皮布，利用它的亲油、疏水特性，用以充分地传递油墨，并限制水分的传递。

此外，橡皮布及其弹性衬垫物的罕见的高弹性，能使滚筒之间在仅有较小压力和压缩形变的条件下，印得结实而扩大率小的印迹。

（5）多色套印。

正因为四色制版，印刷能够印得无限丰富的色彩，而且胶印的主要任务是彩色图画。多色套印是胶印工艺的又一特点，胶印机具有精确的规矩定位机构，更是多色套印的必要设备条件，由于套印要求十分严格，必须达到这个要求，才能保证产品的内在质量。

（6）用水润版。

胶印工艺的另一特点，在印刷过程中对印版先用水润版，然后再刷油墨。

胶印的润版用水并非纯水，而是由电解质、亲水胶体及表面活性剂等组成的润湿溶液。因为版面空白部分在印刷过程中，始终在遭受物理性及化学性的破坏，原有的亲水性可能削弱，如果该区域的水膜不完整，油墨就有可能在其表面吸附。

　　为了有助于水膜的完整，在印刷中必须对印版版面施加润湿，使版面空白部分的亲水性质得以持续稳定。

10.1.2　复制工艺流程

　　广义的胶印，一般包括制版（从接受原稿到制成印版）、印刷（接到印版起到印成成品为止）、完成（印成的成品的质量检剔、分切、包装）三个工序。

　　狭义的胶印是指从接受原稿到印成成品为止的过程。其中除印刷外，有的还包括晒版、晾纸、裁切、调墨、水辊包缝等。

　　彩色（或黑白加网成色）印件的工艺流程[40]如图 10-1 所示。

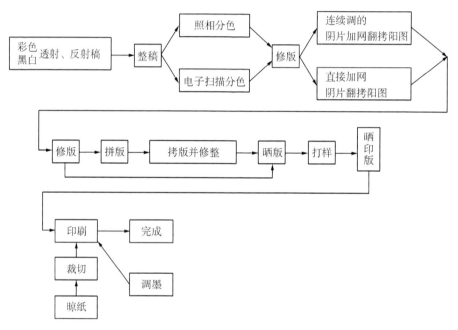

图 10-1　彩色（或黑白稿件加网）印件的工艺流程框图

　　单色连续调线条稿不需分色、加网，直接翻拍、修正、拼拷成原版，晒成印版交付印刷，其他流程与上图基本相同。

　　单色文字稿印件的工艺流程如图 10-2 所示。

图 10-2　文字稿件工序

图 10-3 给出了 4＋1 印刷机和五色印刷机的基本组成。其中图 10-3（a）为 4＋1 印刷机；图 10-3（b）为五色印刷机。但无论哪种多色机，其基本构成为纸垛、连续输纸台、控制台、递纸滚筒、洗橡皮布装置、润湿辊、墨辊、印版滚筒、橡皮滚筒、压印滚筒、传纸滚筒、收纸装置和收纸链条等主要部件。

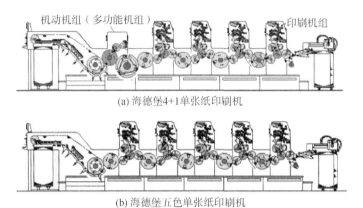

(a) 海德堡4+1单张纸印刷机

(b) 海德堡五色单张纸印刷机

图 10-3　平张纸四色、五色单面印刷机

机组式 4＋4 双面胶印机如图 10-4 所示。它的基本组成为纸垛、输纸器、输纸台、摆动器、水辊、印版滚筒、橡皮滚筒、压印滚筒、收纸辊筒、传纸滚筒、收纸链条、收纸台等。与这种印刷机类似的，也有制造成两个橡皮滚筒对滚的 B-B 型印刷机，即没有专门的压印滚筒，实际上两个橡皮滚筒互为对方的压印滚筒。

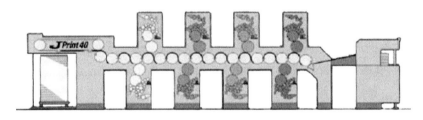

图 10-4　4＋4 色单张纸胶印机示意图

10.2　颜色方程

10.2.1　网点与色彩再现

若用一成网点的印版印品红色，纸张上就只有10％的面积被品红墨所覆盖，其余90％的面积上仍然是白色的，人眼看到的颜色，和90％的白墨与10％的品红墨混合起来所呈现的颜色是一样的，是一种很浅的品红色；若用九成网点的印

版印品红色，纸张上就有 90％的面积被品红墨所覆盖，只剩 10％的面积仍然是白色，人眼看到的颜色就和 10％的白墨与 90％的品红墨混合起来所呈现的颜色一样，是一种较深的品红色，前者得到的颜色是明亮而浅淡的，后者得到的颜色是阴暗而深沉的。由此可见，印版网点成数不同，便可在同一张纸上形成亮度和饱和度不同的颜色。

如果黄、品红、青、黑四块版中每一块版的网点百分比只要有 10 个层次，那么，四块版套印合成的颜色就有 14640 种，计算可按下式：

$$C_4^1 \, 10^1 = 4 \times 10 = 40$$
$$C_4^2 \, 10^2 = 6 \times 100 = 600$$
$$C_4^3 \, 10^3 = 4 \times 1\,000 = 4\,000$$
$$C_4^4 \, 10^4 = 1 \times 10\,000 = 10\,000$$
$$共计 = 14\,640$$

这 14 640 种颜色远远超出了人眼所能感受的范围，所以用黄、品红、青、黑四块版套印，只要每块版的网点有足够的层次，就能完全再现原稿的色彩。

10.2.2　网点角度的影响

胶印是利用四块网点成数不同的印版进行四色套印，再现原稿的色彩的。如果四块印版有同样网点角度，且在印刷时各印版上相应的网点能准确地重叠，那么便会得到最佳的印刷效果。但这在胶印过程中是很难实现的。各色印版套印时总会发生一些微细的偏离，致使一块印版的网点排列线与另一块印版的网点排列线以某一角度相交，产生一组干涉条纹，看起来很不舒适。这样的图像是由规则的图像以一定的角度重合起来得到的，重合的规则图像可以是两种，也可以多于两种。重合的图像是不均匀的，因而影响了人的视觉效果，因形似龟壳上的花纹，称为龟纹。

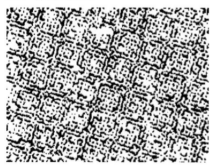

图 10-5　彩色印刷品上的龟纹

图 10-5 是出现了龟纹的彩色印刷品，图像上出现了网点疏密不同的纹路，这不仅破坏了印刷品整体上的均匀性，而且还出现了原稿中没有的图像（龟纹），这自然是胶印过程中最为忌讳的。

印刷品上龟纹的出现影响了视觉效果，有时十分严重。为了减弱这种影响，要采取一些补救措施。通常是对四块印版的网点角度进行合理选择，然后套印。网点角度选择的原则是使四块版各自的网点角度都有一定的角度差。这样，四块网点角度不同的印版套印得到的彩色印刷品，图像上因干涉仍然会出现花纹，但这样的花纹与龟纹不同，看上去显得均匀悦目，保证了正常的视觉效果。

理论计算和人眼视觉感受都发现[41]，印版的网点角度差为30°时，印刷品的视觉效果最佳，人眼几乎看不到因干涉而形成的花纹，图像均一而和谐；网点角度差为22.5°时，印刷品的视觉效果虽不如前者，但看上去也还柔和、悦目；网点角度差为15°时，印刷品的视觉效果最差，看上去极不舒适。所以在实用中要尽量采用30°的网点角度差和22.5°的网点角度差，表10-1给出了两组常用的网点角度，我国用的是其中的第一组。

表 10-1　常用的网点角度

印版号	1	2	3	4
印版网点角度	90°	75°	45°	15°
	90°	67.5°	45°	22.5°

表10-1第一组印版网点角度中，四块印版分别取90°、75°、45°、15°四个不同的角度，其中，第2、3、4块版间的网点角度差都是30°，只有第1、2块版间的网点角度差是15°。从视觉效果来说，按45°网点角度排列起来的网点具有一种动态的美感，看起来格外舒适；按90°网点角度排列起来的网点，便显得呆滞，看起来也很不舒适；按15°或75°网点角度排列起来的网点，视觉效果介于前两者之间。另外，黄、品红、青、黑四色油墨印到纸张上，在人眼引起的视觉反映是不同的，黑色最强，黄色最弱，青色和品红色依次介于两者之间。考虑到这些因素，各色印版的网点角度就应当做如下的选择：黄版：90°；青版：75°；黑版：45°；品版：15°。

这样的安排，恰使印版印色的强弱与网点角度的视觉效果的优劣对应起来，充分发挥了强色的作用，同时也抑制了不良网点角度对视觉效果的影响。另外，这样的安排又使各版间的网点角度差臻于合理，因为黄版和青版间的网点角度差是15°、黄版和品版间的网点角度差是75°，这两个网点角度差所造成的视觉效果虽然不佳，但因黄和青、黄和品红形成的花纹浅淡；而黑版与青版间、黑版与品版间的网点角度差都是30°，视觉效果极佳，而黑色又恰为强色，所以形成的花纹浓重，四块印版套印的结果，就使15°或75°网点角度差所形成的视觉效果差的花纹显得浅淡而居次要地位，同时使30°网点角度差所形成的视觉效果好的花纹显得浓重而居主要地位。这样，印刷品总体的视觉效果便令人满意了。可以看出，这是对网点角度差和墨色强弱采取的扬长避短的办法。

上面的讨论说明了把黑版的网点角度定为45°的原因，这块版因黑色属于强色而称为强色版。把黑版定为强色版，只考虑了黑色是强色，并没考虑黑版网点的百分比，而实际印刷中，这又是个必须考虑的因素。

随着三原色油墨呈色效应的提高，随着照相制版工艺的改进，四色套印中黑版的作用也有了相应变化，即黑版只起补充暗调黑度和勾画图像轮廓的作用。这样，在印刷品的中间调区和高调区黑墨的网点百分比就相当小了，甚至没有黑墨网点。既然印刷品上的黑墨网点百分比大大地减小了，再把黑版的网点角度定为45°，作为强色版也就不合理了。

在上述情况下，黑版不宜作为强色版。究竟以其余三块印版中的哪一块作为强色版，就必须对原稿进行细致的色彩分析，找出原稿图像中的强色。

例如，原稿是以大海为背景的风景画面，强色是青色，蓝色是画面的主体色彩。这就应把青版定为强色版，网点角度为45°，四块印版的网点角度做如下的安排：黄版：90°；黑版：75°；青版（强色版）：45°；品版：15°。

这样安排印版的网点角度，便突出了原稿中大海为主的蓝色主题，较忠实地再现了原稿色彩。又如，原稿的画面是火红的花卉，强色是品红色，红色是画面的主体色彩。这就应把品版定为色版，网点角度为45°，然后再合理地选择其余三块印版的网点角度。

总之，在印刷品黑墨网点百分比很小的条件下，要根据对原稿的色彩分析来确定强色版，选择品版，还是青版。

10.2.3　网点并列

胶印印刷品的高调部位，四色网点的总和分布稀疏，又因为四块印版相互间有一定的网点角度差，致使这里的网点大都处于并列状态。高调部位的色彩再现，正是借助于这种网点并列现象达到的，其显色原理是按照色光加色法合成的（图10-6）。

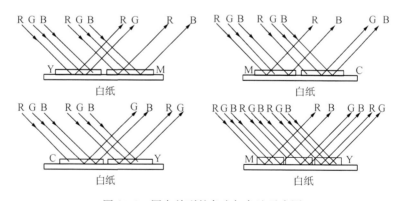

图 10-6　网点并列的色光加色法示意图

设有一个黄色网点和一个品红色网点并列，当白光照射到这一对并列的网点时，黄色网点便吸收了蓝光，反射了红光和绿光，而品红色网点吸收了绿光，反射了蓝光和红光。由于这对网点间的距离很小，彼此十分靠近，人眼看到的色彩

效果便是按色光加色色法合成的红色了，其颜色方程是

$$Y=R+G$$

$$M=B+R$$

$$Y+M=R+G+B+R=（R+G+B）+R=W+R$$

同样的道理，品红色网点和青色网点并列时，相应的颜色方程是

$$M=B+R$$

$$C=G+B$$

$$M+C=B+R+G+B=B+（R+G+B）=B+W$$

因而呈现蓝色。青色网点和黄色网点并列时，相应的颜色方程是

$$C=G+B$$

$$Y=R+G$$

$$C+Y=G+B+R+G=（G+B+R）+G=W+G$$

因而呈现绿色。

如果有一组并列网点，由黄色网点、品红色网点、青色网点三种网点组成，颜色方程将是

$$Y=R+G$$

$$M=B+R$$

$$C=G+B$$

$$Y+M+C=R+G+B+R+G+B=（R+G+B）+（R+G+B）=W$$

因而呈现白色。但是，由于三种颜色的网点都不同程度地吸收了反射出来的原色光，所以实际上呈现的不是白色而是灰色（或者为黑色）。

从以上的讨论可以看到，在印刷品的高调部位，由于网点的并列，按着色光加色法的原理，会呈现出红色、绿色和蓝色的颜色效果。进而还可看到，如果改变各色网点在高调部位的网点百分比，便可相应地改变这里红、绿、蓝各色的呈色程度，并由此得到丰富的色彩效果。例如，若增大高调部位品红色网点的百分比，这里的颜色就偏近于品红，若同时增大高调部位品红色网点和黄色网点的百分比，这里的颜色就趋近于大红色。网点并列再现色彩的方式还有一个优点，就是由于这时网点极少叠合，再现色彩自然不受油墨透明度的影响。

10.2.4　网点叠合

胶印印刷品的暗调部位与高调部位不同，四色网点的总和分布密集且叠合在一起的居多。所以这里的色彩再现，依靠的不再是网点的并列，而是网点的叠合。网点叠合再现色彩的方式要求油墨具有足够的透明度，光线通过透明的油墨与通过滤色片的情形是相同的。这里色彩的合成是按色料减色法的原理实现的。图 10-7 是网点叠合的色彩合成图，给出三原色油墨吸收与反射色光的情形。

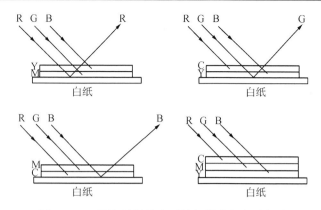

图 10-7　三原色油墨叠合时的色料减色法示意图

设有一个黄色网点叠合在一个品红色网点上。白光照射到叠合在上面的黄色网点上，白光中的蓝光便被吸收了，只有红光和绿光通过这个网点照射到叠合在下面的品红色网点上。照射到品红色网点的绿光又被吸收，穿过品红色网点照到纸面上的就只有红光了。从纸面上反射出来的红光就是人眼看到的颜色。这个过程的颜色方程如下：

$$Y=W-B$$
$$M=W-G$$
$$Y+M=W-B-G=R$$

同样的道理，一个品红色网点叠合在一个青色网点上，相应的颜色方程是

$$M=W-G$$
$$C=W-R$$
$$M+C=W-G-R=B$$

因而呈现蓝色。一个青色网点叠合到一个黄色网点上，相应的颜色方程是

$$C=W-R$$
$$Y=W-B$$
$$C+Y=W-R-B=G$$

因而呈现绿色。

从上列三组方程中可以明显地看到，网点叠合所呈现的颜色与网点叠合的次序并无关系。所以，如果有黄色，品红色，青色三个网点叠合在一起，无论按什么样的次序叠合，都会呈现黑色，颜色方程是

$$Y=W-B$$
$$M=W-G$$
$$C=W-R$$
$$Y+M+C=W-B-G-R=W-（B+G+R）=O$$

从以上的讨论中容易看出，在印刷品的低调部位，由于网点的叠合，按色料

减色法的原理，同样会呈现出红色、绿色、蓝色的颜色效果来。改变各色网点在低调部位的网点百分比，就能得到丰富的色彩效果，这与网点并列的情形道理上是一样的。网点叠合再现色彩的方式要受到油墨透明度的影响，透明度弱的油墨呈色效果不佳，完全不透明的油墨只能作为第一色印刷。

10.2.5　网点并列与叠合

通常情况下，印品上的中间调部分网点并不仅是单独的叠合与并列，而是既有并列也有叠合。这时，实际上是通过加色法与减色法同时作用来显示颜色。无论单独的叠合，还是单独的并列，或者叠合与并列同时存在，实际上印刷品显示颜色是色光加色法与色料减色法同时表现颜色，这样就可以用有限的油墨颜色来复制出五彩缤纷的色彩世界。

10.3　彩色复制方程

10.3.1　原稿与印品密度的关系

首先，完全的复制如图 10-8 的直线 A 所示，应该是通过原点的直线，但因为这对印刷品的最高反射密度（实地面的反射密度）有个限度，从而受到限制，印刷品的最高反射密度由于网点和线条的磨平、油墨干燥、反面蹭脏等，转移到印刷品上的油墨厚度不能太大及油墨本身的反射密度等而受到限制，例如，胶印时，涂料纸上为 1.40，非涂料纸则为 1.20 的程度，与此相比，照片上就能得到1.70 上下的最高密度。因此，受最高反射密度限制的最高的复制如直线 B 所示。实际上，还在制版和印刷的阶段受到限制，常常像曲线 C 那样失掉高光部分和暗调部分的反差，有成为 S 字形的倾向，作为实际问题，也要考虑这样的事实，为

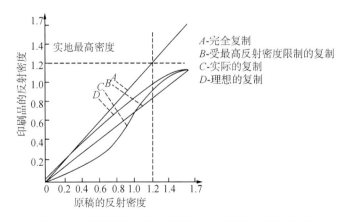

图 10-8　原稿反射密度和印刷品反射密度之间的关系

了加深观察者的主观印象，即使牺牲一些暗调部分的反差，也要强调整个暗调部分，提高高光或中间调的反差以达到曲线 D 那样，这样做是理想的，正如 Rhodes 所主张的那样，提高实地面或暗调部分的反射密度对于要想获得较好的主观印象是极其重要的。

10.3.2 彩色复制方程

下面所介绍的有关彩色复制的两项基础理论[9]，主要是用在校色的范畴内，而用来评价印刷品质的实际例子是很少的。

Neugebauer 方程：根据加色混合理论，Neugebauer 对于原色网点印刷品的成色导出了式（10-1）～式（10-3）。

$$
\begin{aligned}
R =& (1-c)(1-m)(1-y)R_{\mathrm{W}} \\
&+c(1-m)(1-y)R_{\mathrm{c}}+m(1-c)(1-y)R_{\mathrm{m}}+y(1-c)(1-m)R_{\mathrm{y}} \\
&+my(1-c)R_{\mathrm{my}}+cy(1-m)R_{\mathrm{cy}}+cm(1-y)R_{\mathrm{cm}} \\
&+cmyR_{\mathrm{cmy}} \tag{10-1}
\end{aligned}
$$

$$
\begin{aligned}
G =& (1-c)(1-m)(1-y)G_{\mathrm{W}} \\
&+c(1-m)(1-y)G_{\mathrm{c}}+m(1-c)(1-y)G_{\mathrm{m}}+y(1-c)(1-m)G_{\mathrm{y}} \\
&+my(1-c)G_{\mathrm{my}}+cy(1-m)G_{\mathrm{cy}}+cm(1-y)G_{\mathrm{cm}} \\
&+cmyG_{\mathrm{cmy}} \tag{10-2}
\end{aligned}
$$

$$
\begin{aligned}
B =& (1-c)(1-m)(1-y)B_{\mathrm{W}} \\
&+c(1-m)(1-y)B_{\mathrm{c}}+m(1-c)(1-y)B_{\mathrm{m}}+y(1-c)(1-m)B_{\mathrm{y}} \\
&+my(1-c)B_{\mathrm{my}} \\
&+cy(1-m)B_{\mathrm{cy}}+cm(1-y)B_{\mathrm{cm}} \\
&+cmyB_{\mathrm{cmy}} \tag{10-3}
\end{aligned}
$$

式中，R、G、B 为网点印刷品的 RGB 系三刺激值；c、m、y 为由青、品红、黄墨覆盖的网点面积比；R_{W} 为 RGB 系三刺激值中白纸的 R 值；R_{c} 为 RGB 系三刺激值中青墨的 R 值；R_{m} 为 RGB 系三刺激值中品红墨的 R 值；R_{y} 为 RGB 系三刺激值中黄墨的 R 值；R_{my} 为 RGB 系三刺激值中作为二次色的红的 R 值；R_{cy} 为 RGB 系三刺激值中作为二次色的绿的 R 值；R_{cm} 为 RGB 系三刺激值中作为二次色的蓝的 R 值；R_{cmy} 为 RGB 系三刺激值中黑的 R 值。

印刷过程实际上就是颜色合成的过程。通过上述 Neugebauer 颜色方程可以看出，有两个方面的应用：其一是用于制版，也就是通过原稿已有的 R、G 和 B 来确定所制作印版上的 c、m、y 和 k（即印版上的黄、品红和青的网点百分比）。很显然，方程中没有出现 k，所以这个方程是一组用三个方程求解四个未知数的超静定方程[42]。在制版过程中，通常的解决办法是利用蒙版方程去解决（在《印刷色彩学》中有介绍，这里不一一赘述），通过黑板替代，实现方程的求解。

其二是用于印刷中，把制版已经在印版上得到的 c、m、y 和 k 印版，在印刷机上进行颜色合成，得到复制品的色彩 R、G 和 B。由于在印刷过程中，已经知道了 c、m、y 和 k，所以通常是利用已知的 c、m、y 和 k，如何忠实、准确地再现原稿的 R、G 和 B 色彩。

此外，Callahan 发表了将 Neugebauer 方程进行局部补偿的原色网点印刷品的反射密度式方程。

Yule-Colt 的公式与上述情况相比，Yule 和 Colt 将用于蒙版计算的减色混合理论借用来测定原色网点印刷品的反射密度，这个式子原来是适用于连续调图像的，直接用于网点印刷品本身从理论上讲就有缺点，但实际上与测定结果相当一致，尤以网屏线数细的情况，Yule 等认为较之 Neugebauer 方程误差要小，见式（10-4）～式（10-6）。

$$D_R = k_{11}c + k_{12}m + k_{13}y \tag{10-4}$$
$$D_G = k_{21}c + k_{22}m + k_{23}y \tag{10-5}$$
$$D_B = k_{31}c + k_{32}m + k_{33}y \tag{10-6}$$

式（10-4）～式（10-6）中 D_R、D_G、D_B 为通过红、绿和蓝色滤色片测定的复制密度；c、m、y 为青、品红、黄墨的量（当量中性密度），k_{ij}（$i=1$，2，3；$j=1$，2，3）为常数（在 1 当量中性密度情况下，青、品红、黄墨通过红滤色片的密度）。

10.4　印刷工艺对网点传递的影响

可以把印刷过程分为三个步骤，如图 10-9 所示。第一步是印版的润湿和上墨，第二步是把印版上的油墨传递到橡皮布上，第三步是把油墨从橡皮布传递到纸张上。在这三个步骤中，网点都可能由于一些因素的影响而发生大小上的变化。除了网点大小上的变化，印刷出来的实地墨层的厚度是否均匀，也是印刷过程是否良好的另一个重要技术标志。印在纸张上的墨层应尽可能均匀，光亮，无颗粒。当这种直接印在纸张上的墨层具有标准所容许的不均匀性，而且对色彩传递和调值传递的影响很小的时候，印在先前已印刷的墨层上的墨层，常

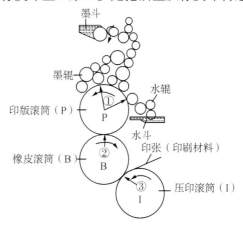

图 10-9　单张纸胶印机印刷装置的示意图

常会出现严重的墨色不均。产生这种现象的原因是墨层受墨力不良，在个别情况下，是后印上的墨色对干燥过度的油墨有排斥力的作用，也常常是由于在受墨力不良的湿墨层上印刷所引起的。首先，在高调值范围内的受墨不良（网点调值在50％以上），用肉眼可以看到彩色再现发生了改变。在湿压湿印刷时，受墨的质量主要由印刷色序之间的间隔（每种墨色印刷之间的时间间隔）和印刷油墨与纸张的相互作用来确定的。

印刷过程的各个阶段：

(1) 印版的润湿和上墨；

(2) 油墨从印版传递到橡皮布上；

(3) 油墨从橡皮布传递到印刷材料上（纸上）。

10.4.1　印版的润湿与上墨

大家所熟悉的平印印刷的原理，要求在上墨之前用水润湿印版。所需的润湿

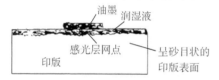

图 10-10　印版表面状况

水量主要取决于印版表面砂目的深度。为了防止非着墨部分（空白部分）吸收油墨，粗砂目的印版必须比细砂目的印版表面涂布的水多一些。此外，要输入的水量也与印刷油墨的特性（如吸水能力），墨辊的装置和墨斗的温度有关。标准水膜层的厚度范围在 $1.5\sim4\mu m$。印版上无图像部分的水量，必须在经过多个墨辊上墨过程结束之后，都能形成一个完全密封的水膜层。在这种前提条件下才能认为，印版上的网点直到它的边沿都是准确地上了墨的，并从这里向无图像的非着墨部分过渡（图 10-10）。但绝不是所有的印版都是这样受墨的。有一种印版，网点边沿疏水，因此，网点周围很窄的区域不能用水充分润湿。这种润湿性能差的区域同样可以着墨，在网点的边沿周围形成一个色轮（图 10-11）。观察这个色轮，它的宽度为 $2\sim3\mu m$。这样大小的色轮，可使在 50％ 的中间调值范围（60 线）内的网点调值增大 3％～4％。人们常常可在感光层作为着墨部分的预涂印版上看到这种现象。但是，具有优良润湿特性的印版除外，这种印版都具有良好的金属特性，印版砂目的几何形状也好。经电解沙目和阳极氧化处理的单层金属版，如

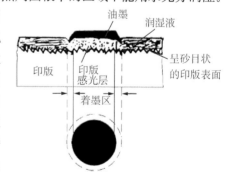

图 10-11　网点增大示意图

铝版，就具有良好的润湿性能。在这种印版表面有深度约为 $3\mu m$ 的毛细孔。这样的表面能像海绵一样保持水分，因此，网点边沿能保持良好的润湿性。缺点是

这种印版的不负载运转状态往往不能让人满意。

所谓不负载运转，应理解为一个已完全受墨的印版图文部分，再次开动水辊后，印版的图文处不再接受水分润湿所处的状态。

印版的非着墨部分离开油墨后，立即进入不负载运转，此时并不留下墨色，这才堪称不负载运转。在使用上述印版时，油墨有时也粘在毛细孔里，导致印版上墨。这种墨常常难以去掉，只有很好地解决这个问题，印版才能表现出全部的优越性。

对实际操作者来讲，最难的是分辨出色轮的出现和分清其他影响因素。值得怀疑的是，虽然一块版材晒出良好的印版，然而，为了进行比较，人们能否选用另一种版材，并用这块印版在相同的印刷条件下进行大量印刷呢？同时应当密切注意，这块新印版是具有相同厚度的。如果由于套准的原因，在这种情况下不可能做到这一点，那么必须使印版和橡皮布之间的进给压力保持绝对一致。只有经过多次印刷，每次都会产生很小的调值增大量的时候，人们才能肯定原因在于印版，而不在于其他印刷条件的偏差。

一般情况下，可通过加入适当的润湿添加剂，把润湿液的 pH 调到 $5.5\sim6$。因此，每一次调值的 pH 应是固定不变的。只应使用经缓冲处理的润湿添加剂。通过使用弱酸调配的润湿液可以改善金属润湿辊和印版表示的润湿效果，通常用这种方法来防止印版上脏。试验表明，用弱酸性润湿水不能专门用来从根本上改善网点边沿的润湿效果以达到在一块印版上不产生色轮的目的。

10.4.2　墨层厚度

各种有关墨层厚度研究的出发点多是研究印刷在纸张上的墨层厚度。德国标准 D IN16539 "胶印用的欧洲色标" 中规定，标准墨层厚度范围为 $0.7\sim1.1\mu m$。应在这个墨层厚度范围内找出适用于胶印印刷的最佳墨层厚度[43]。为了达到良好的印刷效果所需要的印刷纸张上的墨层厚度，必须通过供墨在墨斗内调节出一种连续的墨层落差这种墨层落差从最上层的墨辊具有最大的墨层厚度开始，直到在印刷纸张上能得到最小的墨层厚度。但这些墨层厚度之间有一定的比例关系，这种关系又取决于墨斗中的墨层分层、印版/橡皮布和橡皮布/印刷纸张之间匹配的影响。此外，印版和橡皮布之间的墨层厚度也有特别重要的作用，因为它对印刷中网点的扩大有很大的影响。

为使墨层在平滑的印刷纸张上足以形成一个密封的表面层，从墨层所达到的一个固定的，也是最小的墨层厚度起，墨层厚度对网点扩大都有特别大的影响。很多印刷试验表明，从这个最小的墨层厚度起，随着墨层厚度的增加，调值增大量不断加大。同时，高于 90% 的网点面积覆盖率的网点调值越多，越易造成糊版。墨层厚度具有这样的作用，其主要原因肯定是，在这个范围内的墨层厚度比橡皮布和印刷纸张之间的墨层厚度大得多，后者通过它的吸附性限制了印刷油墨铺开。图10-12清楚地说明，在传墨过程中，如果墨层厚度大，由于墨量多，可能比墨层厚度小时更容易造成印刷油墨的铺开。

为了取得良好的印刷效果，最重要的是使墨层厚度达到最佳值，在正常输墨情况下一方面墨层要有足够的厚度，使它印在纸张上保证有均匀良好的遮盖力；另一方面，又要使墨层尽可能薄，把网点扩大现象限制在最小范围内。

大的墨层厚度［图10-12(b)］由于墨量大，导致网点上的油墨比薄墨层［图10-12(a)］要铺开得多，其后果是在各种网点调值范围内都有较大的调值增大量。

一般说来，印刷工人没有关于墨层厚度的测量数据，只能完全依靠油墨制造厂的帮助。墨层厚度的稳定性是以印刷油墨固定的颜料沉积为前提的。

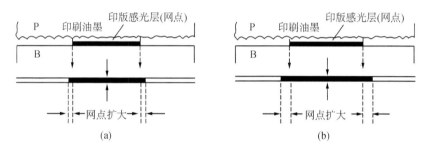

图10-12　印版和橡皮布之间有不同的墨层厚度时，网点扩大的示意图

10.4.3　调值增大

与印刷中网点调值传递有关的，不仅有有效覆盖率 F_D（file druck），而且在实际操作中还有调值增大量（tone zunahme，TZ）。

通常人们把调值增大量（图10-13）理解为印刷品上的网点调值和晒版片上的网点调值之差，并可用下列公式进行计算：

$$TZ（\%）=F_D-F_{RP} \tag{10-7}$$

式中，F_D 为印刷品上网点有效覆盖率的百分比；F_{RP} 为加网片上网点覆盖率的百分比（如控制条）。

例：$F_{RP}=30\%$，（FograPMSI 测试条的 M 块）；当 $F_D=55\%$ 时。
则

$$TZ=55\%-39\%=16\%$$

虽然由印刷品上网点有效覆盖率（F_D）减去印版上网点覆盖率（F_{PL}）可计算出的在印刷品上的真正网点扩大量是 F_D-F_{PL}，但为了简便起见，一般是在测量网点调值扩大量时，使用容易测定的晒版片的网点覆盖率代替印版上的网点覆盖率。

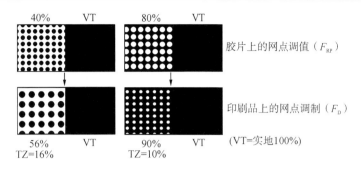

图 10-13　印刷品上网点调值增大量图示

晒版要按照准确的数值固定不变地进行工作，那么调值增大量（TZ＝F_D－F_{RP}）的改变，主要应归结于印刷工艺中的各种量的影响。此外，还要相应考虑晒版工艺的变化调值增大量（TZ）适用于加网阳图片和阳图印版（阳图工艺）。

加网阴图和阴图印版的调值增大量可用 TZ/N 表示，用式（10-8）计算：

$$TZ/N（\%）=F_D+F_{RN}-100\% \tag{10-8}$$

式中，F_D 是印刷品上图点有效覆盖率的百分比；F_{RN} 是加网阴图片（例如控制条）上网点有效覆盖率的百分比。

例：F_{RN}＝61％（M 块，Fogra PM S　I/N 测试条，阴图）；当 F_D＝55％时。则

$$TZ/N=（55+61-100）\%=16\%$$

按下列公式计算印刷品上调值增大量[*]：

$$TE=F_D-F_{RP} \tag{10-9}$$

式中，TE 为调值增大量；F_D 为印刷品上网点有效覆盖率；F_{RP} 为加网阴图片（如控制条上）网点覆盖率。

10.5　相对反差

印刷相对反差（K 值）是指人眼所看到的色调差别，也就是对比度。它是衡量实地密度是否印足墨量，能否使印品有足够的反差，同时又可以通过相对反差来判断网点的扩大程度，对控制打样或印刷，是个非常有用的数据。

在印刷中，油墨量达到 $101\mu m$ 的厚度时，已经是饱和状态，再增大墨量只能使网点扩大或变形严重。为此，控制实地密度的标准为，应以印刷品相对反差尽可能清晰，又以网点增大不超过允许为限度。

---

[*] 印刷品中真正的网点调值增大是 F_D-F_{PL}（印版），但一般不用它，因为用 F_{RP} 更为方便。所以，实用中一般把软片上的网点百分比（F_{RP}）称为原版上的百分比。

10.5.1　反差计算

根据德国《海得堡新闻专刊》（1976/4 期）提供印刷相对反差（K 值）的计算公式：

$$K=\frac{D_\mathrm{V}-D_\mathrm{R}}{D_\mathrm{V}}\qquad\qquad(10\text{-}10)$$

式中，K 是印刷相对反差（K 值）；D_V 是实地密度；D_R 是网点密度（75％～80％网点）。

式（10-10）主要是表示人的视觉对比度，它确定了单色实地密度和网点密度之间的关系。K 值一般是在 0（实地）～1（未印的白纸），K 值越大，说明网点密度与实地密度之比越小，网点扩大就小，印刷相对反差越大；相反，K 值越小，网点扩大就多，印刷相对反差越小。正常印刷品的 K 值范围在 0.3～0.5。

10.5.2　反差计算尺

为了简化计算，可采用胶印相对反差（K 值）计算尺[44]（图 10-14）。首先用反射密度计在选定的测量部位测定实地密度值 D_V 和 75％～80％的网点密度值 D_R。然后在计算尺的平行刻度和对角斜行刻度上寻求实地密度值 D_V 和网点密度值 D_R，将表上可旋转的指针移到这两个密度值的垂直和平行线的切点上，就可以在刻度 K 读取所求的反差数值。

例如，测得实地密度 $D_\mathrm{V}=1.5$，网点密度 $D_\mathrm{R}=0.9$，由图 10-14 可得，两线相切即得 0.4。

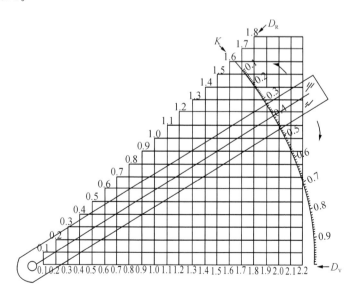

图 10-14　胶印相对反差（K 值）计算尺

10.6 中 性 灰

根据减色法理论，三原色最大饱和度的叠合，应该呈现黑色。同样道理，三原色油墨不同的饱和度的等量叠合，也应呈现不同亮度的灰色。但是，由于实际所用的油墨，在色相、亮度和饱和度方面，存在目前油墨制造上难以克服的缺点，每种三原色油墨在色相灰度、效率方面，都不同程度地存在误差，故在实际生产中，不能教条地追求理论上的完全等量叠合。为了使三色油墨经叠印后呈现正确的不同亮度的灰色，必须根据油墨的特性，改变三原色同墨的网点合成比例和墨量，才能适应复制的要求。因此，所谓灰色平衡，就是三原色油墨，按不同网点比例和墨量进行三色叠印，印出不同亮度的灰色（浅灰、中灰、深灰），称为印刷的灰色平衡。灰色平衡这一术语在印刷复制中占有重要地位，是制版、晒版、印刷的质量基础，也是各工序进行数据化控制的核心。

10.6.1 灰平衡方法

要获得或使用灰平衡（灰色平衡），一般有两种方法。一种是以实用的三原色油墨印刷特殊的色谱，鉴别印刷品是否平衡时，从色谱上选择近似的中性灰色块与之对比，（可以将色谱块打上小孔，覆盖在试样上）求得网点比例值。另一种作法是，直接找出图像或灰色梯尺中的灰色部分，进行分析。

第一种方法，虽然可以快速提供较为准确的灰平衡信息，但需要特制的色谱，比较麻烦。第二种需要收集符合中性灰平衡要求的数据，要凭经验和时间，而且往往不能产生真正的中性灰平衡。所以，还是使用色谱为妥。

获得正确的灰平衡，需要了解实用油墨的特性，并要测定油墨的色相误差（色偏）灰度和效率。三色网点比例的一般原则是，黄和品红的网点面积是相等的，青的网点面积最大。图 10-15 为用一组普通的原色油墨制作中性灰所需要的网点面积，图 10-15(a) 的一组曲线是表示青版网点面积与另外二个色版之间所需要的网点面积差。在使用这个图来确定各色版的网点面积比例时，一般要以青版的网点面积为标准。然后，根据网点面积差，就可确定出其他两个色版的网点面积。各级的网点面积比例，只要确定三点（即高光部、中间部和暗

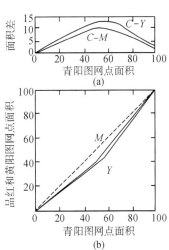

图 10-15 普通原色油墨制作中性灰所需要的网点面积

部）就可基本确定整个曲线的形状。现设定以下几点。

（1）在高光部，青版的网点面积为 10%，网点面积差 $C-M=3\%$（即青版比品版的网点面积大 3%），$C-Y=5$（即青版比黄版大 5%）。

（2）在中间部，青版的网点面积确定为 50%，网点面积差 $C-M=15\%$，$C-Y=17\%$。

（3）在暗部，青版的网点面积确定为 95%，网点面积差 $C-M=12\%$，$C-Y=15\%$。那么，各版中性灰平衡所需要的网点面积比例归纳于表 10-2。

表 10-2　各版中性灰平衡所需要的网点面积比例

部别	版别		
	青版	品红版	黄版
高光部	10%	7%	5%
中间部	50%	35%	33%
暗部	95%	83%	80%

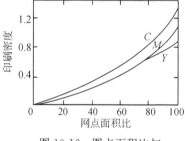

图 10-16　图点面积比与印刷密度曲线

采用曲线图和网点面积差的方法来确定各版的网点面积值，是行之有效的方法。

在确定各版的网点面积之后，经过晒做、印刷，就可得到各色版的单色样张。然后，分别通过密度计用补色光测出各单色样张的印刷密度，并可制成印刷密度与网点面积比曲线，如图 10-16 所示。采用此法虽然简单易行，但就颜色平衡来说，叠合后能否出现中性灰，单色密度值还是不能在视觉上直接给出信息。为此可参考"等量中性灰密度"的方法。

10.6.2　END 方法

当研究调子再现问题时，不仅应注意到为制作中性灰所直接与之相关的网点面积，还应对由视觉而产生的中性灰密度给予足够重视。关于这方面关键性的概念，即所谓的"等量中性灰密度"（Equivalent Neutral Density，END）。对该概念先发倡导和立说的是 Erans、Hansen 及 Brewer（1953），还曾有 Heymer，Sundhoff（1937）及 Erans（1938）等。

Erans 曾给 END 下过如下定义："某一组叠合色，如果按其三基色所需适量重合后形成中性灰时，那就正是该三基色得以组成中性灰的视觉密度。"反之也可解释为，如果该处具有灰色视觉密度，那么，由三基色做适量叠合处也必将呈现中性灰平衡。

为明了 END 的意义，用一个与之接近的比喻就容易理解了。包成一包包的显影剂，可以按多少毫升，多少加仑或各种容量来购买。这"毫升""加仑"当然不是表示包装的大小，而是加上了适量的水以后所得到的显影液的量。同样道理，如果评价黄油墨色块的中性灰，就要加上适量的品红和青油墨。此时，在视觉上究竟要得到多少的密度值，才能够表现黄油墨的中性灰呢？因此把这一视觉密度值定义为黄油墨的等量中性灰密度，或称 END。

在生产管理中，要对每个色版的网点面积和印刷密度进行测量或计算，除非应用电子计算机，否则靠手工方式是不易做到的，尤其测量单色样张的方法也是难以办到的；但如果三色叠印的某一色块在视觉上看出了中性灰，那么测量这个色块的视觉密度，要比上述诸法来得方便迅速。使用 END 的最大优点是，能够对颜色平衡直接地给出信息。

评价等量中性灰密度，也是通过密度计，使用补色滤色镜，对测出的每个色版叠印后的密度作图。下面就是一组典型的原色油墨与等价中性灰密度的关系曲线。

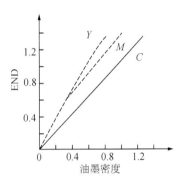

图 10-17　原色油墨密度与
等价中性灰密度的关系

由图 10-17 可见，在视觉上成为中性灰的密度值，要大于各色版本身的密度值，END 的值是密度计的读数值，该值是否与视觉上成为灰色的 END 一致，取决于密度计的光谱灵敏度与视觉的光谱灵敏度是否一致。

下面，再引入另一个测定中性灰密度的方法。再次返回到网点面积的利用上来，把 END 值与青版网点面积作图（图 10-18），将再次画出图 10-18 相似的曲线。

图 10-18（b）曲线表示，要作出 END 为 0.30 的灰色，就要在青版上需要 38％的网点面积，图 10-18（a）表示，品红和黄的网点面积分别要减少 8％和 11％，即品版为 30％，黄版为 27％。同理，如在某灰色块上需要 0.30 的 END，又知青版的网点面积假定是 42％（不是所要的 38％），那么要保持上述的网点面积差，品红和黄版的网点面积就应该是 34％和 31％。换言之，要求出等量中性灰密度就要用不同网点面积比组合。用三原色油墨叠印，从中可以看出中性灰效应。可以利用视觉密度进行测量，并画出如图 10-17 和图10-18 所示的特性曲线。

在三个重要的物理量（即网点面积、单色密度和 END）之间，其相互关系非常密切，都与整体灰色平衡有关。因此，把几组曲线组合在一起，是最方便、合理、最有效的表示灰色平衡的方法。图 10-18 就是这三者的组合曲线图。

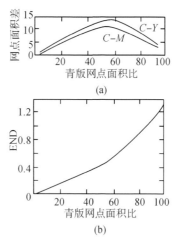

(a)

(b)

图 10-18　END 和网点面积的关系曲线

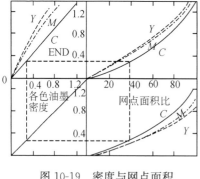

图 10-19　密度与网点面积
比的灰色平衡 END 曲线

该组曲线图的使用方法：当看到某一色块呈现灰色，于是测得色块的 END 是 0.30，那么，呈现灰色的三个色版的网点面积，究竟由多大的网点比例合成的呢？从图 10-19 的右上方可以看出，青版网点面积约为 38%，品版的网点面积为 30%，黄版的网点面积为 27%，而各色版得到的这些网点面积，又是多少密度呢？从图 10-19 的右下方可见，青版的密度接近 0.30，黄和品红的密度约为 0.20。反过来，也可从印刷密度得出网点面积和 END。

在图 10-19 左上方的曲线（单色密度对 END）有两个特色。一个是青版曲线，几乎是条直线，故只用几个点就可以正确地确定曲线的形状；另一个是，品红和黄版曲线的平滑程度，有利于提高检查数据的精确性。

同时，用这组曲线测量新的单色密度的方法，可以做出预测，虽要再次寻找中性灰的位置，但不用花费很多时间，就可以确定一组新的 END 曲线。预测各色版的调子再现和灰色平衡条件，就是该图的最大优点。

11 印刷质量的监控与评价方法

印刷过程中，印品质量的优劣取决于油墨转移中的网点质量的优劣。网点在转移过程中的变形，将直接影响印品的质量密度，密度的大小又依赖于墨层厚薄。网点增大是影响密度变化的一个重要因素，所以在工艺过程中控制网点变化是一个必要环节。网点密度不但可测量，而且可计算求得。现代的墨量监控一般是通过对实地密度的测量而间接地控制墨量，具体做法是通过控制条进行实时测量和监控。印刷质量的评价是提高印刷产品质量的基本方法，为数据化[44]管理提供可靠依据。

胶版印刷主要凭借网点的多次传递，最后经过综合而成像。因此，网点（包括实地）印刷的质量就成为质量管理的关键。从加强印刷工艺管理的角度出发，在评价彩色复制质量的同时，对于网点传递印刷的理论有必要深入探讨。从下列图 11-1 的网点传递功能图[45]可以概略地分析出数据化管理的要旨。

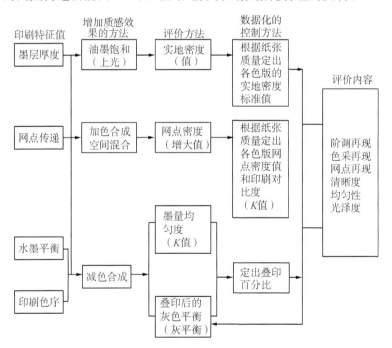

图 11-1　网点传递印刷功能图

这个功能表示图，包含了数据管理的基本因素，概括了主要内容和要求，完全适用于印刷和打样工序的定量控制。图中对色调的正确再现来说，有几个最基的数据，这就是：①反射密度值（包括实地和各版网点密度）；②网点增大值；

③印刷对比度（也称相对反差、K 值）；④叠印百分比。

这四个基本数据的核心成分是印刷的灰色平衡。而控制好制版和印刷过程中的灰色平衡，也正是复制工艺的关键，下面逐一说明。

11.1　网　　点

网点（dot），也称为半色调网点（halftone dot）是印刷的专用名词。彩色连续调原稿在制版时由于网点分解的功能，通过照相或电子扫描手段把连续阶调的原稿图像信息转换成网点图像信息。在印刷时采用黄、品红、青和黑四种印版，套印后以群集起来的不同大小的网点来表现画面的浓淡色调。实际印刷的网点是群集起来成为微小的几何图形分布于画面的，人们凭借光学上的视觉差，观察网点群形成的模拟色调，给人以还原色彩之感。如果用现代术语讲，则是由离散的数字式的网点幻化为模拟式的色调。目前，网店的形成有两种形式：一是网点大小不变，通过网点多少来表现画面的层次色彩，称为调频加网；另一种是网点所占的面积不变，画面通过网屏而改变了网点的大小，称为调幅加网。

11.1.1　网点的计算方法

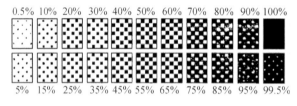

图 11-2　十成 22 级网点示意图

网点形成的大小是由两个因素确定的，其一是网屏的线数，其二是当线数固定之后，网点的大小便由其"成数"而定。即以一粒实地整点作为 100%，往下递减为 90%，…，10% 的十个层次（一般俗称十成），这样比较容易辨认其面积的大小，变化规律也简单明白。为了模拟画面那种丰富晕染的连续阶调，仅用十个层次梯级，似乎不够表达色调再现的柔和程度，所以在十进制面积的网点之间再增设半成（0.5%）的级差是完全合理而必要的。在亮调与暗调两头，因为小于 0.5% 和介于实地点子与 95% 网点之间还存在更小的点子，所以在半色调梯尺的两端再加一级，称为细点（或尖点），以及在暗调处于 95% 以下的称为小白点，这样共计 22 个级，故别称为"十成 22 级网点图"（图 11-2），但国际间的称谓都以百分数（0.5%～100%）为准。

当网屏的线数确定之后，一个 100% 的网点大小（面积）就固定了。如图 11-3 所示，假定正方形 $ABCD$ 为一个 100% 的网点，并且面积定为 1，而正方形 M_1

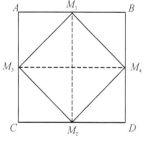

图 11-3　网点的面积

$M_2M_3M_4$便是 50％网点的面积。为了便于对不同线数网点的计算，现将 $10\%\sim$ 100%各个成数网点的相对边长根据公式 $S=a^2$，对角线 $c=\sqrt{2}a$；如果将方网点按照面积相等转换为圆网点，则圆网点的面积为 $\pi r^2=a^2$。圆网点的半径 $r=\dfrac{a}{\pi}$。按照上述公式经计算后列表 11-1。

表 11-1　网点基本参数

百分比（成数）	相对值		
	边长（L）	对角线（c）	网点直径（d）
100％	1.000	1.414	1.128
90％	0.949	1.342	1.071
80％	0.894	1.265	1.009
70％	0.837	1.183	0.944
60％	0.775	1.095	0.874
50％	0.707	1.000	0.798
40％	0.632	0.894	0.713
30％	0.548	0.775	0.618
20％	0.447	0.632	0.505
10％	0.316	0.447	0.357

例如，60L/cm 的网屏，在 1cm^2 内，就会有 60×60 个网点，因此 60L/cm 100%的网点，其面积为 $\dfrac{1\ \text{cm}^2}{60\times60}\times100\%=0.028\ \text{mm}^2$，其边长 $L=\sqrt{0.028\ \text{mm}^2}$ $=0.167\ \text{mm}$。

利用 60L/cm100%网点的面积，便可以推算出其他百分比网点的面积和边长，或圆网点的直径。现将 60L/cm，不同百分比的方网点及圆网点的面积等列于表 11-2。

表 11-2　网点尺寸

网点值	百分比				
	10％	20％	30％	40％	50％
网点面积	0.0028	0.0056	0.0083	0.0111	0.0139
方点边长	0.0527	0.0745	0.0713	0.1054	0.1179
圆点直径	0.0597	0.0844	0.1028	0.1189	0.1330

网点值	百分比				
	60％	70％	80％	90％	100％
网点面积	0.0167	0.0194	0.0222	0.0250	0.0278
方点边长	0.1291	0.1394	0.1491	0.1581	0.1667
圆点直径	0.1458	0.1572	0.1681	0.1784	0.1881

注：表中网线数为 60L/cm，计算单位为 mm。

测量网点面积一般可用网点密度计，如果想精密地定量分析，那就需要使用测微密度计或专用的网点测试仪器。

11.1.2　网点传递与网点增大值

平版印刷对彩色原稿的复制以半色调网点为基本单元。由于网点本身很小，经照相加网、晒版直至印刷到纸上，网点始终处于传递变化之中，网点的变化自然会引起整个画面色调的变化，即引起质量的变化。然而网点传递变化的主要特征是网点增大[9]。网点增大（也称网点增大）是指印版网点在印刷中，由于压力增大而形成网点面积的自然扩展、从几何学的观点看，网点的增大是边缘部分均匀地向外扩展；网点的增大量是按同样的比例。例如，10％的网点增大（边缘发虚）为 $10\mu m$（0.01mm），90％的网点其边缘同样也增大 $10\mu m$。而实际在传递中，因不同大小的网点边长是不一样的，所以印刷网点增大部分的覆盖面积比是不同的，50％方形网点增大后覆盖面积最大。当网点面积在 $10\％\sim50\％$ 时，增大出现在点子的边缘；而 60％以上网点则是在黑圈内增大，即白点缩小。参见图 11-4原来 50％的网点印刷后可能增大至 65％左右。图 11-5 所示为不同百分比方形网点的网点增大情况。

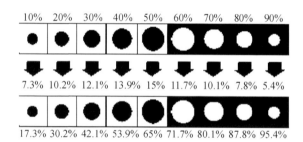

图 11-4　网点增大幅度与边缘变化

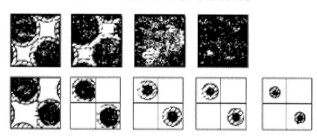

图 11-5　圆网点边缘增大示意图

为了叙述方便，先以方网点为例，以 60L/cm（150 线/英寸）的数据列于表11-3，假设印刷过程中网点增大为 $10\mu m$。由表 11-3 可以分析出 50％的网点增大率最大，即增大了 18.4％，因为 50％的网点周边最长。$60\％\sim90\％$ 的网点，它们的中心是空白点，而空白点的面积为 10%～40% 的网点那么大，因此在表11-3里，在计算 60%～90% 的网点增大率时，用 10%～40% 的网点边长减去 0.02mm。

表 11-3　方网点增大情况

项目	百分比				
	10%	20%	30%	40%	50%
边长 L	0.052 7	0.074 5	0.091 3	0.105 4	0.117 9
L+0.02	0.072 7	0.094 5	0.111 3	0.125 4	0.137 9
L−0.02	—	—	—	—	—
增大后面积	0.005 3	0.008 9	0.012 4	0.015 7	0.019 0
增大后百分比	19%	32.1%	44.6%	56.6%	64.4%
增大率	9%	12.1%	14.6%	16.6%	18.4%

增大率	百分比				
	60%	70%	80%	90%	100%
边长 L	0.129 1	9.139 4	0.149 1	0.158 1	0.166 7
L+0.02	(40%) 0.1054	(30%) 0.0913	(20%) 0.0745	(10%) 0.0527	
L−0.02	0.085 4	0.071 3	0.054 5	0.032 7	
增大后面积	0.205	0.022 2	0.024 8	0.026 7	0.027 8
增大后百分比	73.7%	81.7%	89.3%	96.2%	100%
增大率	13.7%	11.7%	9.3%	6.2%	0

注：表中网线数为 60L/cm。

平版印刷的网点除了方形，应用最普遍的要算圆形的，圆形网点的增大也是由圆网点的周长来决定的。圆网点的各成网点增大情况如图 11-6 所示。由于圆形网点本身的特性，当网点百分比为 50% 的时候，网点之间还没有互相衔接，因此圆形网点增大率最大者不是 50%，而是 70% 的网点，这是因为 70% 的圆网点之间才开始衔接，其周边最长，故增大率也最大。现将不同百分比的圆网点增大情况列于表 11-4。

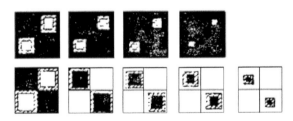

图 11-6　方网点边缘增大示意图

从表 11-4 便可以看出圆网点增大率最大者是 70% 的网点。将两种网点增大情况加以比较，可以看出从 10%～50%、80%～90% 的网点，方网点的增大率比圆网点的大；而 60% 和 70% 的网点，圆网点的增大率反而比方网点大些。这一点常常被人们忽视。

表 11-4　圆网点增大情况

项目	百分比				
	10%	20%	30%	40%	50%
半径 r	0.029 9	0.042 2	0.051 4	0.059 5	0.066 5
r+0.01	0.039 9	0.052 2	0.061 4	0.069 5	0.076 5
r−0.01	—	—	—	—	—
增大后面积	0.005 0	0.008 6	0.011 8	0.015 2	0.018 4
增大后百分比	18%	30.8%	42.6%	54.6%	66.1%
增大率	8%	10.8%	12.6%	14.6%	16.1%

增大率	百分比				
	60%	70%	80%	90%	100%
半径 r	0.072 9	0.078 6	0.084 1	0.089 2	0.094 1
r+0.01	0.082 9	0.088 6	(20%) 0.042 2	(10%) 0.029 9	—
r−0.04	—	—	0.032 2	0.019 9	—
增大后面积	0.021 6	0.024 7	0.014 5	0.026 6	0.027 8
增大后百分比	77.7%	88.7%	88.1%	95.6%	100%
增大率	17.7%	18.7%	8.1%	5.6%	0

注：表中网线数为 60L/cm。

　　总之，从理论上可以证明，网点增大在 50% 的方网点时，其覆盖面积最大；而 75% 的网点对增大的变化最灵敏，视觉反映也最敏感。这就是有些测试条选择 75%～80% 的部位作为控制暗部网点增大的原因。

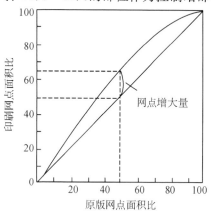

图 11-7　网点增大的印刷曲线

　　网点增大值[44]，可以用印刷特性曲线表示。由于印刷或打样本身的特殊性，网点增大的幅度是不同的，为了考察两者网点增大的幅度，而把原版的网点面积和印刷品网点面积的关系作出印刷特性曲线（图 11-7）以资鉴别。（计算见本章 11.4 节）。

　　如果印刷品上的网点能保持原大小，再现原版的网点，那么这条曲线就是图中的 45° 直线，但是无论打样还是印刷工序，网点都不可避免地存在增大的倾向，因此不可能成为直线，而多为图中的弧线再现。该弧线的形状由各网点本身的增大量所决定。由几何学可知，两点可以确定一条固定的直线，但不能确定一条固定的曲线，若确定一条固定的曲线，必须借助第三个点。这就是说，若确定一条固定的印刷特性曲线，就要同时控制亮调、中间调和暗调这三点的网点增大量。这就是在印刷或打样中要进行三点控制的原因。根据国外的经验，关于这三点控制部位，端士格雷达固测试条（CCS）是控制 15％、45％、73％，布鲁纳尔测试条是控制 25％、50％、75％，海德堡 CPC 程控测试条是控制 20％、40％、80％。

11.1.3　网点面积与密度的关系

印刷品的反射密度作为度量色调值的一个基本物理量，是评价和管理色调再现的一个基本数据。反射密度包括各种大小网点的反射密度及实地密度。

11.1.3.1　反射密度

反射密度如图 11-8 所示，照射在网点单位面积上的总反射光 I_t 与照射在纸张表面的总反射光 I_{rw}（网点空白处）之比，称为反射率，即

$$R = \frac{I_t}{I_{rw}}$$

这里，应注意的是，反射率有两种情况，一种用反射光与入射光之比来表示，即

$$R = \frac{反射光}{入射光} = \frac{I_t}{I_i}。$$

另一种用测量部位的总反射光与白纸表面反射光之比来表示，即

$$R = \frac{测量部位总反射光}{白纸表面反射光} = \frac{I_t}{I_{rw}}。$$

作为印刷品反射率的定义，则是后者而不是前者。一般把反射率倒数的对数，作为反射密度的定义，列成数学公式为

$$D = \lg \frac{1}{R} = \lg \frac{I_{rw}}{I_t} \tag{11-1}$$

式中：D 为印刷品的反射密度；I_t 为网点单位面积上的总反射光；R 为反射率，I_{rw} 为网点单位面积上网点空白处的反射光。

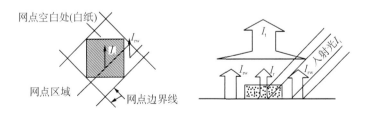

图 11-8　网点单位面积的反射光示意

当反射率为 0 时，为黑色油墨理想吸收，其反射密度趋向无限大；当反射率为 100％时，为纸张理想反射（全反射），其反射密度为 0。表 11-5 是反射密度

与反射率的对应数值。

由式（10-1）和表 11-5 可知，反射率越大，其反射密度值越小；相反，反射率越小，其反射密度值越大。这是因为，当反射率增大时，网点单位面积内的总反射光 I_t 增强，网点的光学密度自然减弱；而当反射率减小时，网点单位面积内的总反射光 I_t 减弱，网点的光学密度自然增大。

表 11-5　印刷品反射密度与反射率

反射率/%	80	60	40	20	10	8	6	4	2	1
反射密度	0.10	0.22	0.40	0.70	1.00	1.10	1.22	1.40	1.70	2.00

11.1.3.2　密度与墨厚

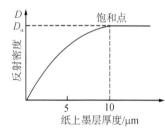

图 11-9　反射密度和墨层厚度的关系曲线

墨层厚度与其反射密度的关系[46] 比较复杂，墨层薄时成正比，但当墨层厚度达到饱和状态时，这种关系就不成立了。这就是说，反射密度并不因墨层厚度的增加而无限地增加。大多数纸张在墨层厚度达到 $10\mu m$ 后便到达饱和状态，此时的反射密度值就再也提高不了。反射密度和墨层厚度的关系曲线如图 11-9 所示。

密度与墨层厚度用下式表示：

$$D = D_a(1 - e^{ml})$$

式中，D 为密度；D_a 为饱和密度；m 为与纸张平滑度有关的系数；l 为墨层厚度。

印刷品反射密度的大小取决于网点面积和墨层厚度以及纸张的光学特性。网点面积大小的不同，分别有不同的反射密度。在网点单位面积内，网点所覆盖的面积越大，其反射率越低，此时，反射密度就增大，相反，反射密度就降低。

密度的测试、控制和管理，贯穿整个制版印刷过程，是数据化管理的重要内容之一，也是评价印刷质量的客观基础。使用密度计测量的密度，称为实际测量值，使用数学公式计算得到的密度，称为理论计算值。实际测量值是理论计算值的实际反映；而理论计算值则是实际测量值的理论基础，两者互为补充。

11.1.3.3　玛瑞-戴维斯公式

最先把网点反射密度，网点面积比和实地密度确定为对数关系并列成数学公式的人是美国的玛瑞（Murray）和戴维斯（Davies），故称为玛瑞-戴维斯公式。该公式由戴维斯提出，不久由玛瑞加以发展。该理论发展于 1936 年，逐渐得到世界各国印刷学者的重视。其计算见式（11-2）。

因为　　　　　　　　　　$D_R = \lg[1 - a(1 - 10^{-D_V})]^{-1}$

$$10^{D_R} = \frac{1}{1 - a(1 - 10^{-D_V})}$$

$$1 - a(1 - 10^{-D_V}) = 10^{-D_R}$$

所以
$$a = \frac{1 - 10^{-D_R}}{1 - 10^{-D_V}} \tag{11-2}$$

如果用反射率再通过反射密度定义来求网点的反射密度，则反射率为

$$R = 1 - a(1 - R_s) \tag{11-3}$$

式（11-2）和式（11-3）中，各字母的意义为：a 是一个网点所占面积的百分比；D_R 是网点面积为 a 处的反射密度；D_V 是网点面积为 a 处的网点实地反射密度；R 是网点面积为 a 处的反射率；R_s 是网点面积为 a 处的网点实地反射率。

从式（11-2）可以看出，网点反射密度 D_V 取决于网点面积比 a 和网点密度 D_V。

由于一个网点的面积非常微小，要用显微镜经高倍率放大投影后才能测定，用一般的测量手段是很难测准的。因一般不具备这种仪器，所以实用测量仍用密度计。而使用反射密度计测得的密度值，是综合性的反射密度（即一组或一群网点面积）。而使用式（11-2）是测定一个网点的值，与综合值稍有不同。因此实际测量值往往比理论计算值大，而理论计算值要比实际测量值精度高。

反射密度既可以用式（11-2）表示，也可以用式（11-3）的反射率通过反射密度定义公式来求出。式（11-3）先把所用纸张（白纸）的反射密度定为零，即设白纸的反射率为 1 而得到的公式。

另外，D_R 和 R_s 也是指一个网点的密度和反射率。故一般都是用实地或油墨本身的反射密度和反射率来代替。

当纸张的反射率不等于 1 时，而是等于 R_p 时，式（11-3）可以改为

$$R = R_p - a(R_p - R_s) \tag{11-4}$$

式中，R_p 是纸张的反射率。

实际上，这种情况是存在的，因为纸张即使很白，也不可能 100％的把光线全部反射，必然有一部分光被纸纤维吸收[47]，因此，设纸张有某个 R_p 值，是符合纸张实际情况的。可是，由于纸张种类繁多，测定 R_p 值很麻烦，故为方便起见，常把纸张的反射率定为 1（即假定 100％地全部反射光线），将其反射密度定为零，虽在理论上不能完全反映纸张的实际情况，但在实用上，这样计算其精度是比较准确的。这就是在使用反射密度计之前，要首先把纸张密度调为零的原因。

当 $R_s = 0$ 时，即为黑色油墨理想吸收，此时，式（11-3）也可以改为

$$R = 1 - a \tag{11-5}$$

这是一种取得近似值的方法，多用于单个网点反射密度的计算。

式（11-2）～式（11-5）可以根据不同情况应用，但如果在数值上要与式（11-2）

一致，还需要根据反射密度的定义进行换算，故不如直接使用式（11-2）方便。

下面是当油墨密度为 1.20 时（$D_V = 1.20$），使用式（11-2）对各网点面积比进行计算所得的反射密度值如表 11-6 所示。

表 11-6　$D_V = 1.20$ 时各网点面积比和 D_R 的计算值

a	D_R	a	D_R	a	D_R	a	D_R
0%	0.000	30%	0.144	6%	0.359	90%	0.806
10%	0.042	40%	0.204	70%	0.464	100%	1.200
20%	0.090	50%	0.274	80%	0.602	—	—

根据表 11-6 的计算值，分别在坐标图上找出对应点，然后把各对应点连接起来，制成网点面积比 a 和反射密度值 D_R 的曲线，如图 11-10 所示。

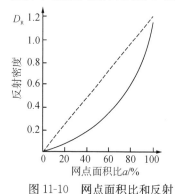

图 11-10　网点面积比和反射
密度的关系曲线图
以玛瑞-戴维斯公式计算，$D_V = 1.20$

由图可见，印刷品的反射密度与网点面积比不呈直线关系，而是遵循曲线关系。换言之，就是当网点面积增大两倍时，反射密度并不随之增加两倍。假定高光部位从 10% 增大为 20%，两者的密度差 0.09－0.042＝0.048，而暗部从 80% 也增大 10% 为 90%，两者的密度差为 0.806－0.602＝0.204，虽同样增大 10%，但暗部的密度增大量为高光的 4.25 倍，显然，高光部位密度增加 0.048，视觉很难觉察；而暗部的密度增加 0.204，视觉很容易察觉，这就是网点增大后，暗部色调变化明显的原因。

11.1.3.4　尤尔-尼尔森修正公式

玛瑞-戴维斯公式[9]自 1936 年问世以来，使人们采用定量的形式来评价和管理印刷品的色调再现有了理论根据。随着不断实践和探索，发现该公式用于具有光渗透作用的纸张，它的理论计算值与实际测量值并不一致，出现了实际测量值大而理论计算值小的不正常现象，遂引起人们的怀疑。后经尤尔-尼尔森（Yule-Nielsen）的研究指出，玛瑞-戴维斯公式本身并没有错误，其假设也是较为合理的，问题在于玛瑞-戴维斯在推导公式时，忽略了一个很重要的事实，就是纸张表面及墨膜由于光渗透产生的漫反射及网线数等因素的影响。实践证明，尤尔-尼尔森的论证是正确的，故得到世界各国的印刷专家的承认。尤尔-尼尔森于 1951 年提出了如下的修正后的反射密度

计算公式为

$$1 - a(1 - 10^{-D_V/n}) = 10^{-D_R/n} \tag{11-6}$$

或

$$a = \frac{1 - 10^{-\frac{D_R}{n}}}{1 - 10^{-\frac{D_V}{n}}} \qquad (11\text{-}7)$$

和

$$R = 1 - a(1 - 10^{-\frac{D_V}{n}}) \qquad (11\text{-}8)$$

式中，各字母的意义与前述相同，n 称为尤尔-尼尔森修正系数。n 的确定要取决于纸张质量的光学特性和网目线数。

如果使用尤尔-尼尔森修正公式，由各种不同 n 值所决定的反射密度和网点面积比的关系，制成曲线图，如图 11-11 所示。

由图 11-11 可见，n 值不同，曲线的形状也不同。如果用该公式进行实测时，n 值一般在 $1 \sim 5$ 但绝大多数是在 $1 \sim 2$，这取决于纸张光学特性和网线数。纸张的光扩散性能好，并且网线数很细，n 值就增大。

当 $n = 1$ 时，式（11-6）或式（11-7）就与玛瑞-戴维斯公式完全一致（图11-12），因此，两式相比，尤尔-尼尔森公式与实际情况更相符。因而完全可以应用到数据化的管理和评价中去。不过该式的值是个未知数，因此，在实测时必须首先确定 n 值。n 值由三个因素决定——网点大小，网点密度和纸张透明度。更需要在反复的试验中，根据纸张、网目线数、油墨和制版条件确定出自己的 n 值。现将国外所发表的 n 值的三个例子列后（表 11-7、表 11-8 和表 11-9），仅供参考。

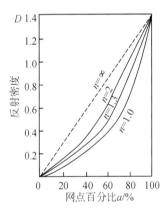

图 11-11 根据尤尔-尼尔森公式而得的反射密度和网点面积比的曲线（$d = 1.40$）

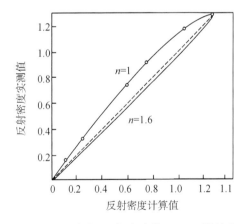

图 11-12 用尤尔-尼尔森式设 $n=1$（即玛瑞-戴维斯式）时，和 $n=1.6$ 时的计算值与实测值之间的对比例子（用 150 线胶印在涂料纸上）

表 11-7 *n* 值之例一（Yule-Nielsen）

网屏线数（L/cm）	涂料纸	非涂料纸
65	1.3	2.0
150	1.8	—
300	3.0	—

表 11-8 *n* 值之例二（及川善一郎）

网屏线数（L/cm）	铜版纸	胶版纸
60	1.2	1.8
85	1.2	2.2
100	1.6	3.8
133	1.8	5.0
150	2.0	5.0

表 11-9 *n* 值之例三（美国 Tory）

网屏线数（L/cm）	涂料纸	非涂料纸 A	非涂料纸 B
65	1.3	2.2	2.0
150	1.8	5.0	3.0
300	2.5	10.0	3.0

11.2 墨量的监控及网点增大

在印刷或打样中，油墨量是用实地密度来控制的，通过检查印到纸上的墨量，可以发现墨量是否均匀一致。用实地密度计算印刷对比度、叠印百分比等，是数据化管理的一个基本原则。

11.2.1 墨层厚度的控制

印刷品的色调再现，是由网点墨层厚度和网点面积比来决定的，但在印刷过程中，使它们发生变化最主要的因素却是印刷压力和转移在纸面上的油墨量。而油墨量的大小（墨层的厚薄）当然也会使网点本身的密度发生变化。油墨网点从印版传递到橡皮布再转移到纸上时，油墨层由于具有一定厚度，而且是软质体，受压后网点必然要增大。一般印在纸上的网点比印版上的网点要大，其增大程度根据给墨量的不同而异，因此必须严密地控制墨量的变动。

油墨层的厚度一般用印后的实地密度来控制。在纸张叼口尾部的空白处，放置测试条或色块，根据各色实地密度标准，用密度计严格控制。

在控制印刷、打样墨层密度时，要注意油墨湿干的变化使密度不一致的问题。刚印刷出的样张，由于油墨湿润，光泽强而密度高，但经过数小时后，随着油墨的渗透、干燥、光泽减弱，密度就会下降。这种现象称为"干退密度"。干退密度的程度，按照印刷条件（纸张、油墨黏稠度等）的不同而异。现举一例以资说明（表11-10）。

表 11-10　干退密度一例（黑墨）

纸张种类	间隔时间		
	刚印刷后	三小时后	三日后
铜版纸	1.90	1.60	1.55
胶版纸	1.35	1.21	1.16

作为对印刷品的评价，应使用干燥后密度；而作为对印刷的控制，则应使用刚印刷后的密度。为了消除这种误差，应使用装有偏光滤光镜的密度计。否则管理前必须求出误差，以干燥密度减去印出密度。

11.2.2　网点增大值计算

控制印刷或打样过程中的网点增大，有两种基本方法：一种是数学计算法，另一种是视觉对比法。数学计算法，是利用反射密度计测出数值通过计算来确定网点增大值，也可作出相应的图表进行分析；视觉对比法，是利用各种信号条、测试条，通过视觉来判断网点增大的程度以及增大的方向等。视觉对比法一般只能察知网点增大的大概程度和范围，不能确知增大数值；而数学计算法能给出准确的增大值。计算网点增大值有多种方法，本书只选两种有代表性的方法[9]。

11.2.2.1　玛瑞-戴维斯公式的改良式

$$F = \frac{1 - 10^{-D_R}}{1 - 10^{-D_V}} \times 100\% \qquad (11-9)$$

式（11-9）是由式（11-2）演变而来的；F 为网点面积比；D_R 为网点密度；D_V 为实地密度。

计算时，把实际网点面积比算出后，与原版上该处的网点面积比相比较，就可知印出的实际网点面积比原版的网点增大多少。因此，网点增大值的计算见式（11-10）。

$$\Delta a = a_D - a_P \qquad (11-10)$$

式中，Δa 为网点增大值；a_D 为印刷品上实际网点面积比；a_P 为原版网点面积比。

例：原版上的网点面积是 75%，测得印刷品上与原版对应的 75% 处的网点密度（D_R）是 0.68，实地密度（D_V）为 1.25，那么根据式（10-9）就可求出该处的网点面积比为

$$F = \frac{1 - 10^{-0.68}}{1 - 10^{-1.25}} = \frac{1 - \dfrac{1}{10^{0.68}}}{1 - \dfrac{1}{10^{1.25}}}$$

$$=0.84=84\%$$
$$\text{网点增大值}=0.84-0.75=0.09=9\%$$

11.2.2.2　罗兹（Rhodes）网点增大公式

罗兹使用 150 线、75% 的网点作为标准网点和实地色块同时印刷，从其反射密度比中求出网点增大值，见式（11-11）。

$$\Delta a_{75\%} = \frac{D_{75\%}}{D_{\mathrm V}} \tag{11-11}$$

式中，$\Delta a_{75\%}$ 为相对网点增大值；$D_{75\%}$ 为 75% 处的网点反射密度；$D_{\mathrm V}$ 为实地反射密度。

该评价法是以设定的标准网点（75%）的增大状态为 100% 来表示的，因此只能表示网点的相对增大值，计算的相对增大值越大，说明网点增大得越多。因此，此法不具备普遍性，没有使用玛瑞-戴维斯公式改良式准确有效。

11.3　印刷测试条

11.3.1　布鲁纳尔第一代测试条

1968 年，布鲁纳尔（Brunner）系统研制了以 50% 粗网点和 50% 细网点方法为基础的第一代印刷测试条。1973 年，又研制了增加微型检标的第一代测试条，由于在生产中广泛推广使用了测试条，从而为提高印刷品质量创造了条件，进而在欧洲实现了印刷质量的标准化管理。

布鲁纳尔第一代测试条以三段式为主，其中粗网点和细网点检测标，在测试条中占最重要的地位。测试条用 0.1mm 厚的重氮软片制成，阴、阳版式均可使用。

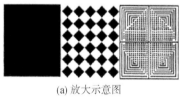

(a) 放大示意图　　(b) 原图

图 11-13　布鲁纳尔三段式测试条

三段式测条总体包括两部分，即由实地、50% 粗网点和 50% 细网点（测微）三段，另外由半色调网点组成的三段 75%、50%、25% 三色中性灰平衡段共六段组成，按四色逐次循环排列。测试条幅面为 6mm×74mm。

可供视觉鉴定或用密度计测量，求其网点增大值。一般为了简便，均用三段实地、粗/细网测试条（图 11-13）。

第一段是实地段，用以测定墨层的密度。

第二段是 $10l/\mathrm{cm}$ 的粗网点段，网点面积为 50%，用以直接观察网点增大变化。

第三段是细网点测微段，在 3mm×6mm 面积上，用等宽十字线将细网面积一分为四，每 1/4 的面积网点形式完全相同（图 11-14），它包括以下微段。

（1）细网点调微段 每 1/4 格的外角防 6L/mm 的等宽折线组成。作为检查印刷时网点有无变形和重影的标记。

（2）细网点测微段 在靠近大十字线横线第一排有 13 个网点，靠最里边的一个网点是实点，依次的 12 个网点面积是空心的，分别为 0.5%、1%、2%、3%、4%、5%、6%、8%、10%、12%、15%、20%；而与第二排级之间相夹有同样个数和网点面积（%）的网点，第三排网点靠内侧的一个网点也是实点，但从第二个网点开始取出和下两行网点完全相同的面积。所不同的是网点用阴十字标表示；同时也取同样面积和个数的阳十字标，夹在相对应的位置（图 11-15 和图 11-16）。

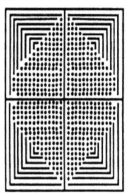

图 11-14 布鲁纳尔 50% 细网测微段放大示意图

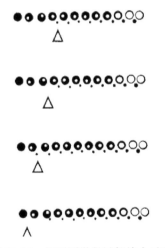

图 11-15 细网测微段局部放大示意

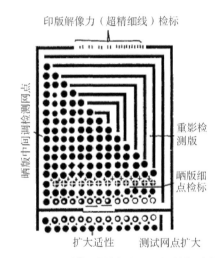

图 11-16 50% 细微检标段（1/4 局部示意）

阴与阳网点和阴与阳十字标，其功能是判定印版的解像力和给定适当时曝光量，此外还能鉴别网点转移的变化，不仅能测出网点增减的概数，还能测出两点变化方向的概数。当网点横向增大时，十字标的阳竖线变粗，阴竖线糊死；当网点竖向增大时，十字标阳的横线变粗，标阴的横线糊死。由此可直接看出网点变化的方向和网相分比。如 10% 阴十字标消失，12% 的阴十字标还保留横线，竖线消失，15% 的竖线还保留，这说明网点横向增大了 12% 以内，竖横增大了 15% 以内。如果二者相连过多就要调整。

（3）网点测微段 每 1/4 图像的内侧中心有四个 50% 的方网点。这是用于控制晒版、打样或印刷时版面深浅变化。如 50％点搭角大时，则图像深，网点增大值大，如果 50％点四角脱开，则图像浅，网点缩小。

沿大十字线的竖方向并列的两排网点面积是不同的，第一排从下向上逐渐增大，直至第十三个网点为 75％的面积；第二排从下向上逐渐缩小，第十三个贴面积为 25％，与第一排对应的两个网点总面积为 100％，其功能是观察不同网点面积距离和网点开连范围的。

在上下边线上，设有超精细测试标，分四段排列有不同宽度的阴线，分为 4、5、5、6、5、8、11、16、20μm。用于测量印版解像力（图 11-16）。

布鲁纳尔第一代测试条，其结构是以粗细 50％网点相对比的原理，是在粗细网点总面积相等的基础上制定的，其线数比为 1∶6，即一个细网点的周长，是 50％粗网点的 1/6（图 11-13）。一排六个细网点的周长加起来等于一个粗网圆点的四周长度。六排细网点的总和是粗网点的六倍，因而网点增大也要大 6 倍，在相同条件下细网点增大就多，其密度则高，因此以粗网段为基准，取其粗、细网两者密度之差即可求出印刷网点的增大值。

$$\Delta a = D_{细} - D_{粗} \tag{11-12}$$

式中，Δa 为印刷网点增大值；$D_{细}$ 为细网段密度；$D_{粗}$ 为粗网段密度。

例如，测得 50％粗网密度为 0.30，50％细网密度为 0.46。那么网点增大值为

$$\Delta a = 0.45 - 0.30 = 0.15$$

这种方法既简单，又快速准确，很适应现场管理。但是布鲁纳尔的检测方式，以 50％网点范围计算，按玛瑞·戴维斯的网点增大计算方式相比，其值存在 6％的出入。

在布鲁纳尔检测系统中，有一种自行设计的检测投影仪，可用于显微观测。该投影仪是通过光学系统将检测的放大图形投射到直径为 12cm 的毛玻璃板上，可用视觉鉴别。观测时将细网段的十字标与投影仪毛玻璃上的十字标相套合，该板面上有 0.5％～20％的阴、阳小网点，以此作为网点面积增大的精确标准。这些细点子是按照检标原来位置排列的，因此可直接并置观察，及时发现网点变化称点丢失情况。

11.3.2　布鲁纳尔第二代测试条

布鲁纳尔系统于 1973 年制成了第二代测试条，该测试系统是在第一代（三段）测试条的基础上，增加了 75％的粗、细网段，构成了五段形式，并和晒版细网点控制段、中性灰段、叠印段等相结合的多功能测试条，如图 11-17 所示。

该控制系统由晒版细网点控制段，灰色平衡观察段，叠印及色标阶测段，黑色密度三色还原段，五段粗、细网点测试段等组成。幅面长为 18.3mm，宽

为 6mm。

晒版细网点控制段：在 5mm×6mm 的面积内分为六格，格内以 150/寸网点的 0.5%、1%、2%、3%、4%、5%、细点平网依次排列，晒版时根据各企业的标准，控制细网点再现的百分比。如果在晒版或印刷中出现误差，则用放大镜观察该控制段即可辨明。

灰色平衡观察段：在 15mm×6mm 的面积内，每色分三段排列，即黄、品红、青，各为 150/英寸的 26 时 50%、75%网点组成，用以鉴别打样和印刷品灰色平衡的复制效果。测试条在印刷时从叼口至尾部的长条分段监测中就可以发现有冷调蓝灰或暖调的误差。

叠印及色标检测段：在 30mm×6mm 的面积上，即黄、品红、紫、青、绿。每色均为实地密度或叠印色标。用以测龄色油墨的叠调阶比 4 按照印刷叠印百分融式，用密度对检测计息另外尚可以测湖墨的秘密度。

黑色密度三色还原段：在 15mm×6mm 面积上分为五段，即黄、品红、青实地叠印三色黑；黄、品红、青、黑实地叠印四色黑；单色黑色实地。用以观察三原色合成黑还原色相和叠印密度。

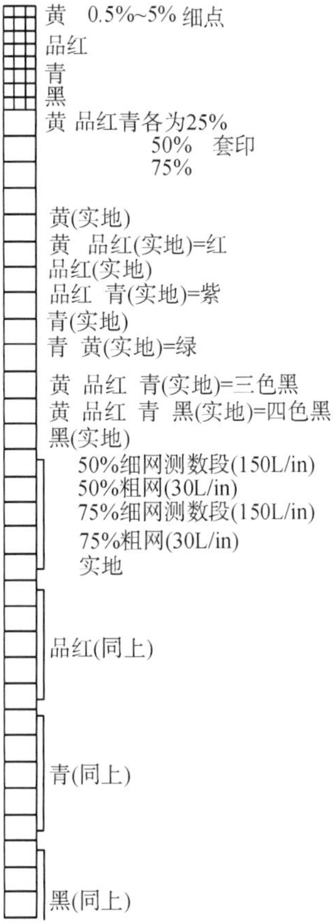

五段粗、细网点测试段：在 25mm×6mm 的面积上分为五段，即：50%细网点（150L/in）测微段；50%粗网点（30L/in）测微段；75%细网点（150L/in）段；75%粗网点（30L/in）段和实地段（图 11-18）。主要功能与三段测试条近似。

黄   0.5%~5% 细点
品红
青
黑
黄 品红青各为25%
         50% 套印
         75%

黄(实地)
黄 品红(实地)=红
品红(实地)
品红 青(实地)=紫
青(实地)
青 黄(实地)=绿

黄 品红 青(实地)=三色黑
黄 品红 青 黑(实地)=四色黑
黑(实地)
50%细网测数段(150L/in)
50%粗网(30L/in)
75%细网测数段(150L/in)
75%粗网(30L/in)
实地

品红(同上)

青(同上)

黑(同上)

图 11-17 布鲁纳尔第二代（五段式）测试条

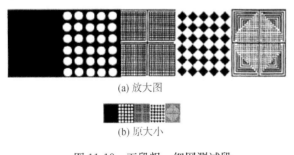

(a) 放大图

(b) 原大小

图 11-18 五段粗、细网测试段

五段测试条 75%网点增大值的计算法：五段测试条比三段测试条多增加了 75%细网段和 75%粗网段，其作用与 50%的组网段和粗网段同段近似。因此增大值的计算应为：（75%细网密度－78%粗网密度）/2＝75%网点面积增大值。如测得 75%细网密度为 0.88，75%粗网密度为 0.7，由式（11-12）可计算得 75％网点增大值为 $D_{细} - D_{粗} = 0.88 - 0.7 = 0.18$。

这里需要对式（11-12）进行进一步的应用说明：根据布鲁纳尔的研究，50％网段的密度差在 0.15～0.25 的范围（约 20％网点面积），两者的密度差乘以 2 就是增大值；75％密度差要除以 2 就是增大值（对上述计算结果 0.18 除以 2，实际增大值为 9％）。布鲁纳尔的计算方法是以 6L/mm 为基准的，因此单位长度内不同的网线数要进行换算。线数增加，增大值相应增加，线数减少，增大值相应减少。

11.3.3　格雷达固彩色测试条

瑞士格雷达固（GRETAG）公司于 1980 年制成了格雷达固 CMS-2 斯威支兰第二代彩色测试条。与其格雷达固 D‑142 型反射密度计配套使用，形成了一套彩色印刷品测试系列。

该 CMS‑2 彩色测试条有六个功能（图 11-19）。一个完整测试条为 6mm×245mm。该测试条出厂时是带状纸盒装，用时可根细需用尺寸剪切。

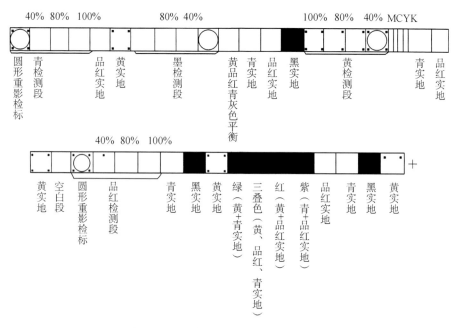

图 11-19　格雷达固 CMC‑2 彩色测试条

（1）圆形重影检标段，是以视觉辨别同心圆形检标是否出现印迹重影或模糊现象，同时在圆形四周排列 1％、2％、6％、4％的细点；如果同心圆线条出现两个立式的暗扇形状，则表示印迹模糊，四角的小细点出现椭圆形网点；如果在不同方向出现两个或多个暗扇形，则表示叠印重影，四角的小网点是双的。1％、

2%、6%、4%细点同时也可以检测晒版解像力。

（2）40%和80%、100%网点段，检测网点印刷增大值（或 K 值）。

（3）四色实地色标块段，用来测定各色的密度。黄色标四角排放的四个小黑点，目的是检视套印是否准确，另一目的是在测黄色标时易于辨别测定位置。

（4）中性灰平衡段，测试条出现的带黑边的方块，是以三种色版不同的半色调（黄、品红、青）观察色彩叠印后的中性灰是否平衡。

（5）在品红色块之前有一带并边的空白段，目的是补印其他色版时增添的色标块，便于观察色标色相。

（6）叠印效果段，是以四种色标（绿、黑、红、紫）组成八角形的复色，间色色块以检测叠印效果。

11.3.4 哈特曼印刷控制条

哈特曼（Hartmann）印刷控制条，是联邦德国哈特曼油墨厂研制的，主要由四部分组成：①黄、品红、青实地段（6mm×6mm）和由粗、细网各呈三角形的网点增大对比段（4mm×4mm）；②紫（品红＋青）三色实地和黑实地，黑实地、黑75%段；③黄、品红、青实地和黄、品红、青75%段；④三色网点重叠中性灰75%，黑实地、黑75%段组成，以下任意重复排列。为了检查晒版细点是否还原和网点重影状态，该控制条还在各色检标的中缝内放置细点（150lpi）和横、竖等宽线条段（图11-20）。

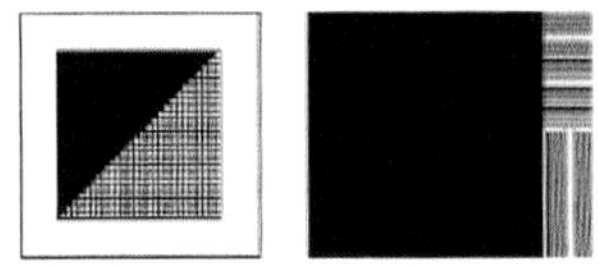

黑

图 11-20 哈特曼粗
细网点扩大对比

第①段的粗、细网点增大对比段的设计意图是根据细网点增大比粗网点大得多的特点。由于网点周长比面积的变化比例高得多，因此以粗网点为基准，以鉴别细网点的变化。

第②段，紫色标用于测定品红、青版墨色的叠印效果。

第③段黄、品红、青实地和75%网点，可以测定计算油墨的相对反差（K）值。

第④段用来观察三色中性灰的色相是否有偏色现象，并可与灰、黑进行对比。

该控制条是哈特曼测量和计算使系统"程序化印刷"的一部分。使用此系统可提供一种方法，即如何在打样时就能印出正式印刷中8%和20%网点之间的增大值。这样可使打样能模仿出适合正式印刷的印样。

11.4 计算机印刷质量控制系统

海得堡计算机印刷控制（computer print control CPC）系统，是海得堡平版纸和卷筒纸胶印机用以预调给墨量、遥控给墨、遥控套准系统以及监控印刷质量的一种可扩展式系统[48]，它具有以下优点：缩短准备工作时间，减少试印废品；提高印刷质量；减轻工人劳动强度。海得堡 CPC 系统由 CPC1、CPC2、CPC3组成。

CPC2 质量控制装置是利用质量控制条测量印刷品质量的装置，它可供多台不同尺寸规格的印刷机使用。测量值可通过数据传输线路送到七个 CPC-03 控制合成 CPC 终端设备。CPC2 质量控制装置和 CPC1-03 控制台联用，进一步缩短更换印刷任务所需的时间并减少试印废品。例如，它可以根据校正彩色计量滚筒的调定值和实测的光密度偏差，计算和显示出建议的校正值，操作人员可根据此值在几秒钟内完成校正动作

独立的 CPC2 测量台用于测定印张质量控制条密度。开始印刷之前，印刷工人和显示器荧光屏之间先进行对话式回答，输入特定作业的数据，也可以输入目测合格的印张数据。在测量过程中，同步测量头可在几秒钟内对质量控制条的全色色阶进行扫描。一张印件测量和分析六种不同的颜色，实地色阶和加网色阶均可测量。从这些测量值可以确定色密度、网点增大、相对印刷反差、模糊和重影。油墨叠印牢度、色调偏差和灰色度等特性数值。这些数值用以和预定的基准值相比较，也可以计算多张印件的平均值并在荧光屏上显示出来。质量控制条可以置于印张的前端、尾端或周边的任意位置。

进行测量时，可在 CPC2 质量控制装置的荧光屏上同时示出给定颜色的实测值或与规定值的偏差值。当印件和质量控制条之间存在光密度偏差时，立即会显示一个线条图，以告知操作人员各给墨区偏离规定的误差量。

11.4.1　墨量监控与套准控制

海得堡 CPC1 印刷机控制装置由遥控给墨和遥控套准系统组成，它具有三种不同的型号，代表三个不同的扩展级。

11.4.1.1　CPC1-01

CPC1-01 给墨和套准系统的遥控装置，包括区域量墨滚筒遥控装置、墨斗辊墨条宽度遥控装置及轴向和周向套准装置。

1）遥控给墨装置

遥控给墨装置主要由墨斗（图 11-21）和可独立调节的量墨滚筒组成（图11-22）。沿墨斗辊轴向安装有 32 个量墨滚筒，把给墨区分成 32 个区域，每个量墨滚筒的宽度为 32.5mm。量墨滚筒周向为偏心轮廓，装在两端的支承环上。量墨滚筒和墨斗上都包有一层塑料薄膜，这层薄膜可以简化清洗墨斗的工作，并能防止油墨直接与量墨滚筒接触。量墨滚筒上的支承环和墨斗辊始终保持接触。分区给墨是通过量墨滚筒实现的，如图 11-22 所示，当伺服电机转动时，通过连杆使量墨滚筒

转动，改变量墨滚筒与墨斗辊的间隙，从而调节该区域的出墨量。如图 11-21 所示，电位计与伺服电视同轴，能把伺服电机发出的电信号反馈到控制台，在控制台上显示出该区域墨头辊与量墨滚筒的间隙。

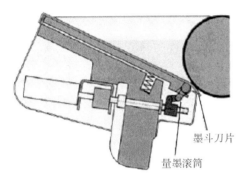

图 11-21　CPC 量墨斗

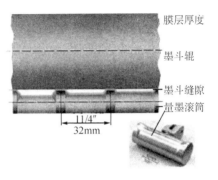

图 11-22　量墨滚筒的组成

控制台上设有 32 个间隙调节按键（加/减键），对应于墨斗辊轴向 32 个调节装置，按键上方设有 32 个显示器，每个显示器由 16 个发光二极管组成，发光二极管用于显示墨斗辊与量墨滚筒的间隙。墨斗辊与量墨滚筒间隙的调节范围是 0～0.52 mm，并分为细调和粗调。在粗调范围中，显示器迅速扫过二极管指示的 1～16 刻度盘；而在细调范围中，则把一个粗调间距又分为 16 个较小的间隔或 32 个半间隔。而且调节过程也相应缓慢进行。调节完毕，墨层厚度分别由发光二极管显示器显示。正式开印或重印时，即可按记录数据调节各墨区的墨量，因此大大缩短了调墨时间。

2）套准系统的集中控制

套准系统的集中控制是通过遥控周向和轴测套降置来实现的。在控制台上，有调节周向和轴向套准遥控装置的按键（加/减键），调节范围为±2mm。只要按动按键，就可以通过电机改变印刷滚筒的位置（在周向或轴向产生位移），以适应套准要求。同时电机轴上的电位计能测出滚筒的位置，并以 1/100mm 的精度在控制台上显示出来。套准显示可借助于"浮动零位"调整零点，而无需改变印版滚筒的位置就可以记录印版上发现的套准误差，不必进行任何中间计算而直接输入校正数据。

11.4.1.2　CPC1-02

CPC1-02 比 CPC1-01 增加了存储器、处理机、CPC 盒式磁带和光笔。采用 CPC1-02 时，由于可以利用 CPC 光笔或 CPC 盒式磁带快速输入数据，可在印刷机还在进行前一项作业时就提前输入数据，从而加快了给墨量的预调整。例如，只要用 CPC 光笔在给墨区域显示器上划过，就可以把所要求的墨层厚度分布输入 CPC1-02 存储器中，另外，还可以储存墨条宽度。所有这些数据均可在必要时传输给印刷机，传输时只需按动按键即可。CPC1-02 还有如下多项控制功能和优点。

（1）将 CPC 光笔在给墨区域显示器上扫过，就可把墨斗的一切给墨区域调节到完全一致，也可以使各区之间逐级变化，这一功能尤其便于调节实地区的给墨量。

（2）在控制台上可通过印刷单元键或颜色键任选印刷单元，并对输墨装置进行预选择。

（3）可以根据实际需要调节油墨厚度分布和着墨区宽度。

（4）可将给墨宽度限制到实际印刷图像的尺寸，如超出这一尺寸，则可根据一指令自动停止各墨斗辊上超出图像部分所有区域的给墨。

（5）墨层厚度分布和墨条宽度的显示可以用实际值表示，也可以用存储值或实际健与存储值的差值表示。

（6）交换印刷任务时，可改变印刷单元剩余油墨的给墨量。

（7）可将存储器中墨层厚度的分布数据传输到另一台印刷机上。

（8）各印刷单元均可进行套准零位调整或同时调整套准值。

此外，还可将给墨量数据和墨条宽度存储在盒式磁带上，以备在进行重复性印刷任务时将其输入。CPC1－02 盒式带还可存储 CPC3 印版读出装置提供的预调数据。

与 CPC1－01 比较，CPC1-02 可迅速地预调整给墨量，从而进一步缩短准备工作时间，生产效率高。这是因为：①当印刷机进行前一项印刷工作时，已在进行下一项工作的调整；②采用了 CPC 光笔；③用 CPC3 印版图像阅读装置的 CPC 盒式磁进行预调整，而有重复印刷工作时，则可用 CPC1-02 盒式磁带上所存储的数据。

11.4.1.3　CPC1-03

CPC1－03 比 CPC1－02 多了随动控制装置和随动自动装置，它是 CPC1 增大用途的高级发展阶段。CPC1－03 和 CPC1 质量控制装置联用时，可通过计算机进行质量监视和控制。此控制台配有高容量数据存储器和附加处理机，CPC1 的控制台和 CPC2 印刷质量控制装置由一个数据线路连接。CPC1-03 的计算机将 CPC2 装置测定的每个区域的墨层厚度换算成给墨量调整值，并将其显示在随动显示器上。根根这些偏差值进行校正，可迅速达到预选的墨层厚度容差之内。

CPC1－03 与前者相比，能更快、更准确地达到合格的印张状态或达到标准数值。连接在一起的 CPC1－03 和 CPC2 所显示的实测数据可提出控制建议值，从而改进给墨量的稳定性。

11.4.2　印版图像数据获取与存储

采用 CPC1 可以加快并简化给墨量的预调工作，基本上实现了把准备工作作时间缩短到最低限度的目的，印版读出装置 CPC3 又朝这个目标前进了一步。

使用 CPC1- 02、CPC1- 03 时，一般必须先确定印版上的图像，然后印刷工人用光笔在控制台上描画墨层厚度（按印版估计的）并在控制台上选择适当的墨斗辊给墨量。而 CPC3 印版读出装置则实地阅读印版，实现了印刷工作的全部数据化。CPC3 印版读出装置不附在印刷机上，而可以集中安装、多机使用。例如，CPC3 印版读出装置可以安装在制版室中，借助 CPC 盒式磁带与 CPC1-02 控制台联系。

CPC3 印版图像阅读装置可以量测印版上亲墨层所占面积的百分比。测量是逐个给墨区进行的。测量仪为一个装有 22 个传感器的测量杆，可沿版面来回移动，其上测量孔的宽度为 32.5mm，相当于一个量墨滚筒的有效宽度或普通海得堡印刷机墨斗螺丝之间的距离，对于最大的图像部分，则采用 22 个前后排列成一行的传感器组同时测量一个给墨区，每组传感器安装在一根测量杆上，根据不同的印版尺寸［图 11-23(a)，显示图像部分长度］，可以让测量杆上的全部传感器或只让其中一部分传感器工作如图 11-23(b)（图示为测量杆的示意图）所示。在每个测量过程中，传感器均采用与欲阅读的印版类型相适应的校准条进行校正。在非图像部分校准至 10％，在实地部分校准至 100％。为了排除校准条和印版之间在颜色方面的差别，可采用附加的校准传感器来测量。

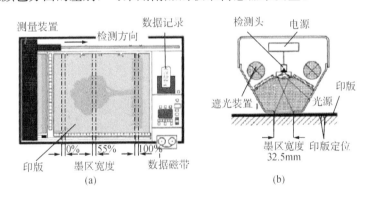

图 11-23　CPC3 印版图像阅读装置

CPC3 印版图像阅读装置，能够阅读所有标准的商品型印版（包括多层金属平板）。印版表面的质量会影响测量的结果。印版的基本材料、涂层材料和涂胶越均匀，测量结果就越准确。印版图像阅读装置不是安装在印刷机上或印刷机附近，多半是设置在处于中心位置的制版室内。这样，印版曝光和涂胶以后，立即可以把它直接读出来，阅读一块印版仅需要几秒钟的时间。

CPC3 印版图像阅读装置的输出方式可以采用盒式磁带或打印的形式，也可将记录在盒式磁带上的数据打印出来。如采用打印输出时，可选用两种不同类型的打印件：第一种含有各颜色和各给墨区的百分率比值，第二种则以图表的方式表示单一颜色的区域百分比。开始印刷时，印刷工人拿到印版及存储有预调给墨所需数据的盒式磁带。将盒式磁带插入 CPC1-02 或 CPC1-03 控制台中，CPC3 记录下来的数据就可以自动被转变成各油墨区和墨斗辊的调定值，同时被暂时存储起来。以便在需要时按指令传给印刷机的所有输墨装置。

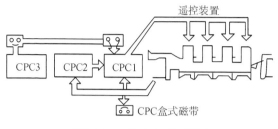

图 11-24　CPC 自动控制原理

以上简单介绍了海得堡 CPC 计算机印刷控制系统，下面再介绍采用全套 CPC 装置时（图 11-24）从制版到获得成品印张的整个操作过程。印版制好后，先用 CPC3 印版阅读装置读出，并将各给墨区的测量数据存储于 CPC 盒式磁带中。然后将印版连同 CPC 盒式磁带交给操作人员。当前一项工作还在进行时，传输给印刷机，初步调整套准装置后，用 CPC2 测量印张上的质量控制条，并把测量值和预定的基准值加以比较。操作人员检查好测量值后，就可以发出"释放测量值"的指令将数据传送给 CPC1-03 的处理机，由计算机计算出"随动建议"，操作人员可以用手动方法或者通过随动控制系统（或随动自动系统）将此"随动建议"按区域传输给印刷机，量墨滚筒会按照校正建议增加或减少供墨量，如图 11-24 所示。

11.5　图像复制质的量评价

　　所谓印刷图像复制质量，实际包括制版和印刷两方面的质量效果（以下简称为印刷质量）。印刷品的复制质量，经常为人们所评论，但是关于"印刷质量"一词的具体概念尚无确切的解释，由于印刷品本身的特殊性，它既是商品又是艺术品，这就决定"印刷质量"这一概念的广泛性，涉及主观、客观的心理因素和复制工程的物理因素等。"印刷质量"这一概念，大多数情况是从印刷技术的角度来考虑的，并非从商品价值或艺术角度来考虑。因为从商品价值或艺术角度对印刷品进行质量评价的结果，都不能真实全面地反映整个印刷品的质量特性，所以只有从印刷技术的角度，才能确切地评价印刷质量。这种观点得到了国内外大多数专家的普遍承认，因此，Zettlemoyer 等将印刷品的质量定义为"印刷品各种外观特性的综合效果"，而 Jorgensen 等认为上述定义不够准确，因而从复制技术的角度出发，具体指出印刷质量要以"对原稿复制的忠实性"为评价标准[44,49]。

　　印刷品的外观质量因用途而异，如电话簿的印刷质量，要求号码准确、清晰易读、墨色均匀、装订牢固、美观即可；而商品广告样本，除了一般的要求，更强调商品的本来颜色，是否能够全面忠实地再现，以此来决定印刷质量。因此，所谓印刷品的外观特性，从印刷技术的概念来表示，包括以下几方面。

（1）对于凸印等线条或实地印刷品，应该是墨色厚实、均匀、光泽好、文字不花，清晰度高、套印精度好，避免透印、背凸过重、背面蹭脏等现象。

（2）对于彩色（网点）印刷品，则应是阶调和色彩再现忠实于原稿、墨色均匀、光泽好、网点不变形、套印准确，没有重影、透印、各种杠子、背面黏脏，以及人为的伤痕等现象。

上述这些外观特性的综合效果，构成了印刷品综合质量的评价标准，因而也是印刷质量管理的根本内容和要求。

11.5.1　图像复制质量的评价方法

评价印刷质量优劣的方法，历来取决于人对各种印刷品的视觉感受，也就是说以目视为主或借助器具进行微观检查，这样，难免常常包含着个人的主观意识和不同的审美观点，对印刷质量进行鉴定，称为主观评价。利用测试仪器对印刷品按项目进行物理性能的测试，然后通过计算得出统一的结论，在现代印刷工程中称为客观评价。将主、客观两种评价方法结合起来进行质量鉴定则称为综合评价。下面分别加以说明。

11.5.1.1　主观评价

所谓主观评价，是评价者以复制品的原稿为基础，以印刷质量标准为依据，对照印样或印刷品，根据自己的学识、技术素养、审美观点和爱好等方面的心理印象做出评价，此种评价因人而异，不大可能得出统一的结论。这是因为影响主观评价的基本因素很多，现举几例。

（1）因地点、周围环境的不同，特别是观察复制品（与原稿对比）的照明条件不同时所产生的视觉差异。

（2）原稿种类不同给复制品带来的差异，如彩色反转片（透射型）与复制品（反射型）在反差、色彩方面的差别。

（3）画面亮度的绝对值和周围亮度的不同，对识别图像的能力会带来很大差别，而且，不仅是亮度，周围的色彩、配色条件的影响也很大。

如图 11-25 所示，如果按照图中的要求，用一种颜色印刷出来，那么我们将看到中心方块的颜色完全不同。如果对颜色进行对比，那么它的反映就更加复杂。这种现象只有色彩心理学或生理光学才能从理论上加以说明。

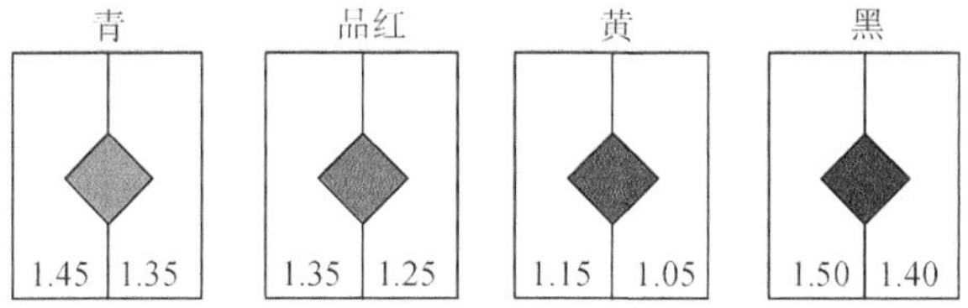

青	品红	黄	黑
	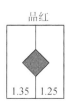		
1.45　1.35	1.35　1.25	1.15　1.05	1.50　1.40

图 11-25　背景色的影响

中心方块密度完全相同（$D = 0.58$），但因周围密度（亮度）不同，故中心方块的颜色显得完全不同，这是视觉上的错觉。

可见，主观评价不能全面反映印刷品的质量特性，但是印刷品质量好坏的最后仲裁者。由于印刷工业本身属于复制加工性行业，其印刷质量的好坏，往往不是由印刷者来决定，而是由出版单位或委印者凭主观感觉来决定。尽管印刷厂对印刷质量有其自己的评价内容和标准，但委印单位不一定以印刷质量标准为依据。现阶段鉴定印刷质量的方法多以主观评价为主，我们所能做的，是把主观评价因素加以客观解释，使其科学化，并和客观评价趋于一致。

11.5.1.2　客观评价

所谓客观评价，是以测定印刷品的物理特性为中心，通过仪器或工具对印刷品做定量分析[50]，结合复制质量标准做出客观评价。值得重视的是，在国外，已将这种评价方法贯穿在工艺设计和生产过程之中，对印刷质量加以随机自动控制。例如，在制版过程的电子预打样，晒版过程中的版材测试检版装置，印刷过程中的给水、给墨遥控装置（如海德堡印刷机的 CPC 装置等）。而在国内，目前完全采用客观的评价方法还做不到，但正向这个方向迈进。

客观评价具有以下优点。

可以用定量数据来反映印刷品的各种质量特性，特别是工艺系列化的随机控制更能稳定印刷质量；操作者的目的性明确，质量和责任分明，避免工序间因质量问题相互推诿的现象；有利于各种故障的分析和经验的总结；促进质量管理的系列化，加快出版速度，降低成本。

11.5.1.3　综合评价

所谓综合评价，就是以客观评价的手段为基础与主观评价的各种因素相验证的方法，即使主观的心理印象与客观的数据分析相吻合，进而使评价标准更切合科学管理的方式。其重点是在还原原稿的复制理论基础上，求出构成图像的各种物理量的质量特性，从而把这些测试数据加以综合和确认，使之变成控制印刷质量的标准。这是一项巨大的研究课题。

很显然，支配着印刷质量的各种特性，起源于复制过程的工艺、设备、材料和人的操作技术；以致联想到现代印刷工程所必备的系列化生产设备、测试工具和现代化的质量管理科学。因此要达到综合评价的水平，就要对上述诸点做出不懈的努力。

关于印刷品综合评价的方法，尚无成熟的定论，散见于日本文献中对于综合评价的方法也都是处于试验阶段，真正实用尚有一定困难。其做法是以客观评价逐项测试的方法和主观评价与目视检验相结合的评分和作图方法。

11.5.1.4　图像复制质量的评价内容

关于印刷质量的评价内容，主要视采取上述哪种评价方法而定，但国际上对评价内容和鉴定方法尚无统一的标准，而国内正处于起步阶段，总之都在不断探索、开发。现列举国内外专家所认定的主要评价内容有：阶调再现，颜色再现，清晰度，不均匀性重复率——平均质量。

（1）相对原稿的阶调再现。对于图像明暗阶调变化影像的传递特性，用阶调复制曲线表示。

（2）相对原稿的颜色再现。对于分光组成的传达特性，用密度计测量或 CIE 测色系统的 X、Y、Z 表示。

（3）图像的清晰度。对于图像轮廓的明了性或细微层次、质感的能见度，用测试法或星标表示。

（4）印刷的不均匀性。对于图像换制过程中出现的颗粒性或印刷中出现的墨杠、墨斑、墨膜不匀以及纸张故障所引起的画面不均匀的现象，用测微密度计或光学衍射计等测量表示。

（5）印刷重复率。对于保持印刷中质量的稳定程度，要求达到极高的重复率，而在生产中通过自动控制求出平均质量值，用统计法表示。

以上五点，是彩色印刷品路管理的要点，无论是主观评价还是客观评价，都以此为主要内容。但是，在主观评价时，这些评价内容只有性质状态的区别，没有定量的数据关系；而客观评价时，用恰当的物理量来定量分析，以数据和主观评价相结合，重点应放在第五点——印刷重复率。

11.5.2 印品质量的综合评价方法

如前所述，以往评论印刷品的质量均以目检印象，即主观评价为依据，因此存在种种误差，在管理方法上也难以做出标准的评价。自从有了客观评价方法之后，借助密度计等手段进行，以弥补主观评价的不足。

为了实现质量管理综合评价，以适应现代化生产方式的需要，日本等国的印刷专家经过不断研究实践，归纳总结出印刷质量的综合评价方法[44,51]。

11.5.2.1 基本概念

印刷品质量的综合评价方法是综合如下三种因素而形成的。

（1）首先确认目检价值的存在，包括印刷质量专家与大多数目检印象的一致性。

在讨论质量测量评价方法时，首先想到的就是，在目检评价方面，目检者（包括印刷专家）之间的质量评价标准是否一致。如果这种一致性小，那么探讨评价法这件事的本身就没有多大意义。对此，日本印刷界的专家进行了长时期的研究试验，最后得到了统一的看法。

图 11-26 是由 10 名一般职工和 15 名印刷机械有关人员对六张印刷样品进行评行的结果，以评分接近六分的作为好的印刷品。图像是一张女子肖像。

对图 11-26 的评价结果进行统计讨论后发现，印刷机械有关人员的评价标准是一致的，而一般职工的却不一致。印刷机械方面的有关人员，由不同工种的人员所组成，因而，这个结果表明，如是分工种分别进行评价，可以有一致的评价标准。也就是说，通过目检测定评分的方法是有充分存在价值的，据此亦可作为综合评价的一个基本内容。

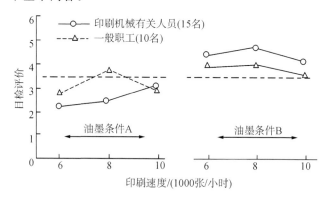

图 11-26　目检评价结果

（2）根据客观评价的手段，以测试数据为基础。

（3）将测试数据通过计算、作表，得出印刷质量的综合评价分。

11.5.2.2　综合评价的基本方法

综合评价的次序分为三个步骤。

1）步骤 1

按照图 11-27 所示步骤，用密度计和网点面积密度计对那些与图样同时印刷的阶调梯尺（Y、M、C、K 等 4 色）和色标进行测量，以求得图 11-27 所示的十个用仪器测定的评价项目的值。

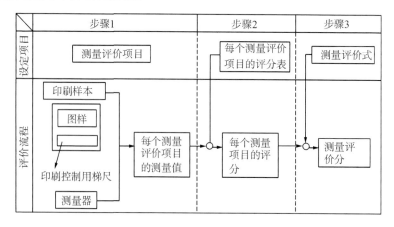

图 11-27　评价步骤及内容

（1）先测定青、品红、黄、黑阶调梯尺的密度，然后绘制出图 11-28 那样的印刷特性曲线。

（2）边转换密度计的滤色片，边测定黄、品红、青色标及这三色中任意两色之间的叠色蓝紫、红、绿色标的实地密度，还有黄、品红、青三色叠色的实地密度，然后作出图 11-29 所示的彩色六边形。

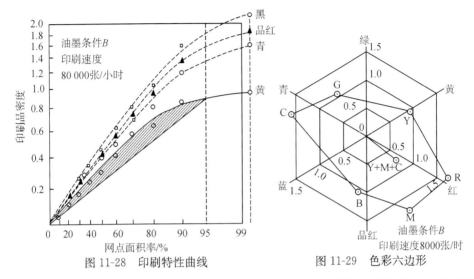

图 11-28 印刷特性曲线　　　　图 11-29 色彩六边形

（3）测定阶调密度误差（TE）：正如前所述，在印刷特性曲线上，忠实地反映白纸密度和实地密度相结合的图，应是一条理想直线，而实际印刷品的特性曲线与理想直线相比，往往变成在理想直线上边往上凸起的弧形曲线。因此，就以式（11-13）作为一种评价量。

$$TE = \frac{\Delta A}{A} \times 100\% \qquad (11\text{-}13)$$

以黄墨为例，ΔA 为图 11-28 的斜线部分面积；A 为图 11-28 里直线右下部分的面积。

式（11-13）因从四个色得到，所以取其平均值，作为该印品的阶调密度误差（TE=32.5%）。

（4）测定实地部分密度（D_V）。

以四个色的实地密度的平均值，作为评价项目的实地密度。

（5）测定饱和度。

$$饱和度 = \frac{六边形的实际内部面积}{饱和度 1.0 的正六边形内部面积}$$

（6）测定色相误差（Ls）。

$$色相误差 = \frac{六边形各边的标准偏差}{六边形各边的平均值}$$

（7）测定三次色的色度（Lz）。

$$三次色的色度 = \frac{六边形中心与三色叠印色（Y＋M＋C）的距离}{饱和度 10 标准六边形一边的长度}$$

（8）测定灰度（G）。

$$灰度 = \frac{1}{6}\left(\frac{L_C}{H_C} + \frac{L_Y}{H_Y} + \frac{L_M}{H_M} + \frac{L_B}{H_B} + \frac{L_R}{H_R} + \frac{L_G}{H_G}\right)$$

式中，H 和 L 表示由转换滤色片所测得的各色密度的最大值和最小值；旁边所添的字母下标表示颜色，即 C＝青、Y＝黄、M＝品、R＝红、G＝绿和 B＝蓝。

（9）测定网点的形状系数（SF）：评价网点轮廓的再现性，测量圆形网点面积与周围长度，即可按下式计算出网点的形状系数：

$$SF = \frac{（网点的周长）^2}{4\pi（网点内的面积）}$$

如果网点呈圆形，那么 SF＝1.0。

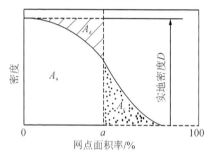

图 11-30　网点部分（面积率 $a\%$）
的累积分布密度

（10）测定网点增大（TZ）：评价网点面积再现性，用网点面积密度计测量，按下式计算：

TZ＝测量的网点面积率－胶片或版的网点面积率

（11）测定网点内的有效密度比（D_P）：求网点内的有效密度比（D_P），用网点面积密度计测量，即可绘制如图 11-30 所示的实线（曲线）。网点内的有效密度比的理想再现，是用虚线来表示积累分布；印刷后，实际达不到理想程度，用斜线（面积 A_a 部分）来表示网点内部密度的缺欠。D_P 作为评价网点内密度的再现性，按下式计算：

$$D_P = \frac{A_a}{D \times a}$$

式中，D 为实地密度；A_a 为曲线下的面积；a 为网点印刷部分的面积率；A 为实际印刷品的有效密度。

（12）测量网点蹭脏的附加密度（SD）：评价网点边缘密度的再现性，表现在图 11-30 的阴影部分（面积 A_c）的出现程度。按下式计算：

$$SD = \frac{A_c}{D \times （100 - a）}$$

式中，A_c 为实际印刷品的网点附加密度。

以上按照表 11-11 内的十个测定项目的计算基本结束。

2）步骤 2

步骤 2（图 11-27），就步骤 1 里所求得的各测量项目的值，用表 11-11 所示的评分办法，给予 0～10 分的评价。

表 11-11 为某种印刷品核算出来的综合质量的计算表。右下①就是这种印刷品的综合质量评价。评价分满点为 100 分，这份产品实际得分为 59.5 分。按序号 1～10 的核算顺序得出测量项目②相对应的测量数值；将②项的测量值换算成评分④；将评价比重⑤乘以评分④就可计算出各项目中的得分⑥；再将此分数合计，得出印品的综合质量评价①。此间，各质量评价分要与目视评价质量顺序一致，可将评价比重分数进行逆运算。为此，回归分析是很有用的。表 11-12 的分数就是按此方法求得的。

表 11-11　印刷品质量综合评价的计算例

序号	评价测量项目②	代号	测量值③	评分④	评价比重⑤	得分⑥ （评价比重×评分）
1	阶调密度误差	TE	3.1	7	1.7	11.9
2	网点的形状系数	FS	2.29	6	1.7	10.2
3	网点周围蹭脏	SD	24.3	5	1.6	8.0
4	网点增大	TZ	11.8	4	1.5	6.0
5	三次色的色度	Ls	0.304	10	1.0	10.0
6	网点内的有效密度	Dp	77.9	5	0.6	3.0
7	实地密度	D	1.31	4	0.6	2.4
8	饱和度	A	2.8	5	0.5	2.5
9	灰度	G	17.1	5	0.5	2.5
10	色相误差	HE	0.179	10	0.5	3.0
					综合评价分＝59.5①	

表 11-12　评分表

	评分	0	1	2	3	4	5	6	7	8	9	10
测量评价项目	阶调密度误差	57.4～53.9	53.9～50.4	50.4～46.8	46.8～43.2	43.2～39.7	39.7～36.1	36.1～32.6	32.6～29.0	29.0～25.5	25.5～21.9	21.9～18.4
	实地密度	0.99～1.06	1.06～1.13	1.13～1.19	1.19～1.26	1.26～1.33	1.33～1.39	1.39～1.46	1.46～1.53	1.53～1.59	1.59～1.66	1.66～1.73

3）步骤 3

把在步骤 2 里求得的各测量评价项目代入式（11-14）的评价式里，求得质量评价分。

$$Y = W_{TE} \times P_{TE} + W_D \times P_D + W_A + P_A + W_{IS} \times P_{IS} + W_{L2} \times P_{L2} + W_G \times P_G$$
$$+ W_{DP} \times P_{DP} + W_{SD} \times P_{SD} + W_{DG} \times P_{DG} + W_{SF} \times P_{SF} \qquad (11\text{-}14)$$

表 11-13 中的代号表示表 11-12 所示十个评价项目；W 表示就其旁边字母所示评价项目的重要移度（表 11-12 中的⑤"评价比重"）；P 表示步骤 2 所要求的评分。

评分 Y 以 100 分为满分。分数越高，印刷质量就越好。

表示评价比重（重要程度）的 W，按其值的大小列于表 11-12。在此评价里，该怎样设定评价比重 W 是关键问题。以许多印品的测定结果与评价标准相一致的，目检评价结果为基准，分析各评价项目对印刷质量的期望程度及相互之间的联系。

由所列的评价比重可发现，与网点再现有关的阶调密度误差、网点的形状系数、网点周围蹭脏及网点增大这四个项目的重要程度的总和高达 65%，可见这些项的重要性。

4）评价法的适用性

为了检查此评价法的适用性，在图 11-30 和图 11-31 里例示了此评价法的试用结果。

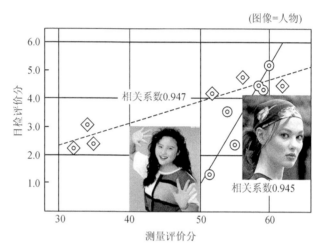

图 11-31　测量评价与目测评价的相关

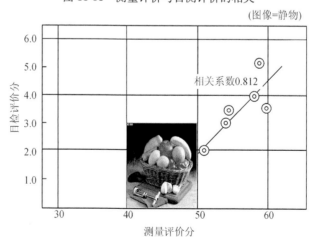

图 11-32　测量评价与目测评价的相关

图 11-31 和图 11-32 中，横轴都是根据本评价法求得的测量评价分，纵轴为目检评价分，对两者间的相关性进行比较。图 11-31 中，目检印品图像是人物（两个不同的图样）。图 11-32 用的是静物。从图中都可看出，测量评价和目检评价的相关性很强，所得的评价法基本适用。

特别是表 11-12 所示的评价比重，尽管是从人物图案评价数据得到的，如图 11-31 所示，但对于静物也适用，这一点却是相当有趣的。

上述评价法，为了使其适用于更多的印品，为提高与目检评价的一致性，还将进一步加以改进。这样，鉴定印刷品的质量时，不再只注意网点和密度，而是把这些因素综合起来给予定量评价，这种设想有可能逐步实现。

11.5.3 数据化评价方法

前面介绍了综合质量评价方法由十个测量项目所构成，那么，综合评价印刷质量受哪些质量特性支配呢？过去已有很多专家论述过这个问题。图 11-33 表示了在此研究中表述的各种质量特性所处的地位及印刷质量与质量特性的关系。从图中可知，印刷质量受以下四个基本的质量特性支配：①阶调再现性；②彩色再现性；③网点再现性；④光泽。

根据这四个质量特性的考察结果导出了图 11-34 所示的 11 个测量评价项目，从而完善了印刷质量的定量评价法，也就是数据化评价方法[49]。下面深入讨论。

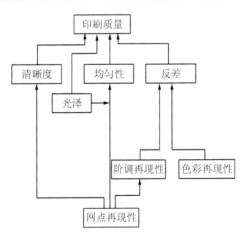

图 11-33 印刷质量和质量参数的关系

11.5.3.1 阶调再现性

前面已简单涉及了这个问题，一般的原稿（彩色透明片、照片等）与复制的印刷品用密度曲线进行比较时，图 11-33 所示的印刷质量和质量参数的关系从理论上说，如果阶调复制达到完全再现，那么两者的关系将如图 11-35 的直线 A（45°直线）所示。而实际印刷品中两者的关系往往为图 11-35 的曲线 B，这种要

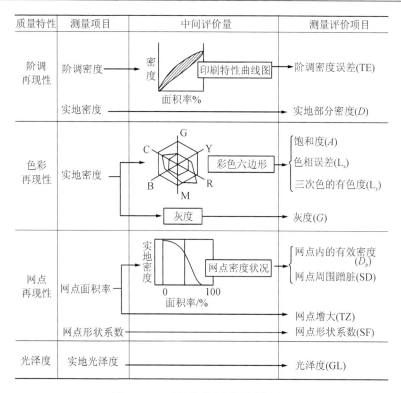

图 11-34　质量特性和测量评价项目

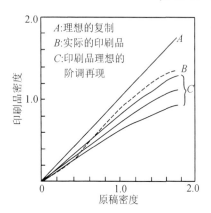

图 11-35　原稿与印品密度的关系

求对于一般印刷品的阶调曲线是达不到的。其原因是印刷油墨的最高密度达不到原稿的最高密度，而处于低值。复制中为了保持阶调的相对再现，在保持整体的密度范围内（原稿的明暗视觉印象与印刷品的明暗视觉印象之比）必须按照平均密度进行梯级压缩。这样，两者的密度关系实际上用图 11-35 的曲线群 C 来表示所谓阶调再现性，就是使印刷品的密度特性曲线如何接近 C 或 B，达到忠实再现。此外，由于密度与明暗视觉印象之间没有线性关系，因此，实际印刷品的密度特性怎样趋于忠实再现，是个很复杂的问题。

　　为了避开这个难点，而采用佛格拉（联邦德国印刷研究协会）提出的印刷特性曲线图的表现方式（图 11-36）。该曲线与一般曲线不同之处就是将纵轴坐标（印刷品的密度）和横轴坐标（网点面积百分率）的刻度间距做了改变，从而使图 11-35 的 C 曲线经标绘后能趋于直线 A。使之与明暗视觉印象成比例，达到忠实的再现。

　　当采用佛格拉曲线进行具体标绘时，就会成为图 11-37 中的虚线那样，与 1.0 密度的理想直线相对地形成往上面凸出的弧形曲线。这种评价方法将偏离理想直线达到虚线的面积作为 ΔA；把从理想直线和白纸密度起点到横轴平行直线上形成三角形面积作为 A，将此两者之比作为阶调再现性评价量（TE）的一种形式，见式（11-13）。

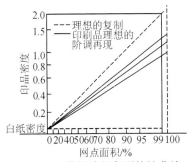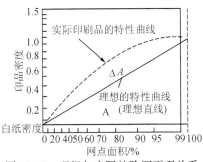

图 11-36　佛格纳的印刷特性曲线　　　图 11-37　理想与实际的阶调再现关系

　　作为参考，将用图 11-38 来说明。样品中 A 与 B 相比较，网点面积率超过 80％以上时，密度增加的比例小，阶调再现性不好，样品的阶调误差（TE）分别为 44.1％和 32.6％。

　　再则，对于阶调再现，印刷品各色的最高密度，即实地密度也非常重要。样品 A 与 B 相比较，样品 B 的最高密度就超过了样品 A，所以各色的实地密度（D）都可作为阶谓再现性的一种评价项目。

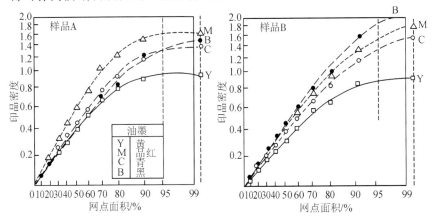

图 11-38　印刷特性曲线实例

11.5.3.2　彩色再现

　　研究彩色再现，就是研究原稿经过复制后在色彩还原方面出现的某种偏差程度，如以碧蓝的天空色彩为例，印刷品上的碧空总没有原稿上的天空色彩艳丽明朗。其他方面的对比亦是如此，只是偏差程度不同而已。

评价彩色再现性，可以按照色相、饱和度（彩度）、明度三种特性来表示。图 11-39 表示了印刷品表面分光反射率和三种特性（色相、饱和度、明度）的关系。

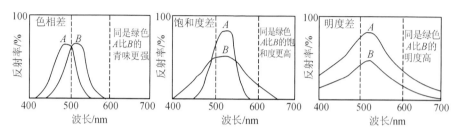

图 11-39　印刷品表面的分光反射率与颜色特性

在此三种特性中，由于明度可以按照密度方式表示，因此明度也可以按照阶调再现性的方式进行评价。因而在彩色再现的评价方式中只采用色相和饱和度的两种偏差。作为控制项目是比较适宜的。

在实际印刷中，产生这两种偏差的主要因素如下：

(1) 细印刷油墨的分光特性。

(2) 纸张的表面特性（色调、荧光、油墨吸收性等）的影响。

(3) 印刷机械运转条件（印刷压力、速度、润湿量）的影响。

(4) 叠印效果（依次印刷中油墨膜层转移的比例是否理想）。

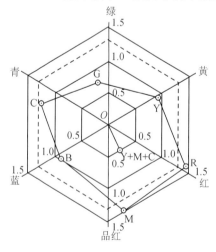

图 11-40　颜色六边形

彩色再现性的评价、最准确的方法，是使用图 11-39 所示的测定分光特性方式[51]。但是，这种方法需要专用分光测试设备，并不是一般印刷厂所能备置的。所以，一般测定色相和饱和度，最为得力的方法是利用彩色六边形，使用密度计进行测算。彩色六边形是美国 GATF（印刷技术基金会）的依万斯（Evans），汉森（Hanson）以及布来瓦（Brewer）设计的。

彩色六边形（图 11-40）基本是以油墨三原色（黄＝Y，品红＝M，青＝C）和色光三原色（绿＝G，红＝R，蓝＝B）六个色坐标组成六边形。

从六边形的顶点（G，Y，…，C）坐标与基本轴坐标（绿，黄，…，青）的交错程度表示色相误顺差；从六个顶点至六边形中心 O 之间的距离表示饱和度。

图 11-40 中的饱和度＝1.3。色相和饱和度的再现可将标准六边形与虚线同时标记对比，从这个虚线的正六边形与实际印刷品所测得的六边形（坐标存在一定偏移）相对应，根据式（11-13）得出二种彩色再现性的评价数值。

图 11-41 是外举了两种样品的彩色六边形，这两种误差基本相似，两者之间的色相误差的差异很小，评价时可作为参考。

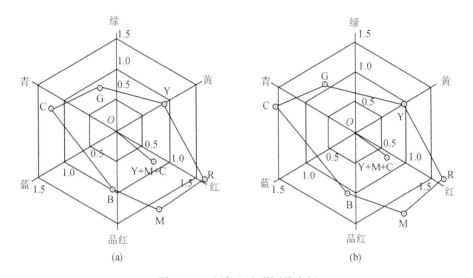

图 11-41 颜色六边形评价实例

11.5.3.3 网点再现性

在印刷复制过程中，网点的转移将出视不同程度的误差。图 11-42 左栏所示的网点密度曲线为理想的网点再现；但是，实际印刷的网点密度曲线如图 11-42 右栏所示，与理想形状比较，出现一定的偏差。

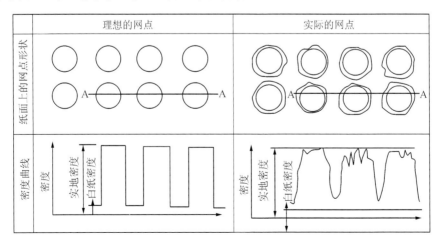

图 11-42 理想与实际网点的再现

（1）在平面上，印刷后的网点形状应该是圆形，但印刷转移后网点轮廓发生变形。

（2）一般实际印刷时网点面积增大，网点形状发生变形。

（3）在每个网点油墨浓度的分布上，整体网点中心浓度最厚，形成高山形状（网点整体高度的变形）。

（4）网点周围转印的白纸部分，由于网点边缘油墨的微量扩散，其密度比白纸部分密度稍高，形成网点边缘密度的光渗现象。

以上几方面误差，可依照网点再现的测定公式（11-13）进行计算。

11.5.3.4　光泽度

关于光泽度的测定，使用光泽计或自度计，测定黄、品红、青、黑实地部分的光泽差，将测定的结果作为评价值。但是，实际的印刷品，只要使用涂料纸和标准油墨，其光泽差对综合质量的影响不大。因此，该项未包括在 11 个评价项目之内，即使包括在内，其光泽差值非常小，故忽略。

参 考 文 献

[1] 焦云芳. 数学建模入门[M]. 北京：冶金工业出版社，2012.

[2] 杨云峰，胡金燕，宋国亮. 数学建模与数学软件[M]. 哈尔滨：哈尔滨工程大学出版社，2012.

[3] 侯进军，等. 数学建模方法与应用[M]. 南京：东南大学出版社，2012.

[4] 贝歇尔 P. 乳状液理论与实践[M]. 北京大学化学系胶体化学教研室，译. 北京：科学出版社，1978.

[5] 高分子学会印刷适性研究委员会. 印刷适性[M]. 丁一，译. 北京：科学出版社，1982.

[6] 陈宗琪，等. 胶体化学[M]. 北京：高等教育出版社，1984.

[7] 赵国尘. 表面活性剂物理化学[M]. 北京：北京大学出版社，1984.

[8] 白东海. 印刷化学分析与物理检验[M]. 北京：印刷工业出版社，1981.

[9] 刘昕. 印刷工艺学[M]. 北京：印刷工业出版社，2005.

[10] 刘昕，陈路，武卫. 胶印水墨平衡研究[J]. 印刷技术，2002，9：42-44.

[11] 张玉凤，刘昕. 胶印油墨与润湿液的乳化关系[J]. 包装工程，2004，25(6)：83-84，89.

[12] 印永嘉，李大珍. 物理化学简明教程[M]. 北京：人民教育出版社，1980.

[13] 刘昕. 印刷工艺学教学实践改革[J]. 印刷技术，2009，5：63-64.

[14] 市川家康. 纸张油墨印刷学[M]. 大阪：徐氏基金会，1969.

[15] 董明达，王城. 纸张油墨的印刷适性[M]. 北京：印刷工业出版社，1988.

[16] 刘昕，郭锦，武卫. 网印油墨与其他油墨性能的比较[J]. 印刷技术，2003，6：40-41.

[17] 刘昕. 纳米材料在印刷中的应用[J]. 印刷技术，2002，5：44-45.

[18] 刘昕. 无压印刷工艺中的油墨[J]. 今日印刷，2004，5：30-32.

[19] 何自芬，刘昕. 印刷纸 Z 向力学特性的研究[J]. 包装工程，2004，25(6)：24-25，46.

[20] 何自芬，刘昕. 印刷纸压缩特性实验研究[J]. 印刷质量与标准化，2005，1：35-37.

[21] Liu X. A new method for performance measurement of printing paper[C]. ISTM2005，2005，6：1788-1791.

[22] Liu X，Xu W L. New size latex development for wool yarn sizing and analysis on the propertie[C]. SEN'I GAKKAISHI 2002，58(11)：298-301.

[23] Liu X，Xu W L. Surface modification of polyester fabric by corona discharge irradiation[J]. European Polymer Journal，2003，39：199-202.

[24] 黄康生，董明达，潘松年，等. 轮转型印刷机的设计与计算[M]. 北京：印刷工业出版社，1983.

[25] 潘杰. 现代印刷机原理与结构[M]. 北京：化学工业出版社，2010.

[26] 刘昕，郭锦. 平版胶印工艺技术[M]. 北京：中国轻工业出版社，2004.

[27] Liu X. Study on relationship between pressure and ink transfer in offset printing[C]. ISTM2009，(2). 2009，8：1018-1021.

[28] 丘林 A A. 自动印刷机[M]. 汪泰林，谢普南，译. 北京：印刷工业出版社，1987.

[29] 潘杰. 现代印刷机原理与结构[M]. 北京：化学工业出版社，2003.

[30] 冯昌伦. 胶印机的使用与调节[M]. 北京：印刷工业出版社，2005.

[31] 潘杰. 平版印刷机结构与调节[M]. 北京：化学工业出版社，2006.

[32] 孟璇，刘昕. 自动检测套印误差的研究[J]. 西安理工大学学报. 2006，22(2)：179-182.

[33] 刘昕，张二虎，成刚虎，等. 印刷工艺学精品课程的教材建设[J]. 印刷技术，2007，34：85-86.

[34] 刘昕，张二虎，成刚虎，等. 印刷工艺学精品课程的改革与实践[J]. 印刷技术，2008，1：69-71.

［35］刘昕. 油墨转移的最新研究进展［J］. 今日印刷，2003，12：63-65.

［36］刘雷，刘昕. 胶印输墨系统的最新研究进展［J］. 今日印刷，2005，9：96-97.

［37］冯瑞乾. 印刷油墨转移原理［M］. 北京：印刷工业出版社，1992.

［38］刘昕. 一种新型胶印机输墨装置［J］. 印刷技术，2010，4：59-60.

［39］冯瑞乾. 印刷原理及工艺［M］. 北京：印刷工业出版社，2001.

［40］Liu X. A new method of selecting primary color duestuff spectral reflectance. Jornal of Xi'an Polytechnic University［J］. 2009，23(2)：359-363.

［41］Chen M，Liu X，Li J，et al. Near infrared spectrum based color detection modeling in printing［J］. Advanced Materials Research，2012，403-408：1740-1743.

［42］叶子，刘昕. 原色染料筛选的应用研究［J］. 包装工程，2005，26(6)：79-82.

［43］亓辉，刘昕. 胶印专色油墨配色的研究［J］. 包装工程，2008，29(3)：72-77.

［44］全国印刷标准化技术委员会，中国标准出版社第四编辑室. 常用印刷标准汇编(2009 版)［M］. 北京：中国标准出版社，2009.

［45］Helmut K. Handbook of Print［M］. Heidelberg，NewYork，Barcelona，Hongkong，London，Milan，Paris，Singapore，Tokyo：Springer，2001.

［46］王晓艳，刘昕. 胶印印品质量检测中的主要参数［J］. 今日印刷，2006，6：86-88.

［47］刘昕，陈路，薛延学. 基于画面的印刷品质量检测控制系统之研究［J］. 印刷技术，2001，11：45-46.

［48］龚修端，刘昕. 印刷品质量实时检测技术［J］. 包装工程，2003，24(6)：45-49.

［49］陆发球，刘昕. 胶印制版工艺数据化与规范化研究［J］. 西安理工大学学报，2007，2：209-211.

［50］官燕燕，刘昕. 基于统计域值法的印品缺陷检测［J］. 西安理工大学学报，2007，23(4)：410-413.

［51］陈梅，刘昕. 基于最小二乘支持向量机的色彩空间转换模型［J］. 西安理工大学学报，2013，29(3)：338-342.